井控风险评价方法与案例分析

刘书杰　李相方　耿亚楠　任美鹏　著

石油工业出版社

内容提要

本书对国内外与井控相关的风险分析方法及适应性从原理、应用条件、应用方法、可能存在的问题及如何有效应用等方面给予了系统深入的论述及介绍，对钻完井过程溢流如何演变为井喷、井喷如何演变为井喷失控机理给予了深入系统的阐述，从油气藏工程等角度给出了影响这些演变的因素，并建立风险评价模型及其应用说明。对钻完井作业关键设备井控风险进行了分析，阐述了有毒有害气体风险因素及控制措施，介绍了几个井控案例。

本书可供从事油气钻完井安全科技工作者和管理人员参考和阅读，也可作为高等院校石油工程与安全工程方向研究生的参考用书。

图书在版编目（CIP）数据

井控风险评价方法与案例分析 / 刘书杰等著 . —北京：石油工业出版社，2021.7

ISBN 978-7-5183-4717-9

Ⅰ.①井… Ⅱ.①刘… Ⅲ.①油气钻井 – 井控 – 风险评价 Ⅳ.① TE28

中国版本图书馆 CIP 数据核字（2021）第 129902 号

出版发行：石油工业出版社

　　　（北京安定门外安华里 2 区 1 号楼　100011）

　　　网　址：www.petropub.com

　　　编辑部：（010）64523712　图书营销中心：（010）64523633

经　　销：全国新华书店

印　　刷：北京晨旭印刷厂

2021 年 7 月第 1 版　2021 年 7 月第 1 次印刷

787×1092 毫米　开本：1/16　印张：16.25

字数：360 千字

定价：80.00 元

前言 /PREFACE

石油工业与人类生活息息相关。在进行油气勘探开发过程中，完全杜绝溢流井喷事故是不可能的，需要做的工作是如何最大限度地减少其发生的次数与危害程度。在20世纪，伴随着石油工业的发展，井喷事故包括恶性的井喷事故从频繁发生到时有发生，这给石油企业与社会造成的直接与间接损失非常巨大。如：2003年12月重庆开县高温、高压与高含硫化氢的罗家16H井发生井喷；2006年3月重庆开县高温、高压与高含硫化氢的罗家寨2井发生天然气泄漏；2006年12月四川省宣汉县高温、高压与高产的清溪1井发生井喷；2011年6月渤海湾盆地蓬莱19-3油田发生溢油；2010年4月美国墨西哥湾深水地平线钻井平台发生爆炸着火溢油等事件。这些事故带来的经济损失与社会危害是触目惊心的，因此石油工业的发展必须高度重视井控技术。

井控技术是一个系统工程，包括：要熟悉地下油气藏与所钻遇的非目的层其复杂的地质构型、流体赋存及产出对溢流井喷发生的控制作用；要熟悉钻完井井筒尺寸及其复杂的轨迹与不同工作状况下井筒油、气、水、砂、非牛顿流体的钻井液构成的多相流体流动规律；要配置足够可靠的井口井控装置、仪表与控制系统；要拥有科学实用的井控理论、方法与工艺技术；要拥有健全的、科学可靠的井控风险系统评价方法与预测技术。在预防、控制、减少溢流井喷事故发生过程中，这些环节具有紧密的内在联系，不可或缺。

本书充分考虑井控过程地层、井筒与地面多相流体的流动与控制之间的关系，引入油气地质、油气藏工程、渗流力学、井筒多相管流力学，深入系统地阐述、论证与揭示钻完井溢流、井喷和井喷失控的演变机理，借鉴已有模型，完善与改进井控风险评价及预测模型，使得改进后的模型更能体现溢流井喷风险的内外在因素，从而进一步增加其科学性及可靠性。

全书分为7章。第1章绪论。第2章国内外风险分析方法及适应性，对国内外与井控相关的风险分析方法及适应性从原理、应用条件、应用方法、可能存在的问题及如何有效应用方面给予了系统深入的论述及介绍，更能够方便现场应用。第 3 章钻完井作业井喷风险分析，对钻完井过程溢流如何演变为井喷、井喷如何演变为井喷失控机理给予了深入系统的阐述，从油气藏工程等角度给出了影响这些演变的因素，并建立风险评价模型及其应用说明。第 4 章有毒有害气体风险及控制措施，介绍了井喷发生后有毒有害气体扩散特性、监测与控制方法。第 5 章井控风险等级划分及井控措施，为了科学井控、合理井控与适时井控，基于溢流强度提出了 Ⅰ 类、Ⅱ 类及 Ⅲ 类井控风险井及井控应对措施。第 6 章安全井控方法，提出了"七个环节及三个作法"的安全井控方法。第 7 章井控典型案例分析，对国内外一些重大井控案例给予了进一步剖析，挖掘了一些深层次的理论、技术与实施过程中的问题。

在承担与完成开展的井控相关课题研究过程中，曾得到中国石油大学（北京）张来斌、樊建春、高宝奎，中国石油大学（华东）孙宝江等教授指导；本书内容多来自中国海洋石油集团有限公司的研究课题，期间得到中国海洋石油集团有限公司董星亮、周建良、张红生、顾纯巍、夏强等专家支持。同时还得到国内许多同行帮助，在此一并表示衷心感谢。

对在书中引用的文献的作者表示感谢。参与本书编写的还有本研究团队中的老师、博士和硕士，他们是隋秀香、李轶明、刘文远、张兴全、史富全、周云健、陈京德、何敏侠、冯东、李沛桓、张增华、陈宇、李茜、李靖、彭泽阳、王小鹏、白艳改、李振男、张涛、徐大融、孟也、苗雅楠等，在此表示感谢！

由于笔者的水平有限，书中如有不妥之处，敬请读者指正，不胜感激。

目录 /CONTENTS

第1章 绪　　论

在分析与评价井控风险及建立井控风险预测模型过程中，需要了解地下油气藏储层与非储层特征，比如风险不同的井其风险的特征。需要熟悉井控发生与发展的对象特征、机理、影响因素，降低事故风险的控制方法；熟悉风险分析方法及其方法的适应性与局限性。同时还要了解国内外发生井喷的数据及其分类，以便指导井控风险评价与预测的研究。

1.1　国外溢流井喷事故案例典型数据特征

对收集到的国外海上发生溢流井喷事故的 195 口井数据进行了整理，据此可以了解井控事故发生的部分状况。

1.1.1　基于钻井平台种类的井喷与失控事故统计

自升式平台勘探钻井、半潜式平台勘探钻井和导管架平台开发钻井发生井喷的案例数量最多，分别为 25 起、22 起和 20 起，钻井船发生井喷较少。

在勘探钻井、开发钻井、修井作业中发生井喷的概率较大，在测试、未作业和生产报废状态时很少发生井喷，如图 1.1 所示。

据统计，在不同工况下的井喷失控情况中，勘探井发生井喷失控最多，这主要是因为探井对地层缺乏足够的认识，不同工况下井喷失控分布如图 1.2 所示。

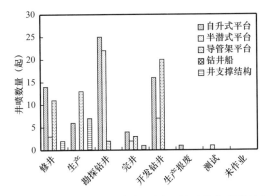

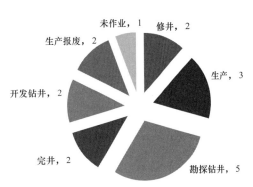

图 1.1　不同类型钻井平台在不同工况下的井喷事故分布　　图 1.2　不同工况下井喷失控分布

1.1.2　不同国家钻井平台井喷事故数量统计

统计了不同国家发生井喷的钻井平台类型和不同工况情况。

（1）不同国家的钻井平台井喷分布。

美国的导管架平台、半潜式平台、自升式平台发生井喷数量最多，分别为 39 起、19

起、18 起。其他发生井喷较多的国家和地区如英国、挪威，大部分为半潜式平台井喷，如图 1.3 和图 1.4 所示。

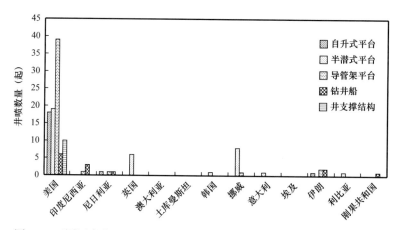

图 1.3 不同国家和地区的不同类型的钻井平台发生井喷的数据统计（一）

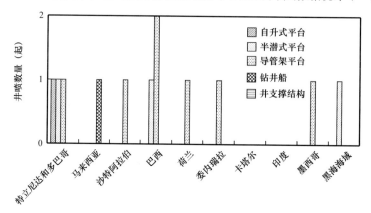

图 1.4 不同国家和地区的不同类型的钻井平台发生井喷的数据统计（二）

（2）不同国家的钻井平台在不同工况作业时井喷分布。

在不同工况井喷案例中，美国勘探钻井、开发钻井和修井作业发生井喷数量最多，分别为 34 起、32 起、24 起。在其他国家和地区井喷案例中，勘探钻井发生井喷占很大比例，如图 1.5 和图 1.6 所示。

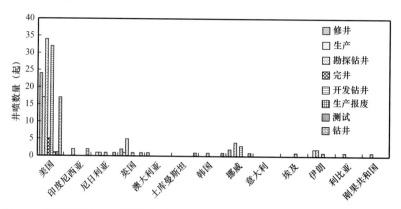

图 1.5 不同国家和地区的钻井平台在不同工况作业时井喷事故数据统计（一）

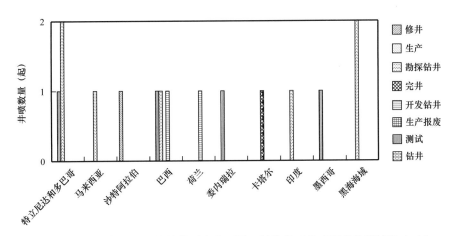

图 1.6 不同国家和地区的钻井平台在不同工况作业时井喷事故数据统计（二）

（3）不同国家井喷失控分布。

美国发生的井喷失控最多，如图 1.7 所示。这当然不能代表美国的技术水平低，而是说明即使应用先进的技术，在当时技术背景下井喷事故的发生也是正常的。

1.2 国外不同井喷事故统计

统计分析了 1960—1996 年期间发生在墨西哥湾的井喷事故。

（1）按井喷流体分类。

将井喷流体分为 11 类，可以看出气体是最危险

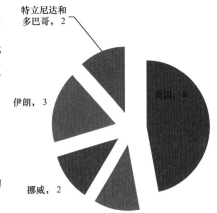

图 1.7 不同国家井喷失控数据统计

的，有可能导致井喷的物质，在外大陆架地区和美国得克萨斯州，发生气体井喷的比例分别为 86% 和 89.3%，见表 1.1。

表 1.1 外大陆架和美国得克萨斯州地区井喷流体类型统计表

流体类型	得克萨斯州		外大陆架地区	
	井喷数量（起）	占比（%）	井喷数量（起）	占比（%）
气体	414	50.1	108	57.7
浅层气	2	0.2	35	18.7
气体和原油	76	9.2	14	7.5
气体和水	198	24.0	4	2.1
气体和冷凝物	19	2.4	0	0
气、水、油	28	3.4	0	0

流体类型	得克萨斯州		外大陆架地区	
	井喷数量（起）	占比（%）	井喷数量（起）	占比（%）
冷凝物	0	0	7	3.7
油	0	0	9	4.8
油和水	6	0.7	0	0
水	31	3.7	3	1.6
钻井液	30	3.6	1	0.5
没有数据	22	2.7	6	3.2
合计	826	100	187	100

（2）按井喷控制方法分类。

常用的控制井喷的方法有架桥、关闭防喷器、注入水泥、加盖、安装防喷器、重钻井液压井、钻救援井等。

在外大陆架地区：39%采取架桥措施；其次是19%的采用重钻井液压井。在得克萨斯州：41%采用重钻井液压井；其次是16%采用架桥措施。其他的措施在两个地区的比例都一样，如图1.8和图1.9所示。

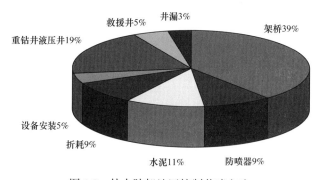

图1.8　外大陆架地区控制井喷方法

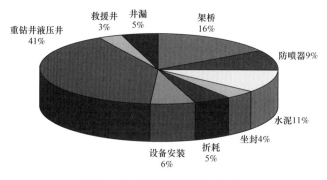

图1.9　得克萨斯州控制井喷方法

（3）按井喷持续时间分类。

在外大陆架地区，井喷持续时间在 1h 内的为 15%，得克萨斯州为 3%，这意味着在外大陆地区井喷更加容易控制。主要的事故井喷时间都较短，一天之内就能够控制：外大陆架地区占 52.4%；得克萨斯州占 44.9%，如图 1.10 所示。

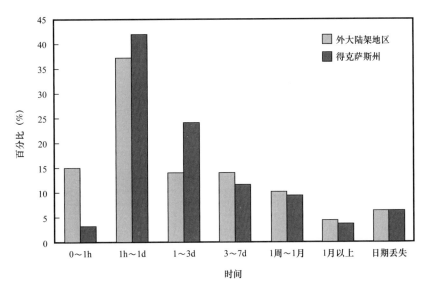

图 1.10　外大陆架地区和得克萨斯州井喷持续时间之间的对比

（4）两个地区井喷持续时间的累计百分比。

在外大陆架地区井喷持续时间在 3d 以内的比得克萨斯州多一些，而井喷持续时间在半月以上的则两个地区相当，如图 1.11 所示。

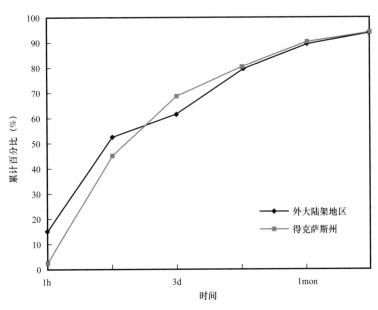

图 1.11　两个地区井喷持续时间的累计百分比

（5）不同岩性发生井喷持续时间分布图。

得克萨斯州井喷持续时间 2d 以内在砂岩要比石灰岩多。而在 3~30d 期间井喷持续时间在石灰岩要比在砂岩多，如图 1.12 所示。

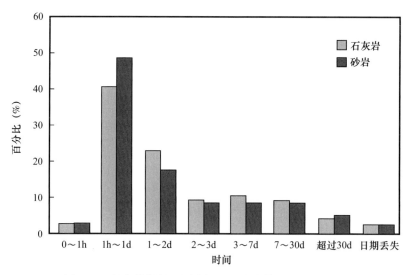

图 1.12　得克萨斯州不同岩性发生井喷持续时间分布图

（6）不同岩石井喷持续时间。

在砂岩中，井喷持续时间随深度的增加而增加，在较浅的地方（<1000ft），平均时间为 58h；当深度超过 10000ft，平均持续时间是 519.6h，见表 1.2。

在石灰岩中则不具有明显的规律性，小于 1000ft，只有一口井（样本太少）时间是 300h；1000~2500ft 为 19.5h，平均深度 4067ft 为 114:9h。

表 1.2　得克萨斯州岩性储层和深度与井喷持续时间的关系表

得克萨斯州	深度（10^3ft）	<1.0	1.0~2.5	2.5~5.0	5.0~10.0	>10.0
砂岩储层	井数	9	29	54	54	24
	平均深度（ft）	549	1784	3680	7110	12400
	平均时间（h）	58.0	120.0	82.6	238.6	519.6
石灰岩储层	井数	1	7	23	23	22
	平均深度（ft）	316	1754	4067	7540	12120
	平均时间（h）	300.0	19.5	114.9	52.0	83.0

（7）污染程度。

在外大陆架地区，污染率最高且为 17.6%，得克萨斯州则是 7.5%，溢出量主要还是在少量层次。在外大陆架地区的污染风险比得克萨斯高，见表 1.3。

硫化氢问题：到 1996 年为止，得克萨斯地区的事故中，有 9 起报告有硫化氢，浓度 300~12000mg/L。针对这个统计，发现在这三个区块，井喷漏油污染的情况概率比较低，而且最主要的是比较少的那种漏油。

表 1.3 井喷污染统计数据表

污染分类	巨大 （>10000bbl）	大量 （1000~10000bbl）	中等 （100~1000bbl）	少量 （≤100bbl）	总共	污染率 （%）
得克萨斯州	0	5	13	44	62	7.5
外大陆架	2	4	3	24	33	17.6
路易斯安那州	0	0	5	9	14	14.5

（8）起火爆炸原因。

气体井喷最容易导致起火和爆炸，在得克萨斯州、外大陆架地区、路易斯安那州发生的井喷事故中，起火率分别达到 3.27%、6.95%、3.15%，见表 1.4。

表 1.4 起火和爆炸案例统计表

地区	起火	爆炸	起火率（%）
得克萨斯州	21	6	3.27
外大陆架地区	4	9	6.95
路易斯安那州	2	1	3.15

（9）人员伤亡分类。

外大陆架地区 11 起事故死亡 65 人，造成 60 人的伤害，油的溢出造成 4 人死亡，其余的由气体的溢出造成，可见气体井喷是伤害最严重的。

得克萨斯州 9 起事故造成 14 人死亡。其中 4 人死于气体、10 人死于气液混合，见表 1.5。

表 1.5 人员死亡统计表

井喷流体	外大陆架地区		得克萨斯州	
	造成灾难数	人员伤亡	造成灾难数	人员伤亡
天然气	9	60	4	4
天然气、原油	1	1	3	7
天然气、水	0	0	2	3
油	1	4	0	0
总共	11	65	9	14

得克萨斯州地区 10 年年均发生 22 起井事故，平均每月发生 2 起左右，事故发生频率高。在每年发生的事故中，井涌井喷事故占有较大的比例，有 25%~50% 的事故都与其相关。

气体是最有可能导致井喷的物质，在外大陆架地区和得克萨斯州，发生气体井喷的比例分别为 86% 和 89.3%。气体井喷最容易导致起火和爆炸，并且气体井喷造成伤亡人数最多，伤害最为严重。

1.3　国内部分井喷事故统计

在国内陆上 14 个油田的 84 个井喷事故中选出 30 个具有代表性的典型井喷事故进行统计分析。

1.3.1　井喷事故井的类型

在 30 个案例中，开发井为 11 口，所占比例为 36.7%，勘探井为 6 口，所占比例为 20%，评价井为 5 口，所占比例 16.7%。由图 1.13 可知开发井、勘探井应该作为井喷事故重点防范的井型，同时不能忽略其他类型井的安全意识。

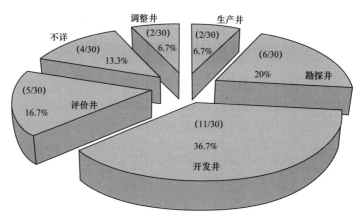

图 1.13　井喷事故井的类型饼状图

1.3.2　井喷事故中失控井情况

在 30 个事故中发生井喷失控的为 13 例，占比 43.3%，由此可知由井喷演变为井喷失控的概率较大，在发生井喷时要迅速采取有效措施，避免事故演变为井喷失控，造成更大的人员伤害、财力损失，如图 1.14 所示。

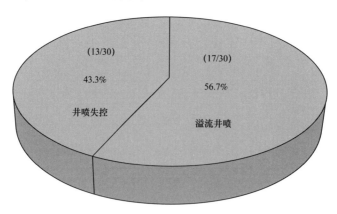

图 1.14　井喷失控事故比例

1.3.3　井喷事故发生阶段

钻井过程、起下钻过程为井喷事故高发阶段，两过程发生井喷事故占比达 60%，因此在这两个过程中要提高警惕意识，严格遵守规章制度，规范操作流程，将事故发生可能性降低到最低。此外测井、固井过程也是井喷事故高发阶段，因当引起足够警惕，如图 1.15 所示。

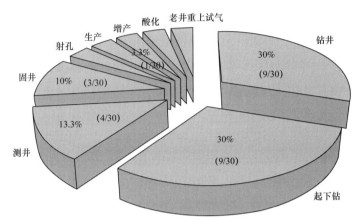

图 1.15　井喷事故发生阶段

1.3.4　井喷事故诱发因素

无防喷器或不按要求安装防喷器、未及时发现溢流或井漏、起钻未循环或测后效为事故主要诱发因素，如图 1.16 所示。

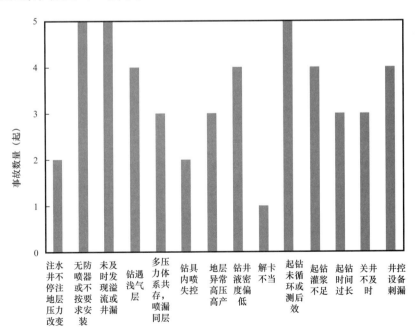

图 1.16　事故诱发因素分布图

第 2 章 国内外风险分析方法及适应性评价

风险分析在各个行业与领域都有大量的研究与应用,并且有些方法被许多领域所采纳。在工业界,风险分析的内容及方法相对其他领域具有特殊性。在石油工业,特别是涉及油气钻探过程溢流井控风险的评价与预测方法更具有本身的特点。但是,分析、评价与借鉴已有的各领域风险评价与预测方法及模型,对建立适合油气钻探溢流井喷风险评价模型具有积极的借鉴意义。

2.1 定性风险分析方法

定性评价不采用数学的方法,而是根据评价者对评价对象平时的表现、现实和状态或文献资料的观察和分析,直接对评价对象做出定性结论的价值判断,比如评出等级、写出评语等。定性评价是利用专家的知识、经验和判断通过记名表决进行评审和比较的评标方法。定性评价强调观察、分析、归纳与描述。

2.1.1 危险与可操作性分析法

2.1.1.1 方法原理

危险与可操作性分析法(Hazard and Operability Analysis,HAZOP)是英国帝国化学工业公司(ICI)蒙德分部于 20 世纪 60 年代发展起来的以引导词为核心的系统危险分析方法,是过程系统(包括流程工业)的危险分析中一种应用最广的评价方法。HAZOP 分析法研究的基本过程是以关键词为引导,寻找系统过程中工艺状态的变化(即偏差),然后再进一步分析造成该变化的原因、可能的后果,并有针对地提出必要的预防对策措施。HAZOP 分析法能够有效识别工艺系统的潜在危害,控制并缓解事故风险,提高业主的安全管理水平和安全意识,有效地降低成本,实现安全生产,如图 2.1 所示。

2.1.1.2 方法适用范围

HAZOP 分析法既适用于设计阶段,又适用于现有的生产装置。

HAZOP 分析法可以应用于连续的化工过程,也可以应用于间歇的化工过程。

2.1.1.3 方法特点

(1)从生产系统中的工艺参数出发来研究系统中的偏差,运用启发性引导词来研究因温度、压力、流量等状态参数的变动可能引起的各种故障的原因、存在的危险以及采取的对策。

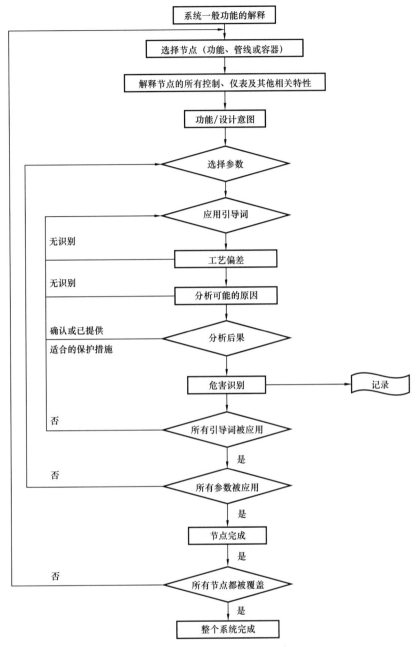

图 2.1 国际通用的 HAZOP 分析方法流程图

（2）HAZOP 分析法所研究的状态参数正是操作人员控制的指标，针对性强，利于提高安全操作能力。

（3）HAZOP 分析法结果既可用于设计的评价，又可用于操作评价；既可用来编制、完善安全规程，又可作为可操作的安全教育材料。

（4）HAZOP 分析方法易于掌握，使用引导词进行分析，既可扩大思路，又可避免漫无边际地提出问题。

2.1.2 预先危险性分析法

2.1.2.1 方法原理

预先危险性分析法也称假设预测分析法（Process Hazard Analysis，PHA），指在一项工程活动（包括设计、施工、生产和维修等）前，对系统可能存在的各种危险因素通过假设提问的方法列出，然后对其可能产生的后果进行宏观、概略的分析，并提出安全防范措施，是一项为实现系统安全而进行的危害分析的初始工作，常用在对潜在危险了解较少和无法凭经验觉察其危险因素的工艺项目的初步设计或工艺装置的研究和开发中，或者用于在危险物质和项目装置的主要工艺区域的初期开发阶段（包括设计、施工和生产前），对物料、装置、工艺过程以及能量等失控时可能出现的危险性类别、出现条件及可能导致的后果，做出宏观的概略分析。

2.1.2.2 方法特点

该方法的特点是在每一项活动之前进行分析，找出危险物质、不安全工艺路线和设备，对系统影响特别大的应尽量避免使用。如果必须使用，则应从设计、工艺等方面采取防护措施，使危险因素不致发展为事故，取得防患于未然的效果。

2.1.2.3 方法适用范围与步骤

该方法适用于各类系统设计、施工、生产、维修前的事故概率分析和评价。PHA 分析法包括三个步骤，即分析准备、完成分析和编制分析结果文件。

（1）分析准备。

确定系统。明确所分析系统的功能以及其分析范围。

调查收集资料。调查生产目的、工艺过程、操作条件和周围环境。收集设计说明书、本单位的生产经验、国内外事故情报以及有关标准、规范、规程等资料。

概念设计。为了让 PHA 达到预期的目的，分析人员必须写出工艺过程的概念设计说明书。

（2）完成分析。

系统安全分析的目的不是分析系统本身，而是预防、控制或减少危险性，提高系统的安全性和可靠性。因此，必须从确保安全的观点出发，寻找危险源或者危险有害因素产生的原因和条件，评价事故后果的严重程度，分析措施的可行性、有效性，采取切实可行的策略，把事故与危险降低到最低的程度。PHA 分析可能发现一些危险和事故情况，因此 PHA 还应对设计标准进行分析并找到能消除或减少这些危险的其他方法或途径，要做出这样的评判需要一定的经验。

（3）编制分析结果文件。

为了方便起见，PHA 的分析结果以表格的形式记录。其内容包括识别出的危险、危险产生的原因、主要后果、危险等级以及改正或预防措施。

2.1.3 安全检查表法

2.1.3.1 方法原理

安全检查表法（Safety Check List）是为了辨识系统各个阶段的风险，将评估目标中可能存在的各种风险隐患系统性地编制成表，用提问或打分等形式进行检查和诊断的一种风险评价方法。依据相关的标准、规范，对工程、系统中已知的危险类别、设计缺陷以及与一般工艺设备、操作、管理有关的潜在危险性和有害性进行判别检查。适用于工程、系统的各个阶段，是系统安全工程的一种最基础、最简便、广泛应用的系统危险性评价方法，见表2.1。

表 2.1　海洋工程典型危险检查表

关键词	危险识别的例子
火灾	井喷被点燃；工艺火灾
毒气	有毒气体泄漏
爆炸	工艺泄露导致的爆炸；立管泄漏导致的爆炸
落物	来自起重机的落物；来自平台的落物
碰撞	船舶跟平台的碰撞；直升机跟平台的碰撞
结构失效	张力腿失效；起重设备失效；极端天气条件造成失效
机械失效	汽轮机叶片失效
泄漏	工艺泄漏；储罐失效泄漏；立管泄漏
电器设备	职业事故

2.1.3.2 方法特点

按事先编制的有标准要求的检查表逐项检查。按规定赋分评定安全等级。由于这种检查表可以事先编制并组织实施，自20世纪30年代开始应用以来，已发展成为预测和预防事故的重要手段。其优点如下：

（1）能够事先编制，故可有充分的时间组织有经验的人员来编写，做到系统化、完整化，不致漏掉能导致危险的关键因素；

（2）可以根据规定的标准、规范和法规，检查遵守的情况，提出准确的评价；

（3）表内还可注明改进措施的要求，隔一段时间后重新检查改进情况；

（4）简明易懂，容易掌握；

（5）表的应用方式是有问有答，给人的印象深刻，还能起到安全教育的作用。

该方法的缺点是：

（1）只能做定性或一些半定量的评价，不能给出完全定量的评价结果；

（2）只能对已经存在的对象进行评价，如果要对处于规划或设计阶段的对象进行评价，必须找到相似或类似的对象。

2.1.4 失效模式及影响分析法

2.1.4.1 方法原理

失效模式及影响分析法（Failure Mode and Effect Analysis，简写为 FMEA）是一种以定性分析为主的分析方法，可应用于结构全生命周期的各个阶段，为详细的定量分析提供了一个框架，操作十分简单，可随时添加其他重要的事件。由于 FMEA 主要是一种定性分析方法，不需要高深的理论知识作保证，容易掌握推广而得到了工程界的重视。目前在美国，FMEA 在许多重要领域被当局明确规定为设计人员必须掌握的技术，FMEA 资料被视为不可缺少的设计资料。

FMEA 方法简便适用，避免了详细的定量分析，但是 FMEA 是只输入硬件的单一故障模式，因而是孤立的分析。在某种程度上也可考虑与人员因素、软件因素有关系的部件。对于含有大量部件、具有多重功能的工作模式和维修措施的复杂系统，以及环境影响大的系统，在应用上均有困难。同时它不能判断失效模式的危害程度，所以无法对质量保证/质量控制（QA/QC）措施进行排序。另外，FMEA 不能明确地反映事件的相关性，也不能识别可能与失效的事件同时发生的低概率事件。鉴于上述原因，人们提出了失效模式及其影响危害度分析方法，如图 2.2 所示。

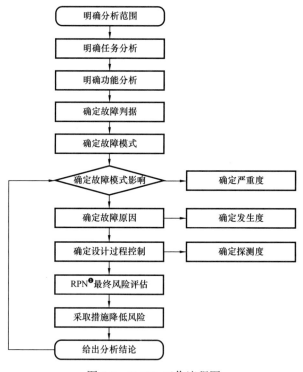

图 2.2 FMEA 工作流程图

---

❶ RPN 即 Risk Priority Number，是事件发生的频率、严重程度和检测等级三者的乘积，被称为风险系数或风险顺序数，其数值越大则潜在问题越严重。

2.1.4.2　方法目标与功能

故障模式与影响分析作为一项由系统的跨功能小组进行的事先预防活动，是一种结构化的系统程序方法，其目的是要及早发现潜在的故障模式，探讨其故障原因；以及在故障发生后，评估该故障对上一层子系统和系统所造成的影响，并采取适当的行动措施和改善对策，以提高产品和系统的可靠性。FMEA 通过系统地分析零件、元器件、设备所有可能的故障模式、故障原因及后果，发现设计、生产中的薄弱环节，对此加以改进从而提高产品的可靠性。其目的可以概括为以下九个方面。

（1）明确重要故障模式。通过 FMEA 分析可以确定对系统有重大影响的故障模式，从而为改善提供依据，并预防事故的发生。

（2）明确潜在故障或老化故障。通过 FMEA 分析可以帮助我们确定尚未发现或觉察的潜在故障模式或老化、磨损、人为疏漏等。

（3）防止制造过程出现变更、延迟等所造成的损失。通过 FMEA 可以提醒相关人员重新分析材料、零件、构成件，以确保系统的可靠性，从而防止由于故障而引起的制造过程延迟、变更等。

（4）明确质量管理存在的问题，通过 FMEA 可以确定质量管理、检验、制造各阶段可能的问题点，FMEA 结果可作为改善对象加入作业过程、测试过程、检验标准等之中，从而有利于对问题的预防。

（5）指出维护性设计上的问题点，通过 FMEA，可以确定设备的重要故障并可以此为依据确定是否需要增加防错装置，同时可检查其维护方式、保养周期等内容是否满足其需求，是否需要进行修正。

（6）产品安全方面的应用，设备故障模式中常包含由于操作方法错误或因保养操作不当、人为疏忽等所造成的故障，利用 FMEA 重新检查说明书，可以明确产品安全方面的问题点，为防范操作失误取得第一手资料。

（7）设计评审，FMEA 结果可作为设计评审的输入，以确定设计方面是否存在重大问题。

（8）确认可以消除或减少潜在失效发生的改善措施。

（9）将这个过程文件化。

FMEA 是一种预防技术，它是在设计发展阶段发展起来的，用来研究失效因果关系的一种可靠性管理技术，以下九点为 FMEA 的功能。

（1）功能一：在设计的初期，帮助选择高可靠度和高安全性的零件。

（2）功能二：确保所有想象得到的故障模式和影响，在正常的操作情况下均被考虑到。

（3）功能三：凭借有效地实施 FMEA，能够缩短开发时间并节省开发费用，达到更合乎经济性的开发。

（4）功能四：列出故障可能性，并定义故障影响的大小，并且为矫正措施的优先顺序提供一个准则。

（5）功能五：强化及累积工程经验，在早期及时正确找出失效原因，并采取相应措施。

（6）功能六：提供一个基本的测试程序。

（7）功能七：发展对制造、组合程序、出货和服务的初期标准。

（8）功能八：让员工对质量改善有直接参与的路径，并藉此达成技术留厂的目标，不致使特殊技术因人员的离开而失散。

（9）功能九：提供制作故障树分析（Fault Tree Analysis，FTA）的基础，有助于编写失效检修手册。

2.1.4.3　适用范围与优缺点

该方法主要适用于机械电气系统、局部工艺过程事故分析。

优点在于：（1）分析工作细致，不需要复杂的数学运算；（2）能充分利用已有的设计经验和设备的可靠性经历；（3）能为推导模型和状态转移提供信息。

缺点：（1）适合于机械和电子产品的分析，不适合应用于程序和过程设备风险评估；（2）不能产生失效情况的简单列表，分析结果的表达逻辑性、直观性较差；（3）该方法只是对单一故障模式的孤立分析，它难以应用于多失效模式、人因失误以及环境因素等引起的故障的分析，对于复杂系统的分析，周期长、工作量大。

2.1.5　故障假设分析法

2.1.5.1　方法原理

故障假设分析法是对某一生产过程或工艺过程的创造性分析方法。

故障假设分析法通常对工艺过程进行审查，一般要求评价人员用"What...If"作为开头对有关问题进行考虑。故障假设分析结果将找出暗含在分析组所提出的问题和争论中的可能事故情况。这些问题和争论常常指出了故障发生的原因。通常要将所有的问题记录下来，然后进行分类，如图2.3所示。

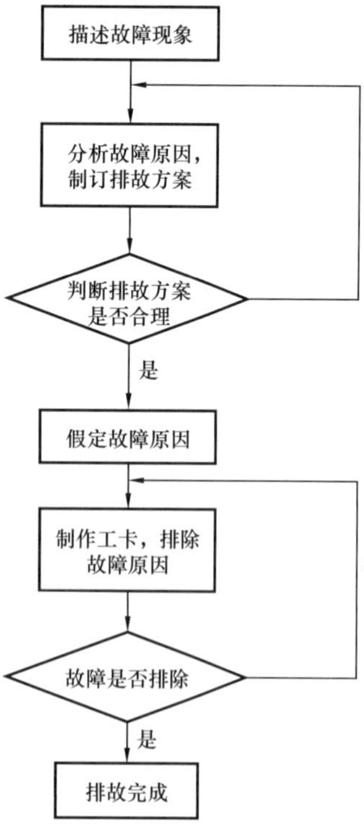

该方法要求要检查包括设计、安装、技改及操作过程中可能产生的偏差。需要评价人员对工艺规程熟知，并对可能导致事故的设计偏差进行整合。

2.1.5.2　方法适用范围

故障假设分析法较为灵活，适用范围很广，可以用于工程、系统安全评价的任何阶段。

图 2.3　故障假设法实施步骤

2.1.5.3 该方法的分析步骤

故障假设分析步骤很简单，首先提出一系列问题，然后再回答这些问题。评价结果一般以表格的形式显示，主要内容包括：提出的问题，回答可能的后果，降低或消除危险性的安全措施。

故障假设分析法由三个步骤组成，即分析准备、完成分析、编制结果文件。

（1）分析准备。

① 人员组成。进行该分析应由2～3名专业人员组成小组。要求成员要熟悉生产工艺，有评价危险经验。

② 确定分析目标。首先要考虑的是取什么样的结果作为目标，目标又可以进一步加以限定。目标确定后就要确定分析哪些系统。在分析某一系统时应注意与其他系统的相互作用，避免遗漏掉危险因素。

（2）完成分析。

准备故障假设问题。分析会议开始应该首先由熟悉整个装置和工艺的人员阐述生产情况和工艺过程，包括原有的安全设备及措施。参加人员还应该说明装置的安全防范、安全设备、卫生控制规程。

分析人员要向现场操作人员提问，然后对所分析的过程提出有关安全方面的问题。有两种会议方式可以采用。一种是列出所有的安全项目和问题，然后进行分析；另一种是提出一个问题讨论一个问题，即对所提出的某个问题的各个方面进行分析后再对分析组提出的下一个问题（分析对象）进行讨论。两种方式都可以，但是通常最好是在分析之前列出所有的问题，以免打断分析组的"创造性思维"。

（3）编制结果文件。

2.1.6 安全屏障法

2.1.6.1 安全屏障法原理

安全屏障应该具有四方面的功能，即避免、预防、控制、降低。避免指通过改变设备的设计或者使用的材料类型（如采用非可燃性材料来避免产生火灾）抑制引起事件发生的本质条件，建立相应的主动、永久性的、物理性安全屏障系统，使危险事件不能够发生。预防指在事故发生过程中建立障碍以抑制引起事件发生的部分因素或降低事件发生的剧烈程度，以达到阻止、抑制事故发生的可能性，该功能仅能够降低事故发生的概率，不能绝对地避免事故发生。控制是通过采取相应的安全屏障使系统在发生偏差、错误之后重新回到"安全"的状态，或者使事故处于控制之中。降低是通过采取相应的安全屏障来限制事件发生的时间和（或）空间，或降低事件的大小，或减轻危险现象对其周围的设备、人员或环境的危害，如图2.4所示。

通过安全屏障系统分析，能够确定具有较低风险控制水平的系统弱点，并通过建立有针对性的安全屏障系统，明确安全屏障系统失效的可能方式及失效原因，能够降低事故发生可能性、限制危险事件的程度和持效期的扩大和增加，降低危险事件的后果，实现作业过程的安全顺利进行。安全功能的类型见表2.2。

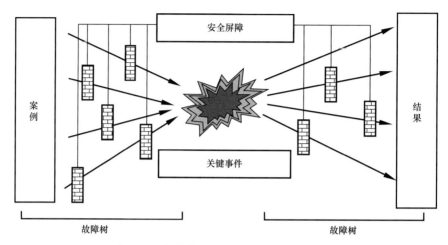

图 2.4　蝴蝶结模型中预防和控制的安全屏障

表 2.2　安全功能的类型

安全功能	定义	例子
避免	使事件不可能发生	在故障树上，以避免对船舶的影响
"避免"安全功能有可能只发生在任何一种事故的上游，通过这种方式来确保事故不会发生。该事件是通过抑制引起事件的内在条件来避免，增加一般是被动的永久性的物理屏障。这种安全功能不能依赖于任何其他安全功能的功能		
阻止	去阻止，在事件发生的工程中上设置障碍	在故障树上，防止容器的腐蚀； 在事件树上，防止物质蒸发，或防止易燃物着火
"阻止"安全功能可能仅作用于任何一种事件的上游，这样的事件的发生率将会减少（但不是绝对避免）。此安全功能将只减少（一个或多个数量级）事件发生的频率		
控制	在故障树上，控制即把系统带到一个"安全"的状态； 在事件树上，控制即使事件得到控制并且回到一个"安全"状态	在故障树上，控制储液的溢出； 在事件树上，控制池分散
"控制"安全功能可能在故障树上的事件的上游产生作用（响应可能会导致事件发生的移动或是响应在上游的事件—反馈，控制回路）。"控制"安全功能也可以在事件树上的事件的下游发生作用（事件发生了但是事件完全可以停止）。这个安全功能的一部分几乎总是一个监测		
限制或减少或减轻	限制即限制在时间或是空间中的事件，或是减少它的幅度，或是减轻其对临近设备、人类或是环境的影响	在故障树上，减少在反应器中的超压； 在事件树上，减少液体的流动，减少毒云的浓度，或限制泄漏的时间，限制液体汽化
"限制"或"减少"或"减轻"安全功能，可在事件的下游发挥作用。事实上，事件必须是有限的、减少或减轻的。它的提供没有控制。检测有时是"限制"安全功能的一部分。 这些限制功能可以是三种不同的类型。它们可以限制能量或危险物质的数量，或者更一般地说，限制临界事件危险现象的振幅		

2.1.6.2　安全屏障的分类

核电站安全中的深度防护理论和化学过程工业中的保护层理论，为目前的安全屏障理论研究提供了重要参考。但是，作为过程工业安全分析的重要工具，安全屏障的定义及内容仍存在争议。以下将介绍目前对安全屏障的几种认识，并在此基础上明确本书中安全屏障的定义和内容。

（1）Hollnagol 关于安全屏障的定义与分类。

Hollnagol 将安全屏障的功能分为预防和保护，并以此为依据将安全屏障定义为：为了防止某个动作或事件发生，或减轻发生后的后果和损失而设置的障碍。根据安全屏障的性质，Hollnagol 将安全屏障分为以下四类（表 2.3）。

表 2.3　屏障系统和屏障功能

屏障系统	屏障功能	示例
物质屏障系统	物理障碍，阻止物体搬离或运送至当前位置	墙壁、门窗、建筑物、栏杆、过滤器、容器、整流器等
	限制或阻止移动或运输	安全带、吊带、笼子、空间距离（海湾，间隙）等
	保持在一起，凝聚，弹性，不可摧毁	不容易破裂或断裂的组件，如安全玻璃
	消耗能量，保护，淬火，灭火	气囊、洒水器、净化器、过滤器等
功能屏障系统	阻止移动或行为（机械方法）	锁、物理环、刹车片等
	阻止移动或行为（逻辑性）	密码、进入代码、先决条件、生理性匹配（瞳孔、指纹）等
	阻碍或妨碍行动（时间—空间）	距离、持久性、延迟、同步等
符号屏障系统	打击预防或阻碍等操作（视觉、触觉接口设计）	功能、分界、标签、警告等编码
	规范行动	指令、程序、注意事项（条件）、对话等
	显示系统状态或条件（标志、信号和符号）	标志（例如，交通标志）、信号（视觉、听觉）、警告、报警等
	许可或授权	工作证、工作命令
	交流、人际间相互依赖关系	通关、审批
非物质屏障系统	监测、监督	检查、检查单、警报等
	规则、法律、准则、禁令	规定、限制、法律、道德等

物质屏障，用来防止某动作发生或后果扩散的物理性屏障。典型的物质屏障包括建筑物、墙壁、围栏、扶手等。物质屏障是真实存在的物理性障碍。

功能屏障，为阻止某动作而起作用的屏障，逻辑互锁就是典型的功能屏障。尽管会以某种形式表现出来，功能屏障并不总是可见的或可识别的。

符号屏障，需要以某种形式作出标示或说明才能起作用的屏障。符号屏障是通过规定系统的性能极限来实现其功能，该规定可能会被忽略或无视。所有类型的符号或信号都是符号屏障，同时还包括各类警报、人机界面布局、界面上的各类信息等。

非物质屏障，没有真实的物质存在、需要依靠使用者的知识起作用的屏障。典型的非物质屏障有：规则、指南、约束和法律。

（2）ARAMIS中的安全屏障。

工业事故风险评估方法（Accidental Risk Assessment Methodology for Industries，ARAMIS）是由法国、意大利、比利时等欧洲10个国家的研究人员共同开发的一种风险评估方法。安全屏障作为ARAMIS中风险控制的基本工具，其功能包括：避免、预防、控制及限制。其本身包括能够实现这四种安全功能的物理系统、工程系统或人的行为。在ARAMIS中，安全屏障主要分为四类。

被动屏障：无需人的操作、能量资源或信息资源而永久起作用的屏障。被动屏障可能是物理屏障（堤坝、墙等）、永久屏障（如防腐系统）、本质安全设计。

激活屏障：需要满足预先设定的条件才能激活起作用的屏障。此类屏障必须自动或人工激活以起作用，一般需要由检测—诊断—执行的作业顺序。

人的行为：该类屏障的有效性主要基于操作工的作业知识。

符号屏障：需要员工的理解及执行才能达到其目的的屏障，包括现场的各种警示牌。同时，依据屏障的主要任务（检测、诊断、执行）、完成屏障功能对员工素质的要求（依据技能、依据规则、依据自身知识）、屏障是否有控制及安全功能等三个分类标准，ARAMIS对这四类屏障进行了详细分类，见表2.4。

表2.4　ARAMIS中的安全屏障

屏障系统	示例	检测	诊断/激活	执行
永久性—被动屏障，管理监督风险树中的控制	防腐涂层、储罐支架、浮罐的顶盖、容器的观察孔等	无	无	硬件
永久性—被动屏障，管理监督风险树中的控制	堤坝、扶手、围墙、防爆墙、避雷器、破裂盘等	无	无	硬件
临时性—被动屏障，由人员放置、配备或移除	盲板法兰、头盔、手套、安全靴、混合物中的抑制剂等	无	无（员工必须配备）	硬件
永久性—活动屏障	主动的防腐措施、加热、冷却系统、通风设备、泄爆装置、惰化系统等	无	无（在一些操作过程中可能需要人工激活）	硬件
活动的—硬件需求，管理监督风险树中的屏障或控制	压力安全阀、逻辑互锁、喷淋装置、液位控制	硬件	硬件	硬件
活动的—自动化屏障	可编程自动控制装置、控制系统或关断系统	硬件	硬件	硬件

屏障系统	示例	检测	诊断/激活	执行
活动的—人工激活屏障，由活动的硬件检测后激活的人的行为	人工停机或调整、疏散时的呼吸装置、排污阀等	硬件	人工（基于技术、规则或知识）	人工或远程控制
激活的—警告性屏障，基于被动警告的人的行为激活的辅助性屏障，为操作人员提供诊断信息的软件	个人防护装置的佩戴、禁烟、安全线以外等	硬件	人工（基于规则的）	人工
	专家系统	硬件	软件—人工（基于规则或知识）	人工或远程控制
激活的—程序规定的，没有工具支持的形势判断	遵循启动/停车程序，调整硬件设施，警告其他人动作或撤离等	人工	人工（基于规则的）	人工或远程控制
激活的—应急屏障，对现场临时的观察及即兴的应急	对意外紧急事件的应急、消防等	人工	人工（基于知识的）	人工或远程控制

对于被动的硬件屏障，达到其安全功能的重点在于设计和安装。对于需激活的硬件屏障，员工的行为（包括巡检及维护）、能力等则更为重要。

（3）Sklet关于安全屏障的定义与分类。

通过总结与深度防护、保护层等与安全屏障相近的概念，Sklet给出了如下安全屏障定义："安全屏障是计划用于预防、控制或减轻不希望发生事件或事故的方法，包括物理方法和非物理方法。"该定义中，方法可以是单一的技术单元，或人的行为，也可能是复杂的社会—技术系统。而不希望发生事件包括设备失效、人员失误、外部事件等可能造成潜在危害的事件。事故是指造成人员伤亡、环境破坏、财产损失的事件。而定义中提到的安全屏障的三个安全功能的意义分别为：预防指降低危险事件发生的可能性；控制指限制危险事件的影响范围或持续时间，以防止事件升级；减轻指降低事件或事故的影响和后果。

同时，在总结前人研究成果的基础上，Sklet还给出了安全屏障的分类方法，具体如图2.5所示。

在该分类方法中，物理屏障一般是指无需激活而连续性起作用的安全屏障，如容器、围墙等。被动的人为/操作屏障一般是指安全距离、时间延迟等防护方法。技术屏障是和IEC 61511中的分类相一致的。安全仪表系统是与保护层分析（Layers of Profection Analysis，LOPA）中的安全仪表系统含义相同。其他技

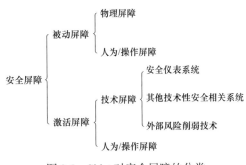

图2.5 Sklet对安全屏障的分类

术性安全相关系统是指基于某项技术或非电气/电子/可编程电子的安全系统，例如泄压阀等。外部风险削弱技术是指除了上述两种技术屏障之外的风险削弱方法，如防火墙、堤坝等。活动的人为/操作屏障一般是工作过程的一部分，用于揭示潜在的失效或失误，例

如企业的自我控制、第三方控制等。

在 Sklet 对安全屏障定义与分类中，强调安全屏障应该与事件顺序或事故直接相关，不包括影响屏障性能的因素，例如对员工的培训、作业规程等，都不能够视为单独的安全屏障，这一点也与 ARAMIS 中安全屏障的定义相一致。

（4）ISO 17776（2000）中屏障分类。

ISO 17776（2000）中将屏障系统分为物理性屏障系统和非物理性屏障系统。根据安全屏障功能特性可将其分为物理安全屏障和非物理安全屏障，如图 2.6 所示。非物理安全屏障包括人因屏障、组织管理屏障、技术屏障和操作屏障等。物理安全屏障一般是指可以阻止地层流体不可控制地流到地表的物理方法，包括初级安全屏障、二级安全屏障、三级安全屏障等。

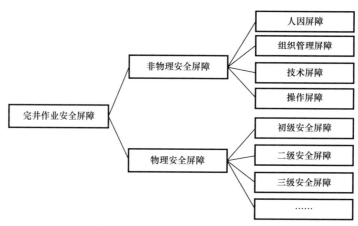

图 2.6　安全屏障分类

① 非物理安全屏障集建立。

非物理安全屏障集包括人因屏障、操作屏障、技术屏障和组织管理屏障，见表 2.5。

表 2.5　非物理安全屏障集

安全屏障集	安全屏障元素	安全屏障元素描述
人因屏障体系	胜任能力	工作经验、系统知识，以及培训
	安全意识	安全状态和安全行为
	生理能力	健康状况、工作强度
	合作能力	协作能力
操作屏障体系	操作方法	关闭方钻杆，关闭防喷器方法的有效性
		隔水管中流体正确排出
	工艺参数监测	环空液面、溢流、立压监测的有效性
	工艺参数判断	压力读数和体积流量判断
		及时发现固井质量判断
		继续循环判断
	时间参数	泵入钻井液、最佳关闭防喷器的时间、候凝时间

安全屏障集	安全屏障元素	安全屏障元素描述
技术屏障体系	设计参数	钻井液密度、完井液密度、水泥浆设计
	工艺质量	井身结构、水泥填充、环空水泥环、固井质量
	人机界面	设备的标签、阀门位置、报警装置
	可维修性	设备或系统的可维护性，安全阀、防喷器的可维修性
	系统反馈	气体泄漏、点火源监测、腐蚀监测、报警
组织管理屏障体系	安全管理	安全生产检查制度的执行、防护用品的使用、作业人员的安排、隐患整改程度
	安全教育与培训	新员工安全教育培训、特殊工种安全技能培训、预防性安全教育
	应急管理	应急设备和物资、应急救援预案、应急演练

② 物理安全屏障集建立。

国际标准化组织（International Organization for Standardization，ISO）和美国石油学会（American Pertroleum Institute，API）标准提出通过保持安全屏障的最佳状态可靠性、可用性和可维护性来保障井的长期完整性，确保钻完井作业的顺利进行，提出安全屏障元件有钻杆、防喷器、封隔器和桥塞、地下的安全阀、套管和油管连接、气举设备和水泥。挪威大陆架关于石油作业的 HSE 设计和装备等相关法规设施条例第 47 条规定有关井的屏障条款，例如，安全屏障设计应确保该井的完整性和在井的寿命周期内确保井的屏障功能。安全屏障的设计应防止不可控制流体流到外部环境，不妨碍井的相关作业。

挪威标准 NORSOKD-010《Well integrity in drilling and well operations》将安全屏障定义为一个或几个相互依附的屏障组件的集合，它能够阻止地下流体无控制地从一个地层流入另一个地层或流向地表。并定义从根本上防止地层流体流出的初级安全屏障和二级安全屏障和屏障验收标准，包括技术和作业要求，以确保安全屏障和屏障元素性能符合规定。在深水油气井的钻完井作业中，如果井眼中两个地层带之间由于压差使无控制的流体流动时，应有一个可利用的有效安全屏障；如果该压差可能导致流体从井眼中无控制地流到外部环境中时，那么就应有两个可利用的有效安全屏障。NORSOKD-010 定义油气井的安全屏障元件有 50 个，不同作业过程安全屏障不同。

（5）邓海发关于屏障的分类。

邓海发将安全屏障系统分为技术屏障、人员/组织屏障、作业屏障三类。屏障系统的分类如图 2.7 所示。

① 技术屏障系统：通过相应的技术措施来实现屏障功能的，能够预防危险事件的扩大、减弱危险事件、减轻危险事件的后果或降低事故发生的可能性。

技术屏障系统分为三个子屏障系统：技术消极屏障，在其整个作业寿命周期内不需要由其他系统激活或控制，具有连续性屏障功能的屏障系统，如防爆墙、防火墙、压力阀、用于防止电力、化学物质或放射性物质的防护服和防护设备，将操作者与运转的机械设备分开的护栏或挡板等；技术积极屏障，需要由其他系统进行激活或控制以实现屏障作用，如紧急关断阀、喷淋系统、备用设备/容器系统、冗余系统等；技术探测屏障，通过对危

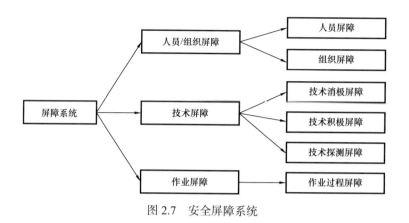

图 2.7　安全屏障系统

险的探测、监测来发现危险，将危险事件信息传递给其他屏障系统并激活这些屏障系统来实现对事故的控制作用，此类屏障本身并不能防止危险事故的发生或者扩大，如有毒或可燃气体探测系统、火灾探测系统等。

②人员/组织屏障系统：由作业人员、组织通过对作业过程或活动的控制来实现屏障功能。此类屏障能够通过增强技术屏障系统功能或预防技术屏障系统功能的减弱来降低初始事件发生的可能性，但是在初始事件发生之后，采用人员/组织屏障并不能阻止初始事件向危险事件的发生，也不能降低事件所能产生的后果。

人员/组织屏障分为两个子屏障系统：人员屏障，是由人员起到屏障作用的系统，如作业人员控制、监督等；组织屏障，是通过组织的管理程序、监控等来实现屏障作用的系统，如班组、企业的检查和监控、作业过程控制程序、工作许可证、作业风险评估等。

③作业屏障系统：为发现和纠正作业过程中的各种错误、偏差，防止不期望的危险事件发生而开展的测试、试验等活动，如为防止液体或气体从地层中流出而进行的泄漏测试。

（6）其他关于屏障分类。

Hale 将屏障系统分为消极硬件屏障、积极硬件屏障、消极行为屏障、积极行为屏障、混合屏障（由硬件屏障和行为屏障混合组成）。Neogy 等将屏障系统分为物理性屏障、程序/管理屏障、人员行为屏障。Kecklund 等将屏障系统分为技术屏障、人员屏障、人员/组织屏障。

2.1.6.3　安全屏障的性能要求

为了对安全屏障系统的性能进行评估，以确保所建立的安全屏障能够完成所设计的屏障功能，采用下述五个方面来对安全屏障系统的性能进行描述。

（1）功能性/有效性。屏障的功能性/有效性是指屏障系统在给定的时间内，给定的技术、环境和作业条件下完成特定的安全屏障功能的能力。屏障的有效性通常由屏障系统完成特定功能的概率或百分比来表达。如果屏障的有效性是采用百分比表达，那么在给定作业时间内安全屏障的有效性将发生变化，安全屏障的有效性可能小于要求的有效性，这可能是由于设计限制、作业条件限制、屏障系统老化等因素引起的。

（2）可靠性/可用性。屏障的可靠性/可用性是指在需要时或根据要求完成给定的屏障功能的能力，由系统的失效概率表示。屏障的可靠性/可用性和功能性/有效性的区别可以通过对气体探测器的屏障性能分析进行说明。气体探测器的屏障功能是探测气体的泄漏并发出报警信号。其有效性是指在发生气体泄漏之后是否能够及时探测到气体泄漏的能力，探测器的类型、数量和位置分布将影响其有效性，而气体探测器的可靠性是指在发生气体泄漏，气体扩散到探测器所在位置之后，探测器能够发出信号的概率。

（3）鲁棒性。屏障的鲁棒性是指在给定的事故载荷下，或在异常和危险事故情况下安全屏障系统能够继续存在的能力。

（4）响应时间。屏障的响应时间是指从安全屏障对偏离、错误事件做出反应开始到完成规定的屏障功能的持续时间。不同类型的安全屏障的响应时间是不同的，如喷淋系统的响应时间是指释放出一定数量消防水的持续时间，而紧急关断阀的响应时间是指紧急关断阀完全关闭流体流动所需要的时间。

（5）触发事件或条件。屏障的触发事件或条件是指能够触发屏障，使屏障系统产生作用的事件或条件。

2.1.7　德尔菲法

2.1.7.1　方法原理

德尔菲法（Delphi），起源于 20 世纪 40 年代，是一种非见面形式的专家意见收集方法和"一种高效的、通过群体交流与沟通来解决复杂问题的方法"。国内外经验表明，德尔菲法能够充分利用人类专家的知识、经验和智慧，是解决非结构化问题的有效手段。

2.1.7.2　方法步骤

德尔菲法作为一种专家调查法，是在专家个人判断法和专家会议法的基础上发展起来的一种直观判断和预测的方法。其具体的操作流程如图 2.8 所示。

图 2.8　具体操作流程图

项目风险评价目标树确定以后，向所有专家提出具体项目风险评估问题及有关要求，并附上有关这个问题的所有背景材料及专家需要的材料，然后由专家做书面回答。每个专家按调查表要求做出书面回答，之后将各位专家第一次判断意见汇总，列成图表，进行对比，再分发给各位专家，让专家比较自己同他人的不同意见，修改自己的意见和判断。一般要经过三、四轮的意见收集和信息反馈，在向专家进行反馈的时候，只给出各种意见，而不说明发表各种意见的专家的具体姓名。这一过程重复进行，直到每一位专家不再改变自己的意见为止。

2.1.7.3 方法特点及适用范围

相对于其他安全评价方法而言，德尔菲法有三个特别明显的特点：匿名性、多次反馈、小组的统计回答。该方法简单易行，由于要包含专业、安全、评价等方面的专家参加，而且所邀请的专家在专业理论上都有着较深的造诣及丰富的实践经验，比较客观，最后将专家的意见采用逻辑推理的方法进行综合、归纳，这样所得出的结论一般是比较全面、正确的。特别是通过专家质疑及事物正反两方面的讨论，会使提出的问题更深入、更全面，最后所形成的结论性建议会更科学、合理。但是，由于要求参加评价的专家有较高的水平，因此并不是所有的工程项目都适用本方法。

德尔菲法适用于需要比较的工程项目、系统和装置的安全评价，它可以充分发挥专家丰富的实践经验和理论知识。此外，专项安全评价也经常采用这种评价方法，运用该方法可以将问题研究得更深入、更透彻，同时可以得出具体执行意见和结论，便于操作者进行科学决策。

2.1.8 工作安全分析

2.1.8.1 方法原理

工作安全分析（Job Safety Analysis，JSA），也叫工作危险分析（Job Hazard Analysis，JHA），最初是由美国葛理玛教授于1949年所提出的一套防范意外事故的方法，它由工作分析推演而来，也是一种危险源辨识方法。这种方法是在事故发生前以作业任务为主线进行危险辨识，注重工人、作业任务、工具和环境之间的关系，将被分析的作业活动划分为若干步骤，然后针对每一个步骤，通过实际调研观察、对工作人员的访谈、事故资料的收集等方法进行危险源的识别，将识别出的危险填入安全分析表中，该方法不仅仅从某一个事件出发，而是从整体着眼，能使危险辨识覆盖几乎所有工作区域、工作岗位及作业过程。主要目的是在作业前通过作业人员共同讨论，识别出工作任务的关键步骤及其主要危害，并制订出合理的控制措施，从而将作业风险消减或控制在可接受的范围。

2.1.8.2 方法步骤

JSA分析过程大致可分为以下7个步骤：（1）在工作范围内确定所有的工作任务；（2）将每个工作任务分解成基本的步骤去完成；（3）识别每个步骤的危害；（4）识别伤

害对象；（5）风险量化；（6）列出风险控制措施；（7）记录形成 JSA 分析表。如图 2.9 所示。

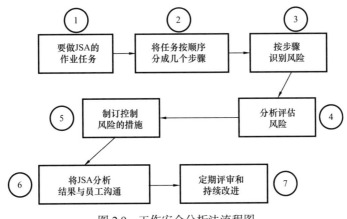

图 2.9　工作安全分析法流程图

2.1.8.3　方法特点及适用范围

　　与其他的危险源辨识和风险评价方法相比，工作安全分析法最大的特点在于更加关注人、机、环境系统的协调问题，其主要关注的对象是生产活动和工作过程。它的基本原则是将所选择作业按顺序划分成若干个步骤，对作业步骤逐步地从人、机、物、法、环等 5 个方面进行危害识别分析，能够为员工安全高效地完成每一个工作步骤提供分步指导，是工作安全培训和事故预防领域经常使用的管理手段。

　　操作员工更适合于危险辨识工作，但不适于在辨识理论上进行过细研究，为了较好达到辨识的效果，有必要集合基层操作者的实际作业经验。

　　该方法的主要不足之处在于对潜在危险的可能性和严重度没有量化的标准作为依据，因而无法直观地识别出作业过程中风险程度高、后果严重的关键性步骤，从而更好地起到防范事故发生的目的。

2.2　定量风险分析方法

2.2.1　故障树分析法

2.2.1.1　方法原理

　　故障树分析法（Fault Tree Analysis，FTA）是一种图形演绎法，是故障事件在一定条件下的逻辑推理方法，其理论基础是集合论、概率论、图论及数理统计，如图 2.10 所示。它把系统不希望出现的事件作为故障树的顶事件，用规定的逻辑符号自上而下分析导致顶事件发生的所有可能的直接因素及其相互间的逻辑关系，并由此逐步深入分析，直到找出事故的基本原因，即故障树的基本事件为止。故障树的分析包括定性分析和定量分析两部分，其最终目的不完全是为了得到顶事件的发生概率，更重要的是通过故障树分析找出系统的薄弱环节，提高系统的安全性和可靠性。

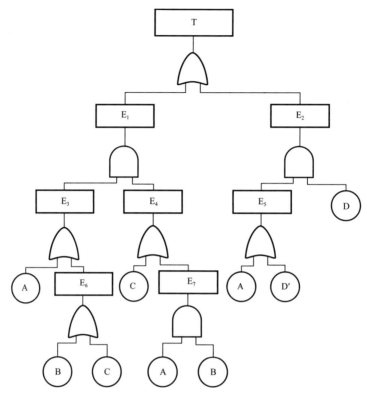

图 2.10　典型的故障树分析模型

2.2.1.2　方法的优缺点

故障树分析方法的优点是：（1）表达直观，逻辑性强，不仅可以分析部件故障，而且还可用于多重故障及人为因素、环境因素、控制因素及软件因素等引起的故障的分析；（2）能分析两态单调系统、非单调系统及多态系统；（3）既能用于定量分析，又能用于定性分析，同时能找出系统的薄弱环节，对于新的、复杂的系统的风险分析结果可信度高。

其缺点是：（1）由于故障树的建造及计算过程较复杂，限制了底事件的数量，因此复杂系统的故障树分析难以做到对事件进行详尽、细致的研究；（2）必须假定所有底事件之间相互独立；（3）所有事件仅考虑正常和失效两种状态。

2.2.1.3　故障树分析法的建树思路

故障树分析法的思路主要有以下几个步骤。

（1）熟悉系统。构建系统的故障树之前，要求建树人员广泛收集和整理系统的设计资料、实际运行状态、整体流程和技术规范等，同时需全面熟悉系统是什么结构、具有什么功能、运行的原理是什么、故障有哪些形式、故障的原因有哪些等，只有掌握了系统的基础资料，才能正确地建立故障树，也才能进行合理的故障分析。

（2）合理选择顶事件是故障树分析的关键，顶事件作为故障树分析的基础和源头，不同的顶事件，故障树也大不相同，对系统进行故障分析时，一般选择对系统影响显著的那些因素列为故障树的顶事件。

（3）正确地建立故障树是故障树分析的核心。正确地建立系统（即研究对象）的故障树，首先需要建树人员熟悉和掌握系统的机理与影响因素，所以建树人员一般需要设计人员、技术人员和维修人员共同参与，其次利用故障树法的理论知识，将定义事件与逻辑门符号按一定的逻辑关系组合成故障树，从而清晰地表达出故障事件间的逻辑关系。

（4）故障树的简化与分解。对研究对象的系统建立故障树时，根据系统的复杂情况，酌情对其进行逻辑简化和模块分解，尽量使故障树层次分明、关系清晰。

（5）故障树定性分析的内容。当故障树建立后，需要对故障树进行定性分析，目前大多采用上行法或下行法分析，从而求解出故障树所有的最小割集。

（6）故障树定量分析的内容。进行故障树的定性分析后，便进行定量分析，通过现场调研获得故障树底事件的发生概率，便可计算出故障树顶事件的概率以及底事件的重要度，底事件重要度的计算分析包括结构重要度、概率重要度、关键重要度。

（7）系统的故障分析与建议。通过故障树的定性分析与定量分析，可以得出影响系统的故障事件组合，顶事件的概率与底事件的重要度等结果，然后就可以清晰地发现顶事件的发生概率是多少，哪些底事件是系统的薄弱环节，根据计算结果提出相应的规避故障发生或改进系统的系列建议，如图 2.11 所示。

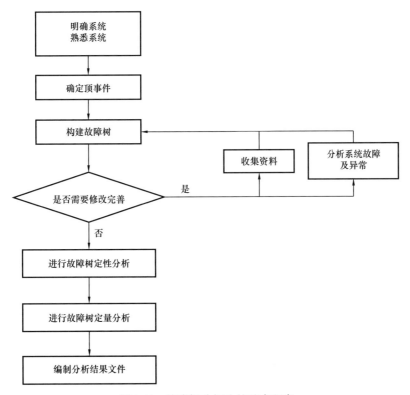

图 2.11　故障树分析法的基本程序

2.2.2 贝叶斯网络法

2.2.2.1 方法原理

贝叶斯网络是一个包含条件概率表的有向无环图模型，又称为信度网络，通过贝叶斯网络可以对各种数据进行汇总，并对这些数据进行综合推理，是最有效不确定性知识表达和推理的理论模型之一。贝叶斯网络是人工智能、图论、概率理论、决策分析相结合的产物，适用于对不确定性和概率性事物的表达和分析，应用于有条件地依赖多种控制因素的决策中，能够从不完全、不精确或不确定的知识或信息中做出推理。贝叶斯网络是一个赋值的因果关系网络图，在该图中，原因和结果变量都用节点表示，每个节点都有自己的概率分布，任何抽象的问题都可以用节点表示，如结构构件的现状、观测现象及测试值等，节点间的因果关系用有向弧表示，因此有时也将贝叶斯网络称为因果网络，需要指出的是该网络中蕴含了非常重要的条件独立性假设。贝叶斯网络法分析流程图如图 2.12 所示。

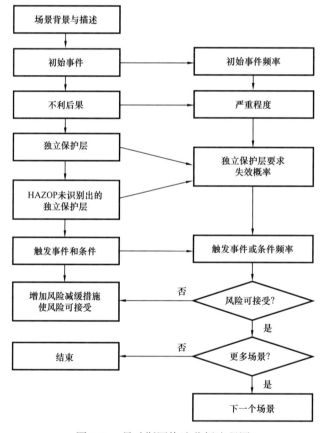

图 2.12　贝叶斯网络法分析流程图

2.2.2.2 方法特点

（1）贝叶斯网络是一种不确定性的因果关联模型。与其他风险分析模型不同，贝叶斯网络本身就是一种将多元知识图解可视化的概率知识表达与推理模型，能够更为贴切地解决网络节点变量之间的因果关系和条件相关关系。

（2）贝叶斯网络处理不确定性问题的能力很强大。贝叶斯网络用条件概率表达各个系统各个部件之间的相关关系，能在有限的、不确定的及不完整的信息条件下进行学习和推理。

（3）贝叶斯网络能有效地表达和融合多源信息。贝叶斯网络可将与故障诊断与除险加固决策相关的各种信息纳入网络结构中，按节点的方式进行统一处理，能有效地按信息元素之间的相关关系进行分析。

2.2.2.3 贝叶斯网络建模的步骤

贝叶斯网络建模的主要任务是确定网络的拓扑结构和确定网络中各个节点因素的条件概率分布，把贝叶斯网络中所有节点的条件概率分布统一称为贝叶斯网络的概率参数。贝叶斯网络的建模，包括一个确定拓扑结构的定性过程和一个确定概率参数的定量阶段。对于不同的问题，贝叶斯网络的建模过程也不尽相同，主要有三种建模方式：（1）手动建模，借助专家知识经验，手动建立模型的拓扑结构并给出概率参数；（2）数据库学习建模，贝叶斯网络模型通过对数据库的学习自动获取；（3）两阶段建模，即综合前两者的优势，首先结合专家知识经验手动构建网络模型，然后通过对数据库的学习修正先前所建的贝叶斯网络模型。

（1）手动建模的一般步骤：① 选取和定义节点（变量）；② 定义网络拓扑结构；③ 定义节点状态空间；④ 构造各节点的条件概率分布。

（2）学习建模：包括结构学习和参数学习两个方面。结构学习是指基于训练样本集，综合先验知识尽可能地确定最合适的拓扑结构模型。参数学习是指利用给定的拓扑结构，确定贝叶斯网络中各节点的概率参数。

（3）两阶段建模：第一阶段是基于专家对事件之间因果关系的理解和对场景的解释而建立初始贝叶斯网络结构，而第二阶段通过对数据库的学习采用改进技术，修改网络模型各节点的概率分布，使其更接近实际。改进过程可以看成是一个学习任务，该任务的源信息包括初始贝叶斯网络模型和数据集合两个方面，目标是在此基础上建立更好的贝叶斯网络模型。在对具体问题构建贝叶斯网络模型时，需要考虑如下环节。

① 问题的定义。对任何一个领域构建贝叶斯网络模型，首先都必须了解实际问题的应用背景。应该了解的具体内容包括与所研究内容有关的学科常识、所研究内容本身及其周边相关问题的研究、构建贝叶斯网络的目的等。

② 变量的选择。选择变量就是选择所要分析领域内各种可能会影响分析结果的因素。这些变量之间也可能存在相互独立或相互依赖的关系。确定变量有很多影响因素，例如，与该领域有关的专家意见、与变量相关数据的丰富程度、与变量相关数据的可获得性与可量化性等。其中专家意见是选择变量非常重要的一环，因为专家比较了解该领域，他们知道哪些变量之间可能存在相互依赖的关系。

③ 数据的选择和处理。数据的选择就是给所选取的变量取值。数据的处理包括数据的离散化和缺损数据的处理等。

④ 实际构网。该步骤是应用实际的算法对处理后的数据进行处理，得到最终的贝叶斯网络模型。网络模型建成后要听取相关人员的反馈，看所建网络是否满足需要。如果所建网络模型不能很好地反映应用领域的相关问题，要重新考核上述步骤，然后重复上述步骤，直到建成满足实际应用需要的贝叶斯网络模型。

2.2.3　层次分析法

2.2.3.1　方法原理

层次分析法（the Analytic Hierarchy Process，AHP）结合了定性和定量两种方法，做到了层次化和系统化。其实际上是能够实现半定性、半定量向定量转化的行之有效的一种方法，使人们的思维过程层次化。在决策、分析、控制或预测事物发展情况过程中，通过逐层比较多种关联因素奠定定量基础，尤其在完全用定量进行分析很难实现的复杂问题中适用，为解决这类问题提供一种简单实用的方法，如图 2.13 所示。该方法的应用中，决策者采取分解复杂问题的方法，转化为对若干因素及层次的处理，从而实现计算及对比，对各方案赋予相应的权重，从而选择最佳方案时有据可依。该方法的原理为：以递阶结构的约束条件、目标及子目标为依据，对相关问题进行评价，判断矩阵的确定主要选择类比法，系数的确定为判断矩阵所具有的最大特征值的特征向量分量值，根据上述内容最终得到相应的权重。

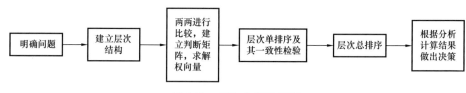

图 2.13　层次分析法步骤

2.2.3.2　层次分析法的优点与局限性

AHP 作为一种有用的决策工具，有着明显的下述优点。

（1）实用性。层次分析法把定性和定量方法结合起来，能处理许多用传统的最优化技术无法着手的实际问题，尽管所需要的定量数据较少，但对问题的本质、包含的因素及其内在关系分析得清楚，具有较广泛的实用性。

（2）有效性。可用于复杂的非结构化的问题，以及多目标、多准则、多时段等各种类型问题的决策分析。

（3）简洁性。具有中等文化程度的人即可了解层次分析法的基本原理和掌握它的基本步骤，计算也比较简便，并且所得结果简单明确，容易为决策者了解和掌握。

（4）系统性。人们的决策大致有三种方式：因果判断、概率推断和系统推断。层次分析法把研究对象作为一个系统，按照分解、比较判断、综合的思维方式进行决策，思路简单，它将决策者的思维过程条理化、系统化、数量化，便于计算，容易被人们所接受。

AHP 在应用上也有许多局限性，主要表现在以下两个方面。

（1）AHP 方法有致命的缺点，它只能在给定的策略中去选择最优的，而不能给出新的策略。

（2）主观性太强，从层次结构建立，到判断矩阵的构造，均依赖决策人的主观判断、选择偏好，若判断失误，即可能造成决策失误。

2.2.4 模糊数学综合评价法

2.2.4.1 方法原理

模糊数学综合评价法具有评价逐对象进行的特点，每个评价对象均对应唯一的评价值，被评价对象不因其所在对象集合的变化而变化。该方法的目的是选出最优对象，因此对所有对象的综合评价结果要进行排序；该方法以模糊数学理论为基础，但是并不复杂，也不高深，易于掌握和使用；该方法是其他数学分支和模型难以替代的方法，适合对多因素、多层次的复杂问题进行评价。

2.2.4.2 模糊数学综合评判法步骤

（1）首先建立评价对象的因素集 U。因素集是影响评判对象的 n 个指标所组成的一个集合。

（2）建立评判集 V。V 是与 U 中评价因素相应的评价标准集合，根据评价对象的特点，确定相应的评判集。

（3）建立权重集 A。在因素集中，各因素的重要程度不同。为了反映各因素的重要程度，对各因素给予不同的权重系数。

（4）单因素模糊评判。定出每个因素对于各评价等级的隶属度。

（5）模糊综合评判。单指标模糊评判只涉及一个指标对评判集的影响，是不全面的。因此要考虑所有的指标的综合影响，才能得出合理的评判结果，这就是模糊综合评判。

2.2.4.3 模糊数学综合评判法的特色

（1）相互比较。以最优的评价因素值为基准，其评价值为 1；其余欠优的评价因素依据欠优的程度得到相应的评价值。

（2）可以依据各类评价因素的特征，确定评价值与评价因素值之间的函数关系（即隶属度函数）。确定这种函数关系（隶属度函数）有很多种方法，例如，F 统计方法，各种类型的 F 分布等。

2.2.5 蝴蝶结模型

2.2.5.1 方法原理

蝴蝶结模型（Bow-Tie）于 1979 年由澳大利亚昆士兰大学提出，并最先由壳牌石油公司用于商业实践。该模型以其直观、简明的特点，近年来被广泛应用于国内外石油安全领域的风险分析与安全管理。

蝴蝶结模型是将故障树分析方法和事件树分析方法融合为一体，全面分析某一事件的发生原因和事故后果的事故建模方法。该方法主要包括 5 部分要素：（1）起因，事故发生的可能原因；（2）事前的预防措施，为降低事故发生概率而采取的行动；（3）事故，可能造成不良后果的意外事件；（4）事故后的控制措施，事故发生后，为减少不良影响或降低后果严重程度所采取的行动；（5）后果，事故可能造成的后果。典型的蝴蝶结模型可以用图 2.14 表示。左侧是故障树，用来分析造成某一事件发生的原因。右侧是事件树，用来分析某一事件发生后如何造成人和财产的损失。从图 2.14 中可以看出，安全屏障是蝴蝶结模型的基本元素。左侧的安全屏障是预防事件发生的屏障，右侧的屏障是保护人和财产安全的屏障。

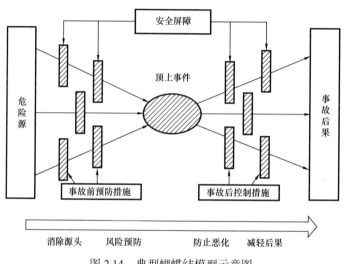

图 2.14　典型蝴蝶结模型示意图

2.2.5.2　方法特点

蝴蝶结分析技术综合了故障树和事件树的优点，故障树和事件树分别组成了"蝴蝶结模型"的左、右部分，可直观地对风险的起因和后果进行分析。蝴蝶结分析技术其独有的"蝴蝶结模型"，将危险源、控制措施及日常工作用图标联系并描绘出来，以顶上事件为中心，分析可能造成危险源被释放的原因、释放后可能造成的后果，以及针对每个危险源的预防措施和应急措施。其优势在于参与工程项目的各层级人员能够直观、简洁和充分理解施工作业活动相关的风险与安全防范措施。

蝴蝶结是一个图形化的工具用来说明事故原因和其后果，同时集中在一个关键事件。蝴蝶结是由左端的事故树识别可能的事件导致的关键事件（或顶端事件），右侧的事件树显示可能的后果，基于关键事件失败或成功的安全评价方法。图 2.15 演示了一个典型的蝴蝶结模型，PE、IE 和 TE 分别是初级事件、中级事件和高级事件，SB 和 C 代表了安全屏障和事故后果。

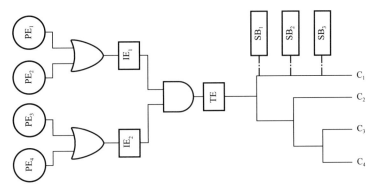

图 2.15　简化的蝴蝶结模型

　　一旦蝴蝶结结构化，用分配概率来进行定量分析主要事件的事故树和安全壁垒。发生概率最高的事件可以计算最小割集的结合，最小割集的定义是交叉最小数量的主要事件，这是必要的导致事件发生的条件。蝴蝶结模型从顶部事件由事故树和收益对每个分支计算，每个结果的发生概率基于各种安全壁垒的成功或失败。例如后果（或事件）C_2 的发生概率可以计算为：

$$Pr(C_2) = Pr(TE)Pr(SB_1)Pr(\overline{SB_2}) \qquad （2.1）$$

式中　$Pr（C_2）$——事故后果发生的概率；

　　　　$Pr（TE）$——顶事件发生的概率；

　　　　$Pr（SB_1）$——SB_1 安全屏障失效的概率；

　　　　$Pr（SB_2）$——SB_2 安全屏障失效的概率。

　　蝴蝶结分析实施步骤如下：（1）识别需要分析的具体危险事件，并将其作为蝴蝶结图的顶级事件；（2）分析造成顶级事件发生的影响因素（原因），并在蝴蝶结图左侧的每个原因与顶级事件之间划线；（3）识别原因导致顶级事件发生的传导机制，提出相应的预防性措施；（4）识别可能造成控制措施失效的风险升级因素及控制这些风险升级因素的措施，并纳入图中；（5）在蝴蝶结图的右侧，识别顶级事件的不同潜在后果，并以顶级事件为中心，向各潜在后果处划线，将后果的控制性措施及升级因素和与升级因素相应的控制措施写在连接顶级事件和潜在后果的线条上。

2.2.6　事件树分析法

2.2.6.1　事件树分析法原理

　　事件树分析法（Event Tree Analysis，ETA）是一种时序逻辑的事故分析方法，按事故发展的时间顺序由初始事件开始推论可能的后果，从而进行危险源辨识。ETA 可以用定性、定量方式表示整个事故变化及事故发生概率。它既可以事前预测事故及不安全因素，又可以事后分析事故原因。

　　事件树分析是建立在下列原则基础上的：（1）一起伤亡事故的发生是原因事件按时间顺序相继出现的后果；（2）任何事件都有两种可能的发展途径即"成功"与"失败"，向人们希望的方向发展视为"成功"，反之视为"失败"。

事件树分析法是一种图解形式，层次清楚，可以看作是故障树分析的补充，可以将严重事故的动态发展过程全部揭示出来。

该方法的优点是：概率可以认路径为基础分到节点；整个结果的范围可以在整个树中得到改善；事件树从原因到结果，概念上比较容易明白；事件树是依赖于时间的；事件树在检查系统和人的响应造成潜在事故时是理想的。

该方法的缺点是：事件树成长非常快，为了保持合理的大小，往往使分析必须非常粗糙；缺少数学混合应用。

事件树相对决策树而言，更侧重于逻辑推理过程，并且采用的是一种归纳方法，即从原因出发推演出结果。

事件树具有层次清楚、方便简捷的优点，能够形象地揭示伤亡事故的发展过程和各种可能后果。它既可作为分析已经发生的事故的技术方法，也可以考查系统构成要素的相互关系及其对导致事故（不希望事件）的作用，还可以与事故树联用，更加准确有效地探讨事故发生机理和采取预防对策。事件树分析可以分为定性分析、定量分析两部分。

2.2.6.2　事件树定性分析原理简述

（1）确定分析对象和范围，找出系统发生事故的初始原因。

（2）确定分析对象的构成要素及其因果关系，以及各要素的"成功"与"失败"的状态。

（3）画出事件树图。从诱发事件（初始原因）开始，途经各原因事件直到结果事件，并将"成功"分枝画在上面，"失败"分枝画在下面，从左向右依次连成树图。

2.2.6.3　事件树定量分析原理要点的数理分析

（1）节点两侧分枝上的事件为对立事件，即"成功"状态与"失败"状态，其概率之和等于1。

（2）将事件树上所有事件的概率值标于相应的位置。

（3）整个系统"成功"的概率等于各"成功"途径上事件概率积的和。

设使系统"成功"的途径有 m 条，且各"成功"途径的关系是互斥的，则：

$$P_S = \sum_{i=1}^{m} P_i \qquad (2.2)$$

式中　P_S——系统"成功"的概率值；

　　　i——使系统"成功"途径的序数；

　　　m——使系统"成功"途径的个数；

　　　P_i——使系统"成功"的第 i 条途径发生的概率值。

其中

$$P_i = \prod q_r , \ r \in P_i \qquad (2.3)$$

式中　r——第 i 条"成功"途径上事件的序数；

$r \in P_i$——第 r 个事件属于第 i 条"成功"途径，且与该途径上其他事件的关系是独立的；

q_r——第 r 个事件的概率值。

从而得整个系统"成功"概率值的计算公式：

$$P_\mathrm{S} = \sum_{i=1}^{m} \prod q_r , \quad r \in P_i \tag{2.4}$$

（4）整个系统"失败"概率等于各"失败"途径上事件概率积的和。设使系统"失败"的途径有 n 条，且各条途径间的关系是互斥的，则：

$$P_\mathrm{G} = \sum_{j=1}^{n} P_j \tag{2.5}$$

式中　P_G——系统"失败"的概率值；

　　　j——使系统"失败"途径的序数；

　　　n——便系统"失败"途径的个数；

　　　P_j——使系统"失败"的第 j 条途径发生的概率值。

$$P_j = \prod q_t , \quad t \in P_j \tag{2.6}$$

式中　t——第 j 条"失败"途径上事件的序数；

　　　$t \in P_j$——第 t 个事件属于第 j 条"失败"途径，且与该途径上其他事件的关系是独立的；

　　　q_t——第 t 个事件的概率值。

从而得到整个系统"失败"概率值计算公式：

$$P_\mathrm{G} = \sum_{j=1}^{n} \prod q_t , \quad t \in P_j \tag{2.7}$$

（5）系统总概率 P 等于系统"成功"概率与系统"失败"概率之和，且等于1，即有式（2.8）成立：

$$P = P_\mathrm{S} + P_\mathrm{G} \tag{2.8}$$

求算系统总概率的意义在于检验定量分析结果的正确性。

事件树的定量分析可以计算系统"成功"与"失败"的概率值。有时根据需要，可将其作为系统可靠性安全评价的依据之一，计算风险率值：

$$R_\mathrm{T} = S_\mathrm{T} \cdot Q_\mathrm{T} \tag{2.9}$$

式中　R_T——风险率，损失工作日／接触小时；

　　　S_T——严重度，损失工作日／次；

　　　Q_T——系统故障频率，次／接触小时，此处 $Q_\mathrm{T} = P_\mathrm{G}$。

第 3 章　钻完井作业井喷风险分析

为了使建立的溢流井喷风险评价与预测模型更符合实际，需要对钻完井过程影响溢流风险的因素、对影响井喷风险及着火爆炸风险的因素给予机理上的解释以及说明演变过程。在此基础上，建立适合的风险评价模型。尽管本章是从海上钻完井过程进行分析与评价，但是对于陆地钻完井也同样适合。

3.1　钻完井过程中井控风险因素分析

3.1.1　钻井过程溢流风险因素分析

3.1.1.1　引起溢流因素的一级指标体系

在钻井期间，以下情况发生，可以直接引起溢流。

（1）钻井液密度低。

目前应用的当量钻井液密度小于地层压力系数，不能平衡地层压力，使得钻井过程处于欠平衡状态，可以引起溢流。对于低渗透储层，如果钻速较慢，储层暴露厚度较小，再加之钻井液密度不是太低，负压差不是太大，则溢流量也相应较少。相反，如果储层渗透率很高，钻速较快，储层暴露厚度较大，再加之钻井液密度很低，负压差很大，则溢流量会较大。

（2）井筒液面低。

如果发生井漏，或者起钻过程补灌钻井液量不够，使得井底压力低于地层压力，则会形成溢流。

（3）起钻抽吸压力大。

如果之前钻头泥包，或者水平井井眼不清洁，起钻速度较快，形成拔活塞，将地层流体抽吸到井筒，则会形成溢流。

（4）油基钻井液溶解地层气循环到达井筒一定位置脱气后体积膨胀。

（5）溢流检测不及时未能采取抑制措施。

3.1.1.2　引起溢流因素的二级、三级指标体系

（1）钻井液密度低（该层次序号为一级指标，后同）。

① 地层压力预测不准（该层次序号为二级指标，后同）。

对地层压力预测的计算不准确，可能导致矿场所用的钻井液密度低。而引起地层压力预测不准确的原因则可能为以下四点。

（a）选用的方法不合适（该层次序号为三级指标，后同）。

选用的方法不合适可能使计算不准确，进而影响钻井液的配置。

（b）目前的所有方法对一些地层的认识缺乏准确性。

由于测井、地震资料的不准确、仪器的误差或者部分资料的缺失，可能对地层认识不够，从而无法计算钻井液密度。

（c）压力预测人员经验不足。

（d）地层压力产生一些误差具有普遍性。

②钻井液性能在井筒不稳定。

钻井液性能不稳定可能使之前较为合适的钻井液在某阶段密度变低，也有可能引起井涌等一系列事故。

（a）深井井筒温度梯度变化大与温度高。

（b）高温高压高钻井液密度选用钻井液材料不合适。

③钻井液加重密度配置有误。

（a）钻井液密度测量不准。

（b）操作人员缺乏认真态度。

（2）井筒液面低。

①井漏。

钻井过程中井的漏失可能引起钻井液量的减少，从而使井底压力降低，小于相应的压力时，可能引起井涌溢流。

（a）在一个裸眼井段存在多压力系统。

裸眼井段存在的多压力系统使钻井过程中压力变化较大，可能引起钻井液的漏失。

（b）地层漏失压力不清楚。

（c）循环摩阻大。

（d）井漏检测不及时。

②起钻过程补灌钻井液不及时。

（a）没有按照标准及时补灌钻井液。

（b）相关监测仪器计量不准确。

（3）起钻抽吸压力大。

①起钻速度过快。

（a）没有计算合理起钻速度。

（b）没有考虑合理起钻速度。

②钻井液性能不好。

如前所述，钻井液的性能不稳定、不好可能引起井涌溢流。

（a）黏度高。

（b）流变性差。

③ 钻头泥包。

（a）钻井液性能不好。

（b）地层不稳定。

④ 水平井摩阻大。

（a）钻井液性能不好。

（b）井眼不规则。

⑤ 井眼缩径。

井眼缩径使相应的液柱压力减小，压力减小不能压住地层压力，从而导致溢流，而缩径的原因如下所述。

（a）钻井液性能不好。

（b）地层不稳定。

（4）人为因素。

其中，作业人员工作不认真，没有及时处理和报告可能出现的溢流情况，也是导致溢流的一大因素。

3.1.1.3　溢流风险因素及安全屏障

溢流风险因素分析以及安全屏障见表3.1。

表 3.1　溢流风险因素分析以及安全屏障

一级指标	二级指标	三级指标	安全屏障
钻井液密度低	① 地层压力预测不准确	（a）选用方法不合适； （b）所用方法对一些地层的认识缺乏准确性； （c）预测人员经验不足； （d）预测误差具有普遍性	（a）提高地质测量人员的业务能力； （b）强化井身结构设计； （c）提高钻井液设计人员的业务能力； （d）对相关仪器设备定期检查； （e）加强现场施工人员的培训
	② 钻井液性能不稳定	（a）深井井筒温度变化大； （b）高温高压井钻井液材料选用不合理	
	③ 钻井液加重密度配置有误	（a）钻井液密度测量不准； （b）操作失误	
井筒液面低	① 井漏	（a）一个裸眼井段存在多压力系统； （b）循环摩阻大、井漏监测不及时； （c）井下地层破裂压力异常低； （d）钻井工艺措施不当； （e）钻井液密度窗口低	（a）强化坐岗制度、及时发现漏失以及漏失量； （b）加强地层压力监测； （c）起钻过程加强现场监督，严格按照相应操作规范施工
	② 起钻过程补灌钻井液不及时	（a）没有按照标准及时补灌钻井液； （b）相关检测仪器计量不准确	

一级指标	二级指标	三级指标	安全屏障
起钻抽吸压力	① 起钻速度过快	（a）计算不正确； （b）未按照规定速度操作	（a）加强施工人员与监督人员井控安全培训，加强施工过程监督； （b）强化对溢流检测人员的培训与监督
	② 钻井液性能不好	（a）黏度高； （b）流变性差	
	③ 钻头泥包	（a）钻井液性能不好； （b）地层不稳定	
	④ 水平井摩阻大	（a）井眼不规则； （b）钻井液性能不好	
	⑤ 井眼缩径	（a）地层不稳定； （b）钻井液性能不好	
气侵	① 地层压力预测低； ② 储层气油比高； ③ 油基钻井液溶解气能力强		提高地层压力预测人员的专业能力
溢流检测不及时	① 溢流监测系统灵敏度低； ② 溢流观察人员未能及时发现； ③ 溢流发现后未能采取及时措施		（a）对相关设备定期检查； （b）加强坐岗制度与综合录井人员值班制度，及时发现溢流； （c）发现溢流后及时关井

3.1.2 钻井井喷风险因素分析

溢流进一步发展，钻井液涌出井口的现象称之为井涌。地层流体无控制地涌入井筒、喷出地面的现象称之为井喷。钻井井喷可能由溢流、关井、压井措施不合理而引起。

3.1.2.1 溢流直接演变为井喷

（1）非常缓慢的溢流速率很难演变为井喷。

如果负压差较小，储层渗透率较低，储层暴露厚度较小，此时地层流体渗流能力很弱，因此溢流速率会很低。出入口流量差较小，钻井液池液面升高不明显。这种情况井控风险较弱，很难演变为井喷。

（2）较强的溢流速率有可能演变为井喷。

如果负压差较大，储层渗透率较高，储层暴露一定的厚度，此时地层流体渗流能力较强，因此溢流速率较高。出入口流量差较大，钻井液池液面升高较明显。这种情况如果发现较晚，采取措施不当，有可能从较强的溢流演变为井喷。

（3）很强的溢流速率容易演变为井喷。

如果负压差很大，储层渗透率很高，储层暴露一定的厚度，此时地层流体渗流能力很强，因此溢流速率很高。出入口流量差很大，钻井液池液面升高很明显。这种情况如果发现较晚，未能及时采取措施，将很容易演变为井喷。

3.1.2.2　关井不成功演变为井喷

（1）溢流速度很高。

由储层参数对气侵量的计算可得，储层的渗透率越高、孔隙度越大、储层的暴露厚度越大，则溢流速度越高，可导致无法正常关井，短时间内溢流发展为井喷。

溢流速度太快无法正常关井的原因如下：

① 溢流检测装置反应慢；

② 井控人员反应慢；

③ 井控设备能力有限。

（2）溢流检测太晚。

溢流检测设备是发现溢流的重要设备，是溢流井喷的先遣兵，应及时获取溢流信息。如果检测设备出现问题，导致溢流检测太晚，发现不及时，从溢流发展为井喷时间较短，容易发展为井喷。

溢流检测太晚的原因如下：

① 溢流速度太快；

② 检测设备灵敏度低；

③ 溢流检测设备出现故障。

（3）人员指挥和操作失误。

如果指挥人员对于压井时机、方法等决策失误，将会诱发井喷。

如果操作人员操作失误，如压井参数设计有误、配置压井钻井液性能不满足、节流调节严重不平稳等，会对复杂地层压井带来失败。

（4）井眼满足地下井喷条件。

地下井喷是指未能控制住的地层流体从高压地层流入低压地层、套管环空、固井水泥层中，改变井内原有状态，严重时诱发地面井喷事故。

地下井喷可能的原因如下：

① 地层压力剖面预测不准确

② 固井质量差。

固井质量差又可分为下述情况。

（a）未确认环空屏障。

水泥胶结固井测井未能确定水泥顶部高度及精确估测层位封隔情况。

（b）整体注水泥设计失效：

（i）水泥段或间隔段污染；

（ii）实际举升压力与设计不相符；

（iii）水泥量不足导致返高不足；

（iv）固井时或之后井内处于欠平衡状态；

（v）固井水泥不足。

（c）未候凝就进行了负压测试。

（d）扶正器居中和引导问题：

（i）井队人员未意识到扶正器与固井质量的关系；

（ii）扶正器未在油层顶部成功定位。

3.1.2.3 压井不成功演变为井喷

防喷器可以有效关井，但是其他因素也会引起井喷。

（1）节流管汇不能有效控制流体。

节流管汇失效后，无法配合压井管汇实现压井作业，无法实现对井口压力泄压，使得井口压力不停地升高，憋起的高压有可能破坏井下套管，甚至破坏防喷器组，导致井喷的发生。

（2）套管承压不够，不能有效控制流体。

井下套管的耐压性能不够，可能在井下高压油气流的冲击或者是压井液的压力施加下受到损坏，从而破坏了井身结构的完整性。油气、压井液流体在井下的流动通道混乱，无法进行压井控制，导致井喷失控。

（3）压井材料不够，不能有效控制流体。

压井材料是保证正常顺利压井的基本要素，压井材料不足，无法满足压井需要，无法产生足够的静液柱压力，导致压井失败，溢流演变为井喷。

（4）压井方法选择不合理，不能有效控制流体。

目前深水钻井压井方法比较多，常规的压井方法有司钻法、工程师法和边循环边加重法、海洋司钻法等，非常规的压井方法包括压回法、置换法、顶部压井法和救援井等。不同方法的适用条件不同，如果方法选择不合适，可能导致压井失败，从而发生井喷。

（5）压井参数配置不合理，不能有效控制流体。

① 压井液密度低。

压井的时候配置的压井液密度与井下的高压状态不匹配，即压井液的密度过小，导致压井的静液柱产生的压力过小，不足以压住井下高压，导致压井失败，发生井喷。

② 压井排量不合理。

压井过程中，压井液的排量需要在一个合理的范围之内。过高过低都会导致压井失败：如果压井的排量过高，会导致压井过程中对井底形成的动载荷较大，可能会出现压坏套管、压漏部分易漏地层等井下复杂情况；如果压井的排量过低，则可能对井底施加的静液柱压力不够，如同压井液密度较低的情况，会使得压不住井下的压力，也会导致压井失败。

压井排量不合理可能的原因如下：

（a）对钻遇层的压力认识不清；

（b）习惯性地增大排量；

（c）压井人员经验不足。

③ 节流阀调节不合理。

操作人员在钻井平台上通过节流管汇控制台调节节流阀时，调节大小不合理导致井筒内液柱压力变化。

节流阀调节不合理可能的原因如下：

（a）节流阀失效；

（b）调节节流阀人员操作失误。

④ 压井加重材料缺乏。

在溢流发生以后，配置压井液需要的压井加重材料缺乏，无法及时配置压井液，使得压井液密度过低或者未能及时压井，导致井喷发生。

压井加重材料缺乏可能的原因如下。

（a）钻井工作后勤物资补给不及时：

（i）钻井平台上没有储备足够的加重材料；

（ii）钻井平台离陆地远，不能及时获得加重材料。

（b）钻井操作章程混乱。

（6）压井操作不合理，不能有效控制流体。

压井参数设计完，压井材料和设备准备就绪之后，就需要按照压井施工工序进行压井施工，在压井过程中出现压井操作不合理，地层流体继续侵入井筒，从而导致压井失败。

压井操作不合理的原因主要有：

① 压井人员缺乏井控知识；

② 井控人员未完全理解压井设计；

③ 井控人员出现误操作等。

3.1.2.4 钻井井喷风险指标

钻井井喷风险指标体系见表3.2。

表3.2 钻井井喷风险指体系

一级指标	二级指标	三级指标	安全屏障
压井液密度低	① 计算误差； ② 配置操作不准确		（a）加强对技术人员相关能力的培训； （b）合理使用计算机软件进行计算
压井排量不合理	技术人员计算误差		对计算结果实行多人复核制度，减少人因误差
节流阀调节不合理			加强对操作人员的培训
地下井喷			
井漏			
套管耐压不够	① 地层压力预测误差； ② 套管选型不准确		（a）加强地层压力预测人员的业务培训； （b）对套管选型由多位专业人员进行复核，降低失误率
节流管汇失效	流体中固相冲蚀		（a）保持节流管线平直； （b）安装备用管线； （c）转弯处安装"T"形和靶行弯头

一级指标	二级指标	三级指标	安全屏障
压井管路失效			
压井加重材料缺乏			在施工之前对施工可能面对的各种情况进行评估
气侵严重而压井时间太晚	① 监控人员不在岗； ② 溢流监测系统报警失效； ③ 无视报警		严格执行平台制订好的规章制度

3.1.3 钻井过程井喷失控风险因素分析

井喷发生后，无法用常规方法控制井口而出现敞喷的现象称为井喷失控。溢流、关井、压井过程中诸多的不合理措施都是导致钻井过程井喷失控的因素。

3.1.3.1 井喷失控演变因素

（1）溢流井喷不能关井直接演变为井喷失控。

其原因有：

① 防喷器失效无法关井；

② 防喷器控制系统失效无法关井；

③ 防喷器盲板被异物阻挡无法正常关井；

④ 套管强度太低不能关井。

（2）溢流井喷防喷器失效直接演变为井喷失控。

防喷器是井控中最为重要的设备，是防止井喷失控的关键屏障。它在空井时能够封住整个井口，当井不是空井时能够封住不同尺寸的环形空间。防喷器失效后无法有效封住环空，不能阻止井内流体的喷出，普遍引起井喷失控。

井喷失控可能的原因如下：

① 防喷器响应不及时；

② 井控系统不完善；

③ 全封闭式闸板防喷器故障；

④ 应急解脱（EDS）未能成功封隔喷出流体源；

⑤ 自动模式功能（AMF）未能成功封隔喷出流体源。

（3）溢流井喷引起着火爆炸直接演变为井喷失控。

从井喷中喷出的流体会瞬间散布到平台各处，由于平台有柴油机房、泵房等易燃易爆的场所，很容易引起着火或者爆炸，导致事故进一步失控。

（4）溢流井喷内防喷工具失效直接演变为井喷失控。

深水钻井主要为顶驱钻井，顶驱上面的考克和钻柱下部钻具组合的浮阀可以防止溢流流体从钻柱喷出。如果其失效，则井下液体可以从钻杆中留住，导致无法关井，井喷失控。

内防喷工具失效可能的原因如下：

① 实际压力下，浮箍要求超过了设备制造商规格；

② 浮箍质量本身不符合规格。

（5）关井放喷阶段柔性接头失效演变为井喷失控。

绝大部分的钻井隔水管都有柔性接头，其中一些采用球形接头。

柔性接头的可靠性优于球形接头。柔性接头是隔水管和回接连接器的灵活关节。最常见的配置是一个弹性元件，柔性接头是一种减轻隔水管和防喷器组之间应力冲击的手段，帮助抑制振动和冲击载荷。

在挪威科技工业研究院（SINTEF）的数据统计中，只有一次柔性接头的事故。而事故的原因不是弯曲，而是外部泄露。事故原因最有可能是因为不正确的热处理，失效引起了隔水管中液体流失到海水中。液体的流失立即引起了液压控制的失效和井涌。

若发现问题应及时更换柔性接头，并清理柔性接头附近杂质，以防造成破坏。

（6）压井期间节流管汇失效演变为井喷失控。

节流管汇失效后，无法配合压井管汇实现压井作业，无法实现对井口压力泄压，从而导致井喷。

（7）压井期间压井管汇失效演变为井喷失控。

压井管汇失效后不能及时把压井液输送井底，无法及时控制溢流，从而导致井喷。

（8）关井与压井期间套管承压不够演变为井喷失控。

井下套管的耐压性能不够，可能在井下高压油气流的冲击或者是压井液的压力施加下受到损坏，从而破坏了井身结构的完整性。油气、压井液流体在井下的流动通道混乱，无法进行压井控制，导致井喷失控。

（9）关井与压井期间表层套管憋裂演变为井喷失控。

表层套管承压能力不足时会发生憋裂现象，井中流体会发生侧漏，继而导致地层破裂，同时井口的井控装置难以及时控制，从而发生海底溢油事件。

3.1.3.2 井喷失控风险指标

钻井井喷失控体系见表3.3。

表 3.3 钻井井喷失控体系

一级指标	二级指标	三级指标	安全屏障
防喷器失效	① 控制系统失效； ② 流体冲蚀； ③ 设备维护失效		对防喷器按规范进行试压
井口破坏	① 井口倾斜； ② 螺栓松动	井内流体冲蚀与井口设备的上下振动	
节流管汇失效			
压井管汇失效			

一级指标	二级指标	三级指标	安全屏障
钻杆腐蚀	① 硫化氢腐蚀； ② 二氧化碳腐蚀		在高含硫化氢或二氧化碳的井注意钻杆的选型
方钻杆内旋塞失效	旋塞内径与管柱内径不匹配		
地面着火			
地面爆炸			
套管耐压不够	① 套管耐压能力差； ② 井口憋压压力过大		（a）提高对井底压力预测精度； （b）施工前预估各种可能发生的井底复杂情况
表层套管憋裂	① 井口憋压时间过长； ② 周围地层连通性好		

3.1.4　完井过程井控风险因素分析

在完井过程中，井涌和井喷极易发生在钻开油气层、固井作业、射孔、试气和下完井管柱等过程中，主要的井控风险因素见表 3.4。在气井发生井涌后，如果能够及时监测现场并且控制得当，则不会进一步演化为井喷；但是对于高产气井，一旦控制失败，井涌会迅速演化为井喷。通过分析诱发井涌恶化为井喷的因素，可以对其进行进一步控制，最大限度地避免井喷的发生。

表 3.4　完井过程（主要为钻开油气层及固井工艺过程）井控风险因素

一级指标	二级指标	三级指标
钻井液密度低	① 地层压力预测不准确	（a）选用方法不合适； （b）所用方法对一些地层缺乏准确性； （c）预测人员经验不足； （d）预测误差具有普遍性
	② 钻井液性能不稳定	（a）深井井筒温度变化大； （b）高温高压井钻井液材料选用不合理
	③ 钻井液加重密度配置有误	（a）钻井液密度测量不准； （b）操作失误
井筒液面低	① 井漏	（a）一个裸眼井段存在多压力系统； （b）循环摩阻大，井漏监测不及时； （c）井下地层破裂压力异常低； （d）钻井工艺措施不当； （e）钻井液密度窗口低
	② 起钻过程补灌钻井液不及时	（a）没有按照标准及时补灌钻井液； （b）相关检测仪器计量不准确

一级指标	二级指标	三级指标
起钻抽吸压力	① 起钻速度过快	（a）计算不正确； （b）未按照规定速度操作
	② 钻井液性能不好	（a）黏度高； （b）流变性差
	③ 钻头泥包	（a）钻井液性能不好； （b）地层不稳定
	④ 水平井摩阻大	（a）井眼不规则； （b）钻井液性能不好
	⑤ 井眼缩径	（a）地层不稳定； （b）钻井液性能不好
气侵	① 地层压力预测低； ② 储层气油比高； ③ 油基钻井液溶解气能力强	
固井质量不合格	① 胶结强度不够； ② 窜槽	
溢流检测不及时	① 溢流监测系统灵敏度低； ② 溢流观察人员未能及时发现； ③ 溢流发现后未能及时采取措施	
人因风险	① 操作人员培训不足； ② 监督不到位； ③ 组织不完善	
井控设备失效		

完井过程中的隐性风险因素及各级风险因素见表3.5。

表 3.5 完井过程井控潜在风险因素

风险因素	低风险	中风险	高风险
地层流体	油气	天然气	二氧化碳、硫化氢
油气产量	低产	中产、高产	超高产
硫化氢含量	低含量	中等含量	高含量
地层压力	低压力	中等压力	高压力
特殊岩性	致密砂岩	泥岩、页岩	盐膏层、盐岩层
天然气水合物			

风险因素	低风险	中风险	高风险
下完井管柱			
射孔工艺风险			
测试过程风险			
井口设备安装			

对于完井过程的风险诱因，可将其分为可控因素与不可控因素。不可控因素包括地层流体、油气产量、硫化氢含量、地层压力、特殊岩性；可控因素有射孔工艺选择、砾石充填方式选择、测试工艺。

3.1.5 井喷着火爆炸风险因素分析

3.1.5.1 火灾的点火源

当产生的热足以引起燃烧时就会产生点火以至燃烧。对于一个特定的点火源，影响燃烧的因素是温度、暴露时间和能量。作业中常见的点火源如下：

（1）化学反应；

（2）电火花与电弧；

（3）静电火花；

（4）火焰；

（5）热表面；

（6）压缩热。

3.1.5.2 海洋平台火灾的类型和特点

尽管火灾是由燃烧反应引起的，但火灾的过程很大程度上依靠那些不直接涉及燃烧的因素。因此通常将火灾分成以下几类：

（1）密封环境（完全封闭或部分封闭）中通风受控制的火灾；

（2）四周封闭环境中燃料受控的火灾；

（3）在开放区域和模块中大范围的火灾；

（4）喷火；

（5）流动液体中的火；

（6）火球（燃烧液体扩展引起的气体爆炸）；

（7）气火混合物（预先混合、稀释）。

所有这些火灾类型都与近海结构相关，其他火灾的类型可能发生在电气设备或生活设施中。表3.6归纳了确定火灾类型的主要特征。

表 3.6　火灾类型特征

喷火	扩散的气体火灾	大范围的火灾	海中的火灾
孔的大小	释放速度	孔的大小	扩散
释放速度	泄漏持续时间	风的方向	风的方向
方向	空气补给	相对泄漏火持续时间	风的强度
泄漏持续时间		空气补给	大范围火灾的扩散
空气补给			

3.2　钻完井作业风险分析模型的建立

3.2.1　风险分析模型建立

采用蝴蝶结模型及屏障模型结合的方式，针对深水钻井发生事故的风险因素，首先建立初始状态，经过溢流过程、井喷过程、井喷失控过程总结蝴蝶结模型，再分别针对每一项引起溢流、井喷、井喷失控的风险因素进行详细划分，建立此风险因素的预防屏障、控制屏障。

3.2.1.1　模型建立

在综合目前现有的蝴蝶结模型分析与屏障分析方法，研究建立了新型蝴蝶结模型，如图 3.1 所示。

在此蝴蝶结模型中，包括多级屏障系统，可根据事件的大小以及引起该事件的因素划分。模型中左半部为预防事件节点发生的屏障系统，右半部为模型中事件节点发生后的控制屏障。

在本模型预防屏障系统中，可进一步细分为二级预防屏障与二级控制屏障。二级预防屏障主要是预防引起一级屏障发生的预防措施，二级控制屏障主要是二级预防屏障的控制措施。

在本模型中，包括并联屏障与串联屏障，串联结构应该穿过所有屏障以影响到目标。

3.2.1.2　总流程

首先建立溢流、井喷、井喷失控过程总体蝴蝶结模型（图 3.2），建立直接影响溢流的四类因素，直接影响井喷的三类因素，直接影响井喷失控的九类因素。

在溢流过程中，若发生溢流后，没有穿越控制屏障发生引起井喷的三类因素中的任一一条，则溢流停止，反之则溢流向井喷方向发展；同理，在发生井喷后，没有穿越控制屏障发生引起井喷失控的九类因素中的任一一条，则井喷停止，反之则井喷向井喷失控方向发展。

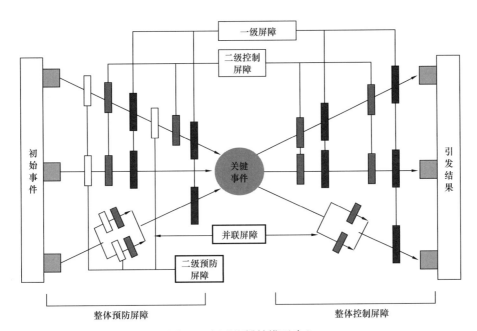

图 3.1 新型蝴蝶结模型建立

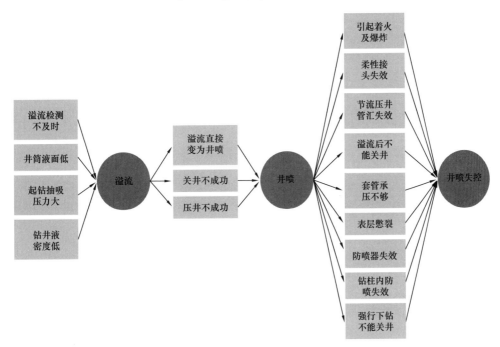

图 3.2 溢流、井喷、井喷失控蝴蝶结模型

3.2.2 基于风险模型的溢流风险分析

3.2.2.1 溢流风险因素的故障树分析

3.2.2.1.1 故障树模型

使用风险分析故障树法对海上深水井筒钻井期间溢流情况分析，如图 3.3 所示，基本事件清单见表 3.7。

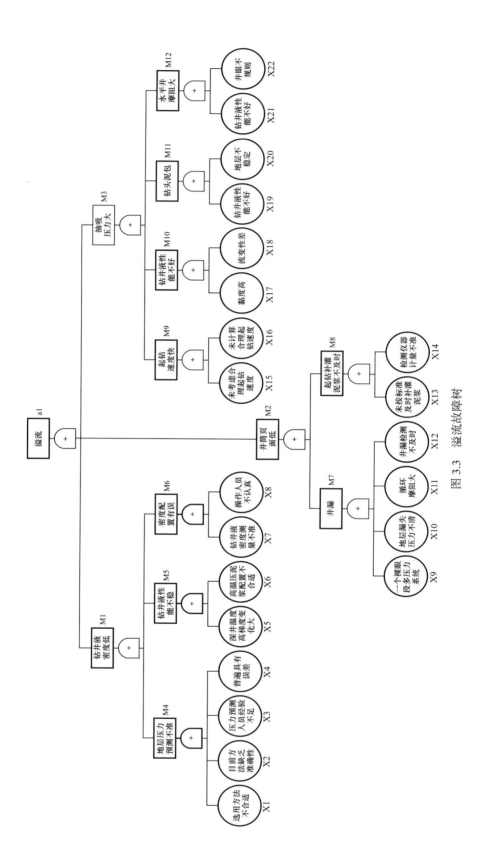

图 3.3 溢流故障树

表 3.7　基本事件清单

事件编号	事件名称
X1	选用方法不合适
X2	目前方法缺乏准确性
X3	压力预测人员经验不足
X4	普遍具有误差
X5	深井温度高、梯度变化大
X6	高温高压钻井液配置不合适
X7	钻井液密度测量不准
X8	操作人员不认真
X9	一个裸眼段多压力系统
X10	地层漏失压力不清
X11	循环摩阻大
X12	井漏检测不及时
X13	未按标准及时补灌钻井液
X14	检测仪器计量不准
X15	未考虑合理起钻速度
X16	未计算合理起钻速度
X17	黏度高
X18	流变性差
X19	钻井液性能不好
X20	地层不稳定
X21	钻井液性能不好
X22	井眼不规则

从故障树分析方法可以看出，若表3.7中22项基本事件中某一项出现偏差，都会引起深水钻井期间溢流情况的发生。

3.2.2.1.2　预防溢流的不同层次的因素及其相互关系

（1）钻井液密度低。

① 对于探井与调整井：给出地层压力预测可信度。

对地层压力预测不准确，必须要给出地层压力预测可信度，防止井场所用的钻井液密度低。而控制地层压力预测不准确的方式则分为以下几点。

（a）探井（应给出不确定性评价：初探井、详探井、参数井）、调整井（应给出不确定评价：注水开发历程；储层连通性；注采井压力干扰特征）、开发井（储层连通性；储层流体压力分布）。

（b）对于预测的地层压力、随钻检测的地层压力都不要十分相信，尤其是碳酸盐岩油气藏。据此始终警惕地层压力估计过低而引起较大的欠平衡。

（c）不同经历与能力人员预测的地层压力应给予评价。

（d）由于地层压力预测及监测方法本身存在问题，加之人员胜任程度，地层压力预测存在误差非常普遍。

② 钻井液性能在井筒中不稳定。

对于深水与高温高压井：给出钻井液对温度敏感性及其对策。

（a）深水钻井：隔水管环境下温度低，钻井液流变性受影响，影响流动压降。异常高温油气藏：井下高温使钻井液密度降低，引起井底压力降低。

（b）选用的钻井液材料对温度敏感性强，引起钻井液密度变化大。

③ 钻井液加重密度配置有误。

钻目的层：强化监测与评价钻井液密度。

（a）测量仪器有故障或精度低。

（b）钻井液加重过程人员不认真。

（2）井筒液面低。

① 井漏。

钻目的层：监测与评价钻井液池液面、出入口流量计变化，评价井漏。

（a）避免一个裸眼井段储层存在两个及以上压力系统。裸眼井段存在的多压力系统使钻井过程中压力变化较大，可能引起钻井液的漏失。

（b）搞清楚地层漏失压力。

（c）准确计算当量循环密度。

（d）实时监测井漏。

② 起钻过程补灌钻井液不及时。

（a）没有按照标准及时补灌钻井液（应按标准及时补灌钻井液）。

（b）相关监测仪器计量不准确（配置较高精度的液面监测装置）。

（3）起钻抽吸压力大。

① 起钻速度过快。

（a）钻目的层：对于水平井较长水平段情况，严格控制起钻速度。

（b）钻目的层：对于井眼不稳定、钻头泥包井，严格控制起钻速度。

② 钻井液性能不好。

钻目的层：保持钻井液优质的流变性。

③ 钻头泥包。

钻目的层：评价与抑制钻头泥包。

④ 水平井摩阻大。

钻目的层：评价水平井摩阻。

⑤井眼缩径。

钻目的层：评价井眼缩径，采取抑制措施。

3.2.2.2 溢流事故的安全屏障蝴蝶结风险分析

对于溢流事故，也可以采用蝴蝶结模型及屏障模型相结合的方式，针对深水钻井发生事故的风险因素，首先建立初始状态，经过溢流过程、井喷过程、井喷失控过程总蝴蝶结模型，再分别针对每一项引起溢流、井喷、井喷失控的风险因素进行详细划分，建立此风险因素的预防屏障、控制屏障。

（1）模型建立。

建立蝴蝶结模型需要分别对起钻抽吸压力过大、溢流监测不及时、井筒液面低、钻井液密度低四个因素进行扩展（图 3.4）。

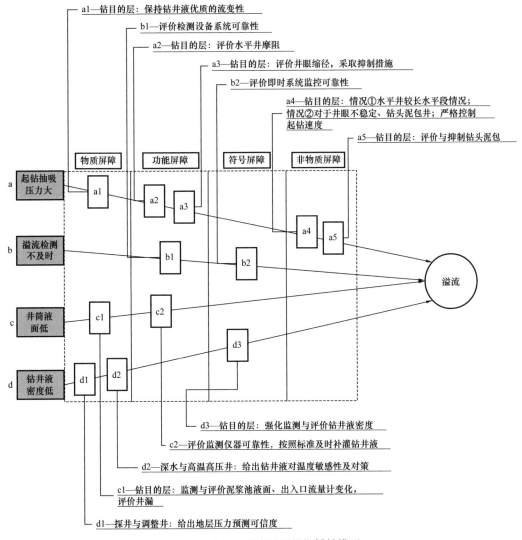

图 3.4　发展至溢流过程的蝴蝶结模型

对不同屏障系统可以进行如下分类：

① 材料、物理屏障系统：

（a）物理障碍，阻止物体搬离或运送至当前位置；

（b）限制或阻止移动或运输；

（c）保持在一起，凝聚、弹性、不可摧毁；

（d）消耗能量，保护、淬火、灭火。

② 功能性屏障系统：

（a）阻止移动或行为（机械方法）；

（b）阻止移动或行为（逻辑性）；

（c）阻碍或妨碍行动（时间—空间）。

③ 符号屏障系统：

（a）打击预防或阻碍等操作（视觉、触觉接口设计）；

（b）规范行动；

（c）显示系统状态或条件（标志、信号和符号）；

（d）许可或授权；

（e）交流、人际间相互依赖关系。

④ 非物质屏障系统：

（a）监测、监督；

（b）规则、法律、准则、禁令。

在发展溢流的过程当中，引起溢流的因素有四大类：溢流监测不及时、井筒液面低、起钻抽吸压力大、钻井液密度低。当四大类原因中的任意一类发生后，则向溢流方向发展。这期间，人们针对于此四大类原因而设置了各种预防手段，这些预防手段形成了防止溢流发生的预防屏障系统。

当四大类溢流原因中的任意一条穿过了针对其设置的所有预防屏障，则溢流发生。

在溢流发生后，共有三大类因素可使溢流继续发展为井喷。人们针对其各类因素特点，设置了一系列控制措施，防止溢流发生后向更严重的事故发展，称为控制屏障系统。

在每一大类因素中，若其中某一控制屏障发挥作用，则此大类风险因素被排除；若三大类因素风险全部被排除，则溢流被控制住；若三大类因素中任意一风险因素控制屏障被穿过，则溢流向井喷失控方向发展。

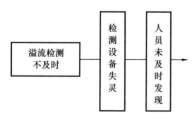

图 3.5　溢流检测不及时屏障系统

（2）分项讨论。

对于各个屏障当中的分项进行分项扩展分析。

① 溢流检测不及时如图 3.5 所示。

在引起溢流的四大类因素中，"溢流检测不及时"中分为两个屏障系统：（a）监测设备屏障；（b）人员监测屏障。若这两个屏障系统都未起到作用时，则向溢流事故方向发展。

② 井筒液面低如图 3.6 所示。

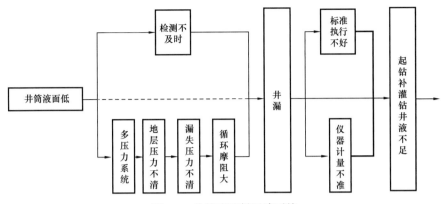

图 3.6　井筒液面低屏障系统

在"井筒液面低"因素中，分为两个屏障系统：（a）发生井漏；（b）起钻补灌钻井液不足。

在事故穿过"井漏"屏障过程中，存在由人员因素与其他四个因素的并联效果，如若下半部分屏障系统都没有问题，而人员检测不及时，就会穿过人员屏障直接引起向井漏发展，如果井漏发生，则会继续向下一屏障发展。

③ 起钻抽吸压力大如图 3.7 所示。

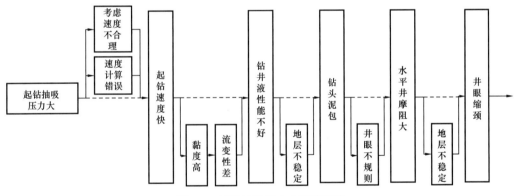

图 3.7　起钻抽吸压力大屏障系统

④ 钻井液密度低如图 3.8 所示。

对于钻井液密度低，主要分为压力预测不准、钻井液性能不稳定和钻井液密度配置有误三个方面。

3.2.3　基于风险模型的井喷风险分析

3.2.3.1　井喷事故的故障树分析

3.2.3.1.1　故障树模型

使用风险分析故障树法对深水井筒钻井期间溢流向井喷演变情况分析，如图 3.9 所示，基本事件清单见表 3.8。

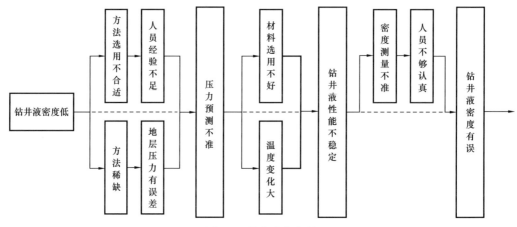

图 3.8　钻井液密度低

由图 3.9 可以看出，在引起井喷的 53 个基本事件当中，人员的操作、经验、认识方面以及设备的完好性占很大一部分，在今后的井控当中，需要提高人员的自身素质，并且在井控设备上需要进行更加严格的把控。在深水钻井过程中，如遇溢流情况，存在四个屏障系统，如若现场情况复杂，突破了这四个屏障系统，则溢流状态极易演变为井喷状态，更加增大了井控的难度。所以，在遇到溢流情况后，现场人员需要严格把控，防止溢流风险突破四个屏障系统，造成井喷事故。

3.2.3.1.2　预防井喷的不同层次的因素及其相互关系

（1）溢流直接演变为井喷。

对于高渗透储层的浅气层、气井、初探井、调整井等溢流，应满足：① 多种溢流监测系统；② 发现溢流及时关井；③ 落实溢流监测人员岗位职责；④ 对于起下钻、接单根、测井、固井等非钻进状态，要强化落实溢流监测任务。

（2）保证溢流监测报警系统工作正常；格外重视溢流监测；发现溢流及时关井；溢流速率高时通过开启放喷管线保证井口安全关井；落实溢流实时评价人员岗位职责；配备称职溢流实时评价人员；确认防喷器工作正常可靠；预先给出何时关井条件及程序；确认引起地下井喷条件及预防措施。

（3）压井不成功演变为井喷。

① 节流管汇不能有效控制流体。

（a）定期检查节流管汇控制系统可靠性。

（b）定期检查节流管汇执行系统可靠性。

（c）节流管汇放喷量大、流体中固相含量较高情况应该考虑油嘴刺漏，要有应急预案。

（d）始终熟悉节流管线强度，压井节流时注意管线承压能力。

② 套管承压不够不能有效控制流体。

（a）表层套管下深要有一定余量。

（b）地层压力预测结果应该给出置信区间。

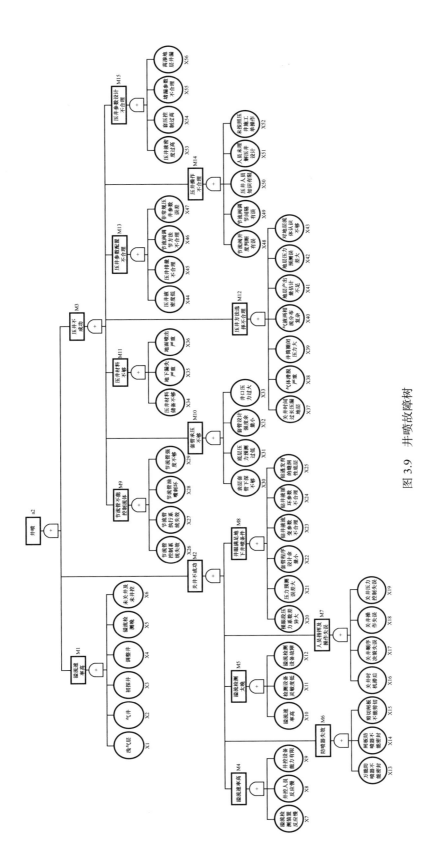

图 3.9 井喷故障树

表 3.8　井喷基本事件清单

事件编号	事件名称
X1	浅气层
X2	气井
X3	初探井
X4	调整井
X5	溢流检测晚
X6	未关井及未井控
X7	溢流检测装置反应慢
X8	井控人员反应慢
X9	井控设备能力有限
X10	溢流速率高
X11	检测设备灵敏度低
X12	溢流检测设备故障
X13	万能防喷器不能密封
X14	闸板防喷器不能密封
X15	剪切闸板不能剪切
X16	关井时机滞后
X17	关井顺序决策失误
X18	关井操作失误
X19	关井压力控制失误
X20	裸眼段压力系数差异大
X21	压力预测误差大
X22	套管程序设计余量小
X23	钻井液流变参数不合理
X24	钻井液循环参数不合理
X25	钻遇发育的缝洞型地层
X26	节流管控制系统失效
X27	节流管执行系统失效
X28	节流管油嘴刺坏
X29	节流管强度不够

事件编号	事件名称
X30	表层套管下深不够
X31	地层压力预测过低
X32	套管设计强度余量小
X33	井口压力过大
X34	压井材料储备不够
X35	地下漏失严重
X36	地面喷出严重
X37	关井时间过长压漏地层
X38	气体滑脱严重
X39	井筒圈闭压力大
X40	气液两相流分布复杂
X41	地层产出量估计不足
X42	地层压力预测误差大
X43	对地层流体认识不够
X44	压井液密度低
X45	压井排量不合理
X46	节流阀调节方法不合理
X47	非常规压井参数误差
X48	节流阀开度判断有误
X49	节流阀调节间隔有误
X50	压井人员知识有限
X51	人员未理解压井设计
X52	未按照压井施工单操作
X53	压井液密度过高
X54	套压控制过高
X55	堵漏参数不合理
X56	高渗透地层井漏

（c）套管设计强度要考虑探井、复杂地层的不确定性。

（d）如果套管承压不高，节流时可以适当减少套压，但是不可以降得很低，诱发地层流体侵入过多。

③压井材料不够不能有效控制流体。

压井材料储备要考虑余量；压井方法要考虑压井材料供给。

④压井方法选择不合理不能有效控制流体。

关井时间确定应考虑地下井喷、井筒气体滑脱、圈闭压力、井筒气液两相流体分布，以减少压井难度。计算地层压力要充分考虑圈闭压力。压井方法要充分考虑地层流体产出能力、井筒多相流体情况的压降梯度、平台对地层流体控制能力。压井方法还要充分考虑技术人员、压井材料等。

⑤压井参数配置不合理不能有效控制流体。

（a）计算压井液密度时要充分考虑地层压力求取可靠性；考虑油井或气井；附近钻井液密度要合适。

（b）对于非常规压井，许多情况压井排量计算误差较大，压井过程要根据相关参数变化及时调整排量。

⑥压井操作不合理不能有效控制流体。

（a）要熟悉操作参数与节流阀开度对应关系。

（b）节流阀调节时间间隔应考虑：井筒为单相液体、井较浅，节流阀响应速度快，节流效果明显，可以根据压力表直接调节；井筒为多相液体、井较深，节流阀响应速度可以非常慢，节流延迟效应明显，需要根据压力变化特征较慢调节。

（c）培养胜任压井技术人员。

⑦压井参数设计不合理诱发地下井喷。

对于地层压力与地层破裂压力相近地层，如高渗透地层与缝洞发育地层，井口压力控制要严格；适当时候要考虑加堵漏材料。

3.2.3.2 井喷事故的安全屏障蝴蝶结风险分析

3.2.3.2.1 模型建立

在蝴蝶结分析井喷过程中，井喷的预防屏障即为溢流的控制屏障，在溢流蝴蝶结模型的右半部分。

在井喷的风险控制模型当中，井喷的风险因素即为发生溢流后的控制屏障，此控制屏障分为三类：溢流直接演变、关井不成功、压井不成功（图3.10）。

3.2.3.2.2 分项分析

（1）溢流直接演变如图3.11所示。

对于溢流直接演变过程，分项因素主要为：未来得及关井以及溢流认识程度不够。关键事件穿过这两个因素后，就会直接演变为井喷。

（2）关井不成功如图3.12所示。

在"关井不成功"后果中，存在并联及串联屏障，当关键事件发生后向"关井不成功"后果发展的过程中，并联屏障中任意一项屏障被穿过都会向下一后果发展。

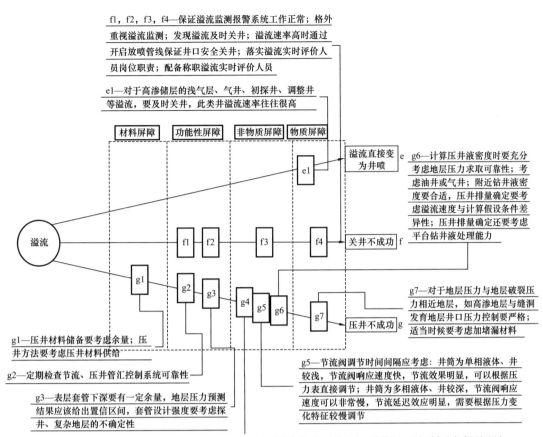

图 3.10　溢流发展至井喷过程的蝴蝶结模型

（3）压井不成功如图 3.13 所示。

在"压井不成功"因素中，人为因素占比较大，所以在溢流发生后进行压井操作过程中，主要关注点需要放在人为因素上。

3.2.4　基于风险模型的井喷失控风险分析

3.2.4.1　井喷失控因素的故障树分析

3.2.4.1.1　故障树模型

造成井喷失控的因素有很多种，而恰恰这些因素在事故中占绝对地位，在故障树分析当中，引起井喷失控的因素最难控制，其中设备因素占主导地位。由于现有技术局限，硬件设备达不到能控制恶性的井喷事故的地步，所以人们在平常硬件方面需要进行详细检查，在能力范围内减少及避免其他微小因素引起大的事故。

使用风险分析故障树法对深水井筒钻井期间井喷向井喷失控演变情况分析，如图 3.14 和表 3.9 所示。

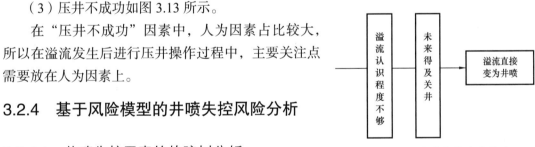

图 3.11　溢流直接演变为井喷

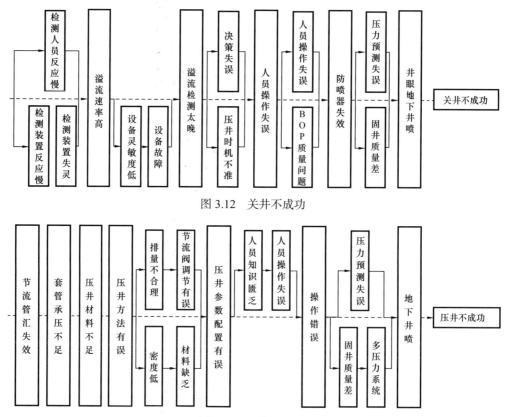

图 3.12　关井不成功

图 3.13　压井不成功

3.2.4.1.2　预防井喷失控的不同层次的因素及其相互关系

（1）溢流井喷不能关井直接演变为井喷失控。

溢流井喷之后不能正常关井导致溢流演变为井喷失控，控制措施如下。

①执行防喷器功能健全评价体系。

②执行放喷程序；限制井喷渠道；适时采取喷水降温避免着火爆炸。

③溢流后立即抢时机关井，避免喷势过大关井失败；严格限制不立即关井而进行其他井控操作程序。

④严格制订喷势大人员离岗判别条件。

（2）溢流井喷防喷器失效直接演变为井喷失控。

对于防喷器部分，需要执行防喷器功能健全评价体系。

（3）溢流井喷引起着火爆炸直接演变为井喷失控。

对于从井喷中喷出的流体，很容易就会引起着火或者爆炸，控制措施如下。

①及早发现溢流；及早关井；适时放喷。

②遇到点火源。

（a）尽快关井；不能关井喷势较大时喷水降温防止着火。

（b）制订井喷后防止着火爆炸电器关闭点及关闭顺序；落实关闭实施步骤；落实关闭实施技术及装置。

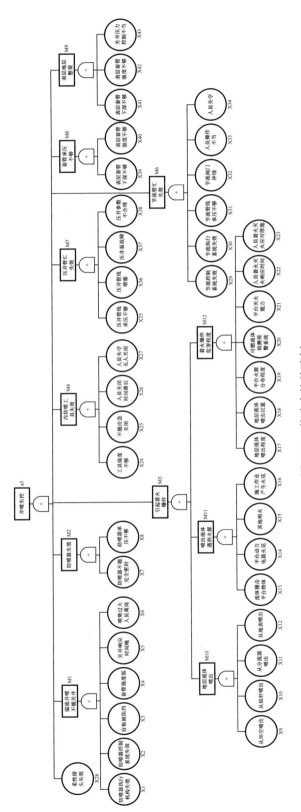

图 3.14 井喷失控故障树

表 3.9　井喷失控基本事件清单

事件编号	事件名称
X1	防喷器执行机构失效
X2	防喷器控制系统失效
X3	盲板被阻挡
X4	套管强度低
X5	关井响应时间晚
X6	喷势过大人员离岗
X7	防喷器不能完全密封
X8	防喷器承压不够
X9	从环空喷出
X10	从钻杆喷出
X11	从分流器喷出
X12	从地表喷出
X13	流体撞击平台物体
X14	平台动力电器火花
X15	其他明火
X16	施工作业产生火花
X17	地层流体喷出程度
X18	地层流体喷出位置
X19	平台火源分布程度
X20	可燃流体检测报警系统
X21	平台灭火能力
X22	人员着火灭火响应时间
X23	人员着火灭火应对措施
X24	工具强度不够
X25	不能应急关闭
X26	人员关闭时间滞后
X27	人员失守无人关闭
X28	柔性接头失效
X29	节流控制系统失效
X30	节流执行系统失效
X31	节流管线承压不够

事件编号	事件名称
X32	节流阀门冲蚀
X33	人员操作不当
X34	人员失守
X35	压井管线承压不够
X36	压井管线堵塞
X37	压井泵故障
X38	压井参数不合理
X39	表层套管下深不够
X40	表层套管强度不够
X41	表层套管下深不够
X42	表层套管强度不够
X43	关井压力控制不当

（c）井喷后通知与灭掉平台明火。

（d）井喷期间杜绝或减少可能产生火花作业。

③着火爆炸波及或危害程度。

（a）对于浅气层、气井井喷需要从严对待，其喷势可能较大；尽可能及早关井，因为关井时机晚喷势可能较大。

（b）基于不同喷出位置启动不同防止着火与灭火程序。

（c）详细规定平台火源位置、火源动员条件、火源熄灭方法及程序。

（d）在平台各关键点装备可燃气体监测报警系统。

（e）针对几个可能喷出位置设置喷水灭火装备；详细规定平台喷水灭火程序。

（f）落实值班人员着火与灭火响应时间。

（g）落实值班人员着火与灭火应对规则。

（4）溢流井喷内防喷工具失效直接演变为井喷失控。

①工具强度不够导致失效（钻目的层前检查工具性能）。

②不能应急关闭导致失效（钻目的层前检查工具功能）。

③人员关闭时间过于滞后不能关闭导致失效（确保称职人员操作）。

④人员失守无人关闭导致失效（确保人员忠守岗位）。

（5）关井放喷阶段柔性接头失效演变为井喷失控。

绝大部分的钻井隔水管都有柔性接头，其中一些采用球形接头。

柔性接头的可靠性优于球形接头。柔性接头是隔水管和回接连接器的灵活关节。最常见的配置是一个弹性元件，是一种减轻隔水管和防喷器组之间应力冲击的手段，帮助抑制振动和冲击载荷。

在 SINTEF 数据统计中，只有一次柔性接头的事故。而事故的原因不是弯曲，而是外部泄漏。事故原因最有可能是因为不正确的热处理。失效引起了隔水管中液体流失到海水中。液体的流失立即引起了液压控制的失效和井涌。

发现问题应及时更换柔性接头，并清理柔性接头附近杂质，以防造成破坏。

（6）压井期间节流管汇失效演变为井喷失控。

节流管汇失效后，控制措施如下。

① 根据说明及标准保持节流控制系统完好。

② 根据说明及标准保持节流执行系统完好。

③ 钻目的层前确认管线承压极限；节流过程评价承压极限保持程度。

④ 针对地层优选节流阀门材料及强度；节流过程评价阀门关闭性能保持程度。

⑤ 压井节流期间控制流动参数，关注阀门完整性。

⑥ 确保人员忠守岗位。

（7）压井期间压井管汇失效演变为井喷失控。

压井管汇失效后不能及时把压井液输送至井底，无法及时控制溢流，控制措施如下。

① 检查管线及阀门承压极限。

② 钻目的层前确认钻井泵供压极限。

③ 压井方法选择预案、压井参数设计方法要技术交底。

（8）关井与压井期间套管承压不够演变为井喷失控。

井下套管的耐压性能不够，控制措施如下。

① 早期检测气侵，抑制关井压力幅度；实时合理释放套压。

② 早期检测气侵，抑制关井压力幅度；实时合理释放套压。

（9）关井与压井评价地层会否憋裂。

表层套管承压能力不足时会发生憋裂的现象，井中流体会发生侧漏，继而导致地层破裂，控制措施如下。

① 严格核算表层套管下深。

② 严格核算表层套管强度。

③ 严格核算与调整关井压力，确保表层套管完整性。

3.2.4.2　井喷失控事故的安全屏障蝴蝶结风险分析

在井喷向井喷失控发展过程当中，引起失控的因素有九大类：引起着火及爆炸，柔性接头失效，节流或压井管汇失效，溢流后不能关井，套管承压不够，表层憋裂，BOP 失效，钻柱内防喷失效，强行下钻不能关井。当九大类原因中的任意一类发生后，井喷就会向井喷失控方向发展，人们针对于此九大类原因而设置了各种预防手段，这些预防手段形成了防止溢流发生的预防屏障系统。

当九大类溢流原因中的任意一条穿过了针对其设置的所有预防屏障，就会发生井喷失控（图 3.15）。

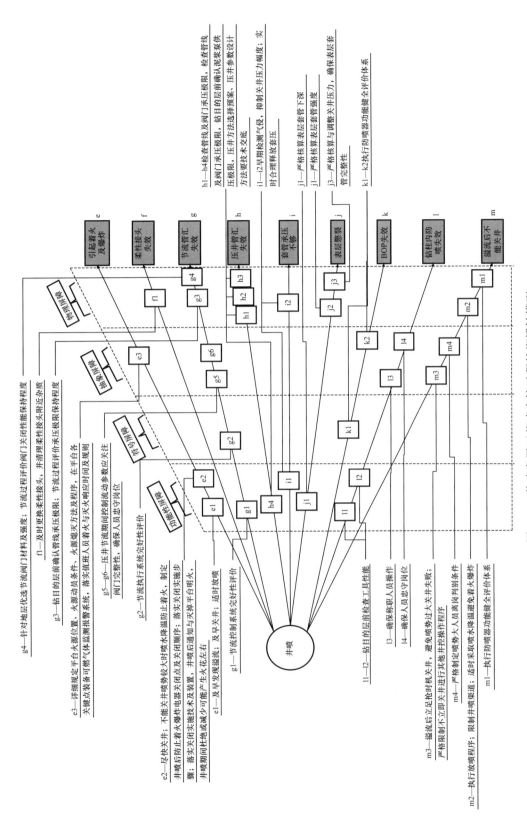

图 3.15 井喷发展至井喷失控过程的蝴蝶结模型

第 4 章　有毒有害气体风险及控制措施

钻完井、测试过程会遇到硫化氢的问题，硫化氢的防护应首先从研究不同作业工况的硫化氢的扩散的特点出发，研究外部因素对硫化氢扩散的影响，得出钻井井场不同位置的硫化氢浓度的特点，结合井场的实际情况，布置不同的硫化氢探头，并给出相应的控制措施。

4.1　钻完井过程毒性气体溢出井场重点区域划分

4.1.1　钻进期间毒性气体在井场溢出的重点区域及分布特点

4.1.1.1　钻进期间毒性气体溢出的重点区域

（1）钻井过程中硫化氢气体随钻井液循环返出，所以首先出现在井口，然后沿着脱气器、振动筛、循环池到泵房一线流动，并不断向周围扩散。因此，井场硫化氢气体的平面分布是不均匀的。

（2）井口、脱气器、振动筛、循环池、泵房一带为高含硫化氢区，其中脱气器、振动筛处含硫化氢最大，而循环罐的内拐角处由于通风条件差，容易造成硫化氢积聚。

（3）由于硫化氢比空气重，硫化氢出现后会向地面方向流动，随着时间的推移，硫化氢逐渐在地面积聚，因此硫化氢在垂直方向上也不是均匀分布的。越靠近地面体积分数越大，向上体积分数逐渐降低。当然，以上规律只是针对空气不流动或流动缓慢的条件。

在充分认识井场硫化氢气侵时硫化氢气体分布规律后，可以确定"井口—缓冲罐—振动筛—循环池—泵房"一带是最危险的区域，而这一区域也正是现场施工人员活动最频繁的地方，因此应该重点监测。所以，平面上硫化氢检测器安装位置应选择缓冲罐（振动筛）、井口、循环池内拐角处和泵房。而在垂直方向上，为保证监测的及时性和监测结果的准确，应采用立体安装，在喇叭口和缓冲罐口附近及距地面较近的位置分别安装检测器。

4.1.1.2　钻进期间毒性气体溢出的重点区域划分

钻进过程中钻井液不断循环，钻井液中的硫化氢随钻井液循环。振动筛处是钻井液最先和井场大气接触的地方，因此硫化氢气体最先从振动筛、脱气器处溢出。其次为井口、钻井液池等位置。溢出井场按照时间可以划分三个区域，如图 4.1 所示。

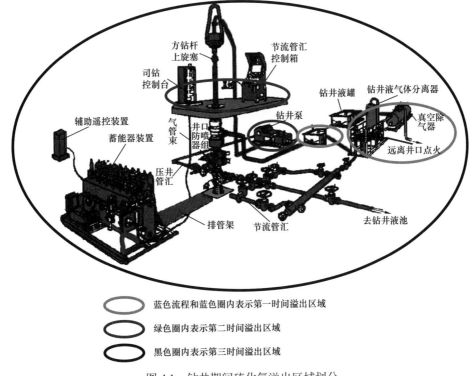

蓝色流程和蓝色圈内表示第一时间溢出区域

绿色圈内表示第二时间溢出区域

黑色圈内表示第三时间溢出区域

图 4.1　钻井期间硫化氢溢出区域划分

（1）毒性气体第一时间溢出区域。

毒性气体第一时间溢出区域包括管线中的钻井液、脱气器、振动筛。

（2）毒性气体第二时间溢出区域。

毒性气体第二时间溢出区域包括钻台、圆井、钻井液池。

（3）毒性气体第三时间溢出区域。

毒性气体第三时间溢出区域包括钻井井场外围。

4.1.1.3　钻进期间井场硫化氢溢出区域分布特点

（1）振动筛：振动筛处是钻井液从井筒流出和大气接触的第一位置。振动筛振动使溶解在钻井液中的硫化氢释放出来，振动筛处硫化氢最先溢出。硫化氢气体在振动筛处自由扩散到大气中。

（2）脱气器：脱气器是将钻井液中的气体分离的装置。脱气器将溶解在钻井液中的硫化氢气体分离排放至大气中。硫化氢气体在脱气器出口高速喷射进入井场大气中。

（3）井口：井口位置是钻井液从井筒返到地面的第一位置，喇叭口处硫化氢气体从钻井液中扩散出来，但部分溶解的未析出，通过自由扩散到平台等位置。

（4）方井：方井（陆地油田有方井）处空气不流通，容易积累硫化氢气体。方井处的硫化氢气体主要是由井口等位置扩散到方井处。

（5）钻井液循环罐：钻井液循环罐是敞口放置在大气环境中，钻井液中溶解的硫化氢在循环罐处分离出来。硫化氢气体在钻井液循环罐通过自由扩散进入井场大气中。

4.1.2　起下钻期间毒性气体在可能溢出的重点区域及分布特点

起下钻期间钻井液不循环，地层硫化氢气体进入井筒后主要是通过气体的运移到达井口。但在起下钻过程中有抽吸现象和钻井液的补浆过程，加速了硫化氢气体运移到地面。

起下钻期间毒性气体溢出井场重点区域为：井口。

起下钻期间井场硫化氢溢出区域分布特点：硫化氢气体在井筒内运移到井口，在井口处自由扩散到井场大气中。

4.1.3　完井期间毒性气体在井场溢出的重点区域及分布特点

完井是钻井工程的最后环节。在石油开采中，油井、气井完井包括钻开油层、射孔作业等。

在钻开油气层和注水泥过程中，井筒钻井液返出到达地面。硫化氢溢出的重点区域和钻进过程硫化氢溢出的重点区域相同，主要有振动筛、脱气器、井口、钻井液池。

在固井测试、射孔作业过程中，井筒内钻井液不循环，硫化氢气体进入井筒后，在井筒内运移到井口。硫化氢气体主要在井口处进入井场大气中。

4.2　钻完井过程毒性气体溢出数量级的快速确定方法

4.2.1　钻井液对进入井筒 H_2S 气体影响

在钻井过程中，硫化氢的来源主要有三个方面：一是含 H_2S 的酸性地层；二是含有硫酸盐和还原菌的流体（包括地下水）；三是钻井添加剂的化学分解。酸性地层产生 H_2S，主要源于含硫地层胶结带，在此地层水中已不含氧，是一还原环境，地层和水中的高价硫（如硫酸盐）与具有还原性质的有机质（腐殖质、沥青、石油等）相互作用，还原成 H_2S，并且存在其中的硫酸盐还原菌还可以使硫酸盐还原成 H_2S。此外，地层中存在的难溶硫化物（如硫化铁、硫化铜等矿物），在酸性条件下也可溶解成 H_2S。一般说来，石油地层伴生气中 H_2S 含量可达 1000～2000mg/L 或更高。例如，我国华北的赵兰庄油田，石油中硫含量为 9%～11%，伴生气含 H_2S 高达 40%～63%。另一方面，在钻井过程中，需加入各种化学添加剂，如木质素磺酸盐，在高温、高压的条件下会逐渐分解成 H_2S。

（1）硫化氢进入井筒后，会有一部分参与化学反应，一部分溶解，还有一部分以硫化氢的形式滑脱上升，然后与周围钻井液反应、溶解。

（2）温度升高硫化氢的溶解度降低。

（3）压力变大硫化氢的溶解度升高。

（4）压力对溶解度的影响要远远大于温度对溶解度的影响。

4.2.2　硫化氢气体在井筒中的相态变化特征

硫化氢在井下有溶解和参与化学反应两部分，溶解的部分包含 H^+、HS^-、H^+、S^{2-}，化

学反应的部分生成 Na_2S 和 H_2O。从上述可以看出，化学反应存在对井下检测具有相应的影响，同时硫化氢与钻井液中的碱性物质的中和过程是可逆的，若溶液的 pH 值下降，这些离子又会变成 H_2S。而溶解在水中的硫化氢则会随着压力的降低而逸出，以气体形式存在。

对于高温高压高含硫化氢的气田群来说，以普光气田为例说明硫化氢的相态。

普光气田 2004 年上报含气面积 27.2km²，天然气Ⅱ类探明储量 $1143.63 \times 10^8m^3$。其中烃类储量 $878.32 \times 10^8m^3$，硫化氢储量 $171.2 \times 10^8m^3$，二氧化碳储量 $94.11 \times 10^8m^3$。气藏埋深 $-5150 \sim -4420m$。

气藏流体性质：甲烷平均含量 76.17%，乙烷平均含量 0.005%，H_2S 平均含量 14.96%，CO_2 平均含量 8.20%。

气藏属常压低温系统，原始地层压力 55～57MPa，地层温度 120～130℃。

按照分压理论，得出硫化氢沿井筒的压力，见表 4.1。

表 4.1　硫化氢沿井筒的压力

温度（℃）	P02	Herry 系数（atm）	体系总压（atm）	硫化氢百分含量（%）	硫化氢分压（atm）	井深（m）
30	0.04243	719.3934801	112.0302	14.96	16.75971792	1000
40	0.07238	853.7909533	156.84228	14.96	23.46360509	1400
50	0.1233	993.0927016	201.65436	14.96	30.16749226	1800
60	0.1989668	1133.883217	246.46644	14.96	36.87137942	2200
70	0.3115893	1272.623743	291.27852	14.96	43.57526659	2600
80	0.4742348	1405.832269	336.0906	14.96	50.27915376	3000
90	0.7021853	1530.247254	380.90268	14.96	56.98304093	3400
100	1.01301	1642.965493	425.71476	14.96	63.6869281	3800
110	1.01301	1741.548025	470.52684	14.96	70.39081526	4200
120	1.01301	1824.091286	515.33892	14.96	77.09470243	4600
130	1.01301	1889.263728	560.151	14.96	83.7985896	5000

由表 4.1 可以看出，在井底 5000m 的地方硫化氢的最大分压是 8.3MPa，在井底的硫化氢除了溶解和参加化学反应的外其余应该属于气态。

综上所述，当较大含量的硫化氢进入井眼时会产生以下过程，部分硫化氢参加化学反应，部分硫化氢溶解，另外一部分还是以硫化氢形态滑脱上升，在这个过程中完成与其周围钻井液的反应和溶解。

硫化氢进入井筒后，主要存在 H_2S、HS^-、S^{2-} 三种形式。首先由于化学反应的存在，在 pH 值为 8～10 范围内，H_2S 电离为 HS^- 形式和 S^{2-} 形式，随着 pH 值增大，则 S^{2-} 形式占的比重越大。同时由于 H_2S 的溶解和流动，使得钻井液中硫化氢存在三种形式。因此钻井液里的硫化氢检测可以基于两种方法：一是检测钻井液里边的 H_2S，二是检测钻井液里

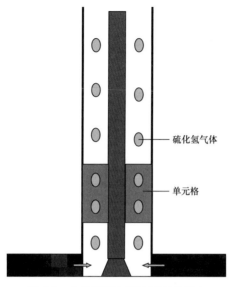

图 4.2　钻井过程中硫化氢在井筒中
分布示意图

边的 S^{2-} 离子。这两种方式都能反映钻井液里的硫化氢含量，如果两种方法结合，同时对钻井液里 S^{2-} 离子和 H_2S 进行测量会取得更好的效果。

（1）钻井过程中硫化氢溢出规律。

钻井过程井底硫化氢进入井筒，同时井筒中钻井液不断上返，携带硫化氢气体返出到井口，井筒内的硫化氢分布如图 4.2 所示。

对于排量为 30L/s，pH 值为 10 的钻井液，浓度为 1×10^{-4}mol/L 单元格内 NaOH 的物质的量为 0.003mol，地层硫化氢气体以 3L/s 的速度进入井筒。井内钻井液有 160m³，地面钻井液管线内钻井液有 160m³，因此循环的钻井液的总量为 320m³。当地层有硫化氢气体侵入，钻井液没有重新配置，则井口溢出硫化氢量随时间的变化如图 4.3 所示。

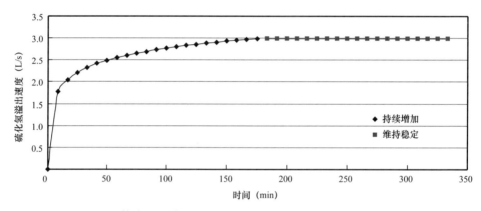

图 4.3　pH 值为 10 进气量为 3L/s 井口溢出硫化氢量随时间的变化曲线

由图 4.3 可知，在钻进期间井口溢出硫化氢量逐渐增加，到 200min 时，钻井液中的碱性物质反应完，井口硫化氢溢出量保持不变。

（2）起下钻和完井过程中硫化氢溢出规律。

起下钻和完井过程中，钻井液不循环。地层中的硫化氢进入井筒后和钻井液中的碱性物质发生反应，一部分硫化氢溶解到钻井液中。钻井液达到硫化氢的饱和度时，硫化氢气体开始滑脱上升，继续与上部钻井液中的碱性物质参加反应。

假设钻井液 pH 值为 10，进气量为 3L/s。硫化氢气体的滑脱速度为：

$$v_{\infty} = 1.53 \left[g\sigma(\rho_l - \rho_g) \ \rho_l^2 \right]^{1/4} \tag{4.1}$$

式中　v_{∞}——硫化氢气体的滑脱速度，m/s；

　　　g——重力加速度，m/s²；

σ——表面张力，N/m；

ρ_1——钻井液的密度，kg/m³；

ρ_g——气体的密度，kg/m³。

当气体出现在井口时，井筒内的 NaOH 全部反应完，硫化氢气体在井筒内均匀分布（图 4.4）。

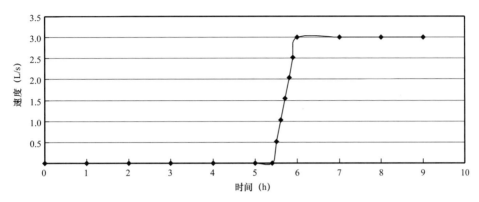

图 4.4　起下钻期间井场硫化氢气体溢出规律

从图 4.4 可以看出，硫化氢从溢出到井口发现硫化氢气体的时间比较长，但井口硫化氢浓度上升很快，很短的时间内达到最大值。本案例假设进气速度一定，并且硫化氢以段塞流的滑脱速度上升，因此实际的硫化氢到达井口的时间更长。

（3）钻井液中硫含量的检测。

① HI 还原法。

HI 还原法最早由 Johnson 和 Nishita 提出，所用还原剂由 HI，HCOOH 和 H₃PO₂ 按 4：2：1 的比例混合而成。所用反应器称为 J–N 蒸馏器。在管路密封性良好的情况下，通高纯氮，在微沸状态下使土壤和还原剂反应，产生的 H₂S 被收集稀 NaOH 溶液中，这种方法可将酯硫及绝大多数无机硫定量还原为 H₂S，而碳键硫和黄铁矿硫则不起反应。HI 还原性硫约占土壤总硫的 30%～80%，平均约为 50%。

② 常规比色法。

常规方法主要包括亚甲蓝分光光度法和碘量法，硫酸钡比浊法，铬酸钡比色法。亚甲蓝光光度法是采用 Johnson 和 Nishita 提出的还原蒸馏装置，最终分析溶液中得 S²⁻，H₂S 被收集于醋酸钠—锌溶液中，生成硫化物和氨基二甲基苯胺蓝色络合物，尔后进行分光光度法测定。在浓度 0.01～5μg/mL 时候，吸光度与硫浓度成正比。此法具有较高的准确度和灵敏度，但是 NO₃⁻ 和 Cu²⁺ 会对测定造成干扰。

③ 比浊法。

比浊法是采用硫酸根离子与氯化钡溶液反应生成硫酸钡的沉淀，将沉淀配置成悬浊液，比较混浊程度而定量。这种方法要求操作迅速，反应时的条件对方法的灵敏度和准确性有影响，硫酸铅也会对结果有一定的干扰。

④ 铬酸钡比色法。

铬酸钡比色法是比浊法的一种变相方式，原理是利用铬酸钡沉淀与溶液中的硫酸根交换反应，生成硫酸钡与铬酸根离子，过滤沉淀后，溶液中得铬酸根离子，在碱性条件下呈柠檬黄色而比色定量。此外，燃烧碘量法也是常用的一种方法。

⑤离子色谱法。

离子色谱法测定硫酸根具有很高的灵敏度和专一性，目前采用较多。仪器的核心部分是阴离子交换分析柱和电导检测器。使用电导检测可达到 0.2mg/L。单孝全等证实有机硫的存在不影响硫的测定，运用离子色谱法测定土壤样品前处理要求较高。除此以外，当溶液中硫酸根在 20～30μg/mL 的范围内，可采用 EDTA 络合法测定浓度。溶液中硫酸根离子浓度更高的时候采用重量法可以获得比较满意的结果。电感耦合等离子体发射光谱法（ICP-AES）是目前测定硫的最为先进的手段，其原理是采用等离子体光学检测的方法。该方法具有灵敏快速准确等优点，不同于过去的手段，ICP-AES 可以测定溶液中的总硫，线性范围宽，受别的因素干扰少，ICP-AES 测定总硫的特点使其可以和离子色谱法联合测定，区分提取液中的总硫和硫酸盐，成为测定硫的有效方法。

4.3　钻完井过程中毒性气体溢出后井场重点区域监测技术

4.3.1　目前井场硫化氢传感器安装存在的问题

（1）井场大气环境硫化氢检测存在的问题。

①检测器安装位置不科学，导致检测值偏低。

检测器位置的正确选择是保证检测及时、结果准确的前提。目前现场检测器的安装位置平面分布基本合理，而在垂直方向上的分布则不科学。

②报警方式单一。

报警方式单一，不能满足井场预防措施制订和实施的需要。要做好硫化氢的防预工作，及时和准确报警十分重要。但是，目前现场硫化氢报警方式过于单一，只能告诉井场人员"有硫化氢出现"的信息，而不能告知硫化氢体积分数的大小及其变化。这种方式不能满足井场预防措施制订和实施的需要。同时，由于硫化氢出现后其体积分数是不断变化的，体积分数小于 5×10^{-6} 时对人影响极小，此时只需要录井严密监测硫化氢体积分数变化，而无需报警。如果体积分数继续增大，其对人的危害会越来越严重。因此，应根据硫化氢体积分数的大小分级进行报警，并采用不同的应对措施。

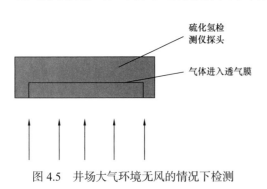

图 4.5　井场大气环境无风的情况下检测

（2）目前井场硫化氢传感器的缺点。

硫化氢传感器探头朝下，安装在井场不同位置。这种传感器在无风的情况下能够检测出硫化氢的存在及含量，如图 4.5 所示。

但是当有风时，硫化氢被探头的外壳挡住，毒性气体不能通过探头的膜进入里面参与反应，从而造成硫化氢的检测不准或检测不出硫化氢，如图 4.6 所示。

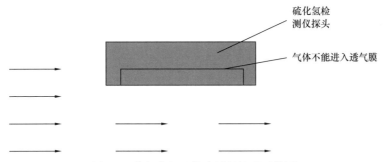

图 4.6　井场大气环境有风的情况下检测

在无风的时候传感器能够准确快速检测出硫化氢，但是当有风的情况下，硫化氢气体不容易进入探头内部，因此井场大气环境下传感器的设计需要重点考虑气体进入探头的问题，这种传感器不能应用于井场大气环境下的检测。

4.3.2　井场大气环境硫化氢传感器设计要求和安装方法

（1）井场大气环境硫化氢传感器设计要求。

① 井场大气环境下硫化氢检测传感器放置在平台、井口、振动筛、钻井液池等处。

井场大气环境下硫化氢传感器要求能够迅速地检测出硫化氢及其含量。

② 硫化氢传感器要有一定的防水和防爆功能。

石油钻井过程中，传感器的工作环境恶劣，在保证精确的检测条件下，传感器要有防水防爆的功能。

③ 现场要增加计算机在线实时检测分析功能。

目前井场虽然是多点监测毒性气体，硫化氢检测仪具有检测精度高、性能稳定、质量可靠、抗中毒、抗干扰能力强等特点，但就独立的各项指标来看，硫化氢报警器性能较好，但其显示和报警的各点是独立状态，即对各个测点的检测是孤立的，必然导致如下的结果：

各个检测点数据之间缺乏联系，导致横向数据相关分析缺失，不能做到对各点之间的检测建立有机关联；

由于检测仪只能反映当前数据，只有当前硫化氢含量达到报警限后才能报警，因此丢失了相当重要的历史数据，使得数据的延续性被切断，不利于数据的纵向分析和预先警报提示，需要增加计算机在线实时检测功能。

④ 需要增加综合分析功能。

目前井场还仅限于测量单元报警和显示，没有综合分析功能。井场大气环境下硫化氢检测需要多点测量数据的统一监测和分析处理，数据的纵向分析和各点数据的横向相关分析，对数据的全面把握和对将要出现的局面进行预报警，从而更早地发现危险。

⑤ 需要充分考虑风向对各测量点数据的影响。井场大气环境下硫化氢的设计要考虑风向对检测的影响，要求在有风的情况下能够迅速检测出硫化氢的含量。

⑥ 由单一的出现硫化氢气体报警扩大为分级报警。

井场中出现硫化氢气体后其浓度会随着地层压力、侵入钻井液中硫化氢量及钻井采取的措施而变化，同时不同浓度的含硫化氢气体对人体的危害程度是不同的。因此硫化氢气体报警应依据其浓度及对人体的危害分级，分别向不同人员报警并提出建议：当体积分数超过 5×10^{-6} 时，应该向钻台报警，并向钻井监督和安全主管反映情况，提醒危险地带人员注意；当体积分数超过 2×10^{-5} 时应该向钻台报警，建议除必要人员携带防护品工作外，其他人员撤离危险区；当体积分数超过 5×10^{-5} 时，应该向钻台报警，建议迅速组织人员撤离井场；当体积分数超过 1×10^{-4} 时，应该向全井场报警，建议关井，全井场人员撤离。

（2）井场不同位置传感器安装方法。

钻井液返出地面后继续循环所经过的装置区域是硫化氢含量重点检测的地点，包括井口、振动筛、除气器、缓冲罐、钻井液池等位置点，如图 4.7 所示。

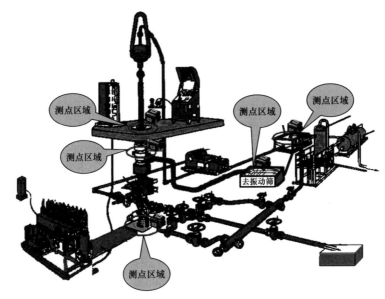

图 4.7　井场硫化氢检测区域

① 井口处硫化氢传感器的安装方法。

井口位于钻台下面、喇叭口上面，需要在井口位置安装固定硫化氢检测装置。这是因为钻井过程中硫化氢气体随钻井液循环流出，首先出现在井口，井口就成为一个很关键的检测点，井口检测点应考虑风向和下雨等因素影响，应在下风向安放传感器。

② 钻台处硫化氢传感器的安装方法。

钻台附近是现场施工人员活动频繁的地方，事关工作人员的生命安全，所以被列入监测的第一布点区域。钻台处硫化氢检测仪要求可移动位置来适应风向的不同。钻台四周要有足够的硫化氢检测仪，硫化氢检测仪能够防水防爆，因钻台处障碍物较多，因此还要考虑障碍物对硫化氢气体检测的影响。因此在钻台处至少安装四个硫化氢传感器，并且是可移动的，如图 4.8 所示。

③ 振动筛处硫化氢传感器的安装方法。

振动筛是将钻井液中的岩屑分离出的装置，钻井液在振动筛上敞口流过，硫化氢气体也容易在振动筛处发现。振动筛处检测环境恶劣，同时又是硫化氢溢出高危险区域。因此

图 4.8　钻台处硫化氢传感器

振动筛处硫化氢传感器要求能够防水防爆。

④除气器处硫化氢传感器的安装方法。

硫化氢气体随钻井液循环流出，脱气装置将溶解在钻井液中的气体分离出来，因此除气装置周围是高含硫化氢气体区域，将除气器区域列为一级布点区域。除气器的井口和出口需安装硫化氢传感器。

⑤缓冲罐处硫化氢传感器的安装方法。

钻井过程中硫化氢气体随钻井液循环流出，首先出现在井口，然后沿缓冲罐、脱气器、振动筛、循环池到泵房一带流动，并不断向周围扩散，因此，这一带为高含硫化氢地区。缓冲罐处硫化氢传感器要安装在缓冲罐的上部，安装高度不超过液面的 0.5m，如图 4.9 所示。

图 4.9　缓冲罐处硫化氢传感器

⑥钻井液池处硫化氢传感器的安装方法。

硫化氢气体在缓冲罐、脱气器、振动筛、循环池到泵房一带流动，并不断向周围扩散，因此，这一带为高含硫化氢区域，必须成为检测之关键点，如图4.10所示。

图4.10　钻井液池处硫化氢传感器

⑦方井处硫化氢传感器的安装方法。

钻井过程中硫化氢气体随钻井液循环流出，首先出现在井口，同时由于硫化氢比空气重，硫化氢出现后会向地面方向流动，随着时间的推移，硫化氢逐渐在地面积聚，因此方井是在垂向上硫化氢积聚最多的地方。方井处要安装固定式硫化氢传感器。

4.3.3　适用井场大气环境硫化氢实时检测

（1）带孔的硫化氢传感器。

该传感器能够让气体很好地进入探头内部，在有风的情况下比没有打孔的硫化氢传感器进入的气体多。因此这种传感器在井场大气环境下可以检测出硫化氢，如图4.11所示。

（2）装有吸气泵的硫化氢传感器。

检测仪内置吸气取样泵，能够将大气环境中的气体吸入传感器中进行检测，同时装置有气、水分离系统，能够将吸入的雾状水分离出。装置可以安装软管，对井下等固定式气体探测器不方便检测的区域进行气体检测，如图4.12所示。因此该装置可以很好地应用在除大气环境下井场硫化氢的检测。

4.3.4　适用钻井液环境下硫化氢实时检测

硫化氢在钻井液中参加化学反应或溶解。用浸入式和插入式硫化氢传感器测量钻井液出口和钻井液池的硫化氢含量。

常规钻井液的pH值一般控制在弱碱性（pH值=8～11）范围，因为在这个pH值范围，钻井液中的黏土有适当的分散性，钻井液处理剂有足够的溶解性，对Ca^{2+}、Mg^{2+}在

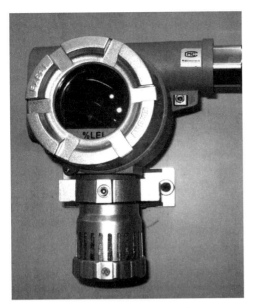

图 4.11　带孔的硫化氢传感器

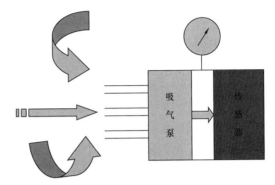

图 4.12　带吸气泵硫化氢检测仪示意图

钻井液中的浓度有一定的抑制性，钻井液对钻具的腐蚀性较低。在钻井液中使用的 pH 值抑制剂常用的有以下几种：NaOH、KOH、Na_2CO_3、$NaHCO_3$。其中实际应用中最常用的是 NaOH。

H_2S 是溶于水的二元酸，在水溶液中，H_2S 有两个电离平衡：

$$H_2S = H^+ + HS^-，K_1 = [H^+][HS^-] / [H_2S] = 5.7 \times 10^{-8}$$

$$HS^- = H^+ + S^{2-}，K_2 = [H^+][S^{2-}] / [HS^-] = 1.2 \times 10^{-15}$$

主要存在 H_2S、HS^-、S^{2-} 三种形式。根据式（5.2）和式（5.3）可以绘出 H_2S、HS^-、S^{2-} 三种形态硫在不同 pH 值下的百分含量。在低 pH 值区间，以 H_2S、HS^- 形态存在，主要形式为 H_2S；在 pH 值为 8～10 范围内，H_2S 电离为无多大危害的 HS^- 形式。如果 S^{2-} 形式要占大部分，则需要 pH 值大于 11，如 pH 值为 11 时，99.9% 的 H_2S 已被转化成 HS^-、S^{2-} 形态。

（1）膜覆盖氧化电极法检测 H_2S 技术。

水下硫化氢传感器测量原理如下。

高灵敏度检测器位于传感器头部的检测室内，一层有机硅膜使检测室免于被水和外界压力干扰。气体分子能通过膜扩散，在水和检测室之间形成压力差，检测室内的气体浓度和外界的水体气体浓度相关。检测室内含电极液和三个电极，通过检测气体的分压差，测定 H_2S 浓度，如图 4.13 所示。

图 4.13　流体环境下硫化氢检测仪

由于溶解在样品中的气态 H_2S 的部分压力，使得分析物通过薄膜被分离出来。这个薄膜只允许气体通过，所以液体、固体都不能到达传感器内部电解液。在传感器的内部包含有一个缓冲溶液，这个缓冲溶液含有一种氧化还原催化剂和 3 个电极。在电极上，通过调整一种特殊的极化电压来识别氧化还原催化剂中还原剂与氧化剂的浓度比。如果现在 H_2S 通过了薄膜，硫化氢首先与氧化还原催化剂发生化学反应，生成的反应物随后在电极上发生电化学氧化作用。由于极化电压的存在，该系统试图调整先前的浓度比。这就产生了一个电流，这个电流的大小与样品中溶解的 H_2S 的量有关。因此，该传感器可测量 H_2S 的浓度。另外，在传感器中产生的电流，造成传感器内部分析物的迅速减少，从而有很短的反应时间。

技术指标见表4.2。

表 4.2　三传感电极技术指标

电源	9～30VDC
输出	0～+5VDC
大小	直径：24mm，长度：235mm
测量范围	Ⅰ型：0.05～10mg/L H_2S Ⅱ型：0.5～50mg/L H_2S Ⅲ型：0.01～3mg/L H_2S
精度	2%F.S
温度范围	0～30℃
pH 值范围	0～8.5
响应时间	t90%：≥200ms
平均寿命	5～9 月
压力稳定性	≤10bar

（2）电化学离子浓度检测传感器。

北斗星工业化学研究所设计的基于电化学检测原理的 CPT3200 S^{2-} 传感器，可以对工业过程 S^{2-} 浓度在线检测和控制。变送器实现模拟量测试，数据处理，输出信号，包括通信等功能，自成完整的分析系统。

输出 1 路 0～2.5/5V，0/4～20mA 线性标准信号（初始为 0～20mA）。可直接用于显示器、记录仪，或其他二次表或采集系统联结。可以增强为 PID 闭环控制。

系统还可输出 1 路 0/5V 开关报警信号。

自动温度软件补偿（ATC），测试数据处理提供了根据电化学理论计算和矫正的方法，包括 NERNST，NERNST+Debye–HucKel+Henderson。

测试种类和准确度由所配电极决定。一般电极理论精度 1.5%。由于漂移、污染成分干扰等因素，实际正常使用相对准确度只能达到 1.5%～10%。

电极一般使用工业／可更换电极。平头固态电极在含固量较高的样品时维护量较小。也可以选用圆泡电极，优点是反应时间较快。

电气安全：本安型。

最高适应环境温度：120℃。

检测上限：32100mg/L。

检测下限：0.003mg/L。

防水设计：CPT1，NEMA4x/IP66；CPT2，NEMA6/6p（IP67），有插入式也有全浸入式，如图4.14所示。

压力：<3kgf/cm^2。

（3）检测钻井液中H_2S含量的传感器安装。

钻井过程中硫化氢气体随钻井液循环返出，所以首先出现在井口，然后沿着振动筛、脱气器、循环池到泵房一线流动，并不断向周围扩散。在井口处安装能够检测液体环境中硫化氢浓度的装置，能够更早地发现硫化氢（图4.15）。

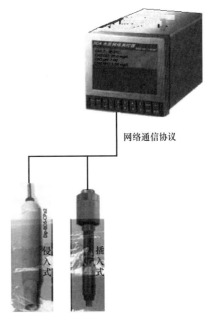

网络通信协议

图4.14　CPT3200 S^{2-}离子浓度检测传感器结构图

图4.15　返出管线钻井液中检测硫化氢传感器

4.3.5　适用于井场实时检测技术

对于井场硫化氢检测，可以采取大气中硫化氢检测和钻井液中硫化氢检测两种方法，对于高危险性的初探井，两种方法可以同时使用（图4.16）。

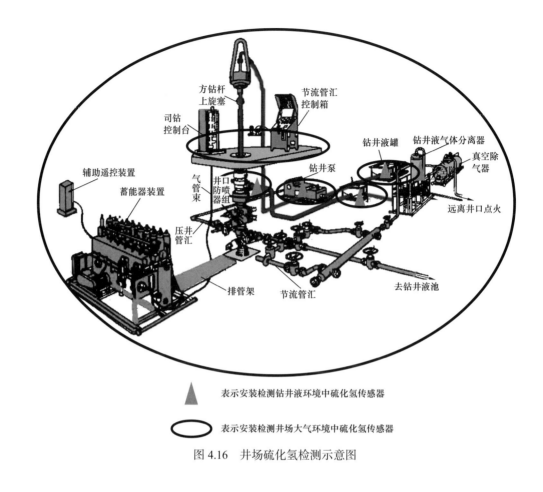

图 4.16　井场硫化氢检测示意图

4.4　毒性气体泄漏监测及应急控制

4.4.1　不同施工阶段毒气来源与溢出位置

4.4.1.1　毒气来源分析

（1）钻井。

对于油气井中硫化氢的来源可归结于以下几个方面：

① 热作用于油层时，石油中的有机硫化物分解，产生硫化氢。一般地讲，硫化氢含量随地层埋深增加而增大。如井深2600m，硫化氢含量在0.1%～0.5%，而井深超过2600m或更深，则硫化氢多可达2%～23%。

② 石油中的烃类和有机质通过储层水中的硫酸盐的高温还原作用而产生硫化氢。

③ 通过裂缝等通道，下部地层中硫酸盐层的硫化氢窜入油气中。

④ 某些钻井液处理剂在高温热分解作用下产生硫化氢。

（2）测试。

主要是地层流体中含有的硫化氢，溢出方式见后之分析。

（3）修井。

循环罐和油罐是修井时硫化氢的主要溢出位置。循环罐、油罐和贮浆罐周围有硫化氢气体，这是由于修井时循环、自喷或抽吸井内的液体进入罐中造成的。硫化氢可以以气态的形式存在，也可存在于井内的钻井液中。需要注意的是井内液体中的硫化氢可以由于液体的循环、自喷、抽吸或清洗油罐释放出来。油罐的顶盖、计量孔盖和封闭油罐的通风管，都是硫化氢向外释放的途径，在井口、压井液、放喷管、循环泵、管线中也可能有硫化氢气体。另外，通过修井与修井时流入的液体，硫酸盐产生的细菌可能会进入以前未被污染的地层。这些地层中的细菌的增长作为它们生命循环的一部分，将从硫化盐中产生硫化氢，这个事实已经在那些未曾有过硫化氢的气田中被发现。

（4）采油。

在采油作业中有 9 处存在硫化氢气体的场所，其中有 6 处与实际操作直接有关：① 水、油或乳剂的储藏罐；② 用来分离油和水，乳化剂和水的分离器；③ 空气干燥器；④ 输送装置、集油罐及其管道系统；⑤ 用来燃烧酸性气体的放空池和放空管汇；⑥ 提高石油回收率也可能会产生硫化氢。

4.4.1.2 毒气监测位置分析

硫化氢一般来自产层，在钻完井和测试过程中，随井筒工作流体或产出流体进入地面。

（1）钻井阶段。

钻井过程中，含硫天然气以破碎气、重力置换气、滤饼扩散气侵或压差气侵的方式进入钻井液，随钻井液在防喷器上喇叭口、振动筛、钻井液循环罐区域，以较小速度连续逸散至空气中；钻井液流经液气分离器排气口时，不点火则连续外溢，点火则形成 SO_2 沉积。

钻井阶段监测点如图 4.17 所示。

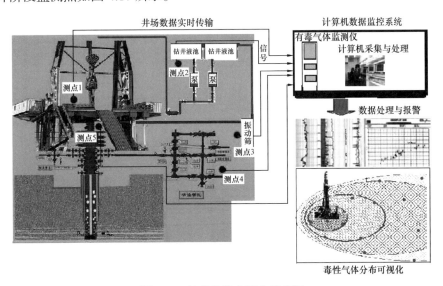

图 4.17　钻井阶段监测点示意图

（2）固井阶段。

因固井质量差导致的套管外环空窜漏，会在拆装井口时从井口以较小速度连续溢出，如图4.18所示。因此在固井阶段应加强井口附近毒气监测。

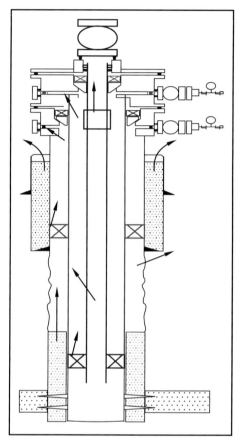

图4.18　固井阶段可能的泄漏点示意图

（3）测试阶段。

测试过程中，高压酸性天然气流冲刷和腐蚀测试管线，容易引起管阀薄弱处刺漏，毒气从刺漏口高速喷出；放喷时，毒气可能对下风向区域甚至井场带来危害。此时，由于高压高速，流量较大，溢出毒气总量增加。而且，气体通常出现临界流动，流动规律复杂，需要重点考察研究。

例如，含硫化氢高产深井测试地面流程示意图如图4.19所示。

图4.19中：

① 采用两套流程双翼放喷求产，在其中一套流程受到损坏或出现危险情况之时，即可启用另一套流程；

② 选用手动、液动双重控制的高压采气井口，紧急情况下可实现远程控制；

③ 在容易出现H_2S泄漏的地方装有H_2S探测、报警仪；

④ 设置ESD紧急关闭系统和MSRV紧急放喷阀等安全装置，当分离器超压时，紧急放喷阀自动放喷泄压，井口超压时，地面安全阀自动关闭；

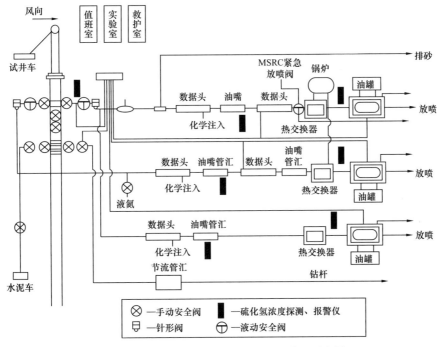

图 4.19　含硫化氢高产深井测试地面流程示意图

⑤ 地面油嘴管汇前用三通连出一条专门用于放喷的管线，用于系统测试前清除井筒内的杂物，减小气流中的固相颗粒对管壁的冲蚀伤害；

⑥ 采用多级降压油嘴，以减小气流对油嘴的伤害。

对于高温高压高产井，测试时需要多条放喷管线和测试管线，如图 4.20 所示。

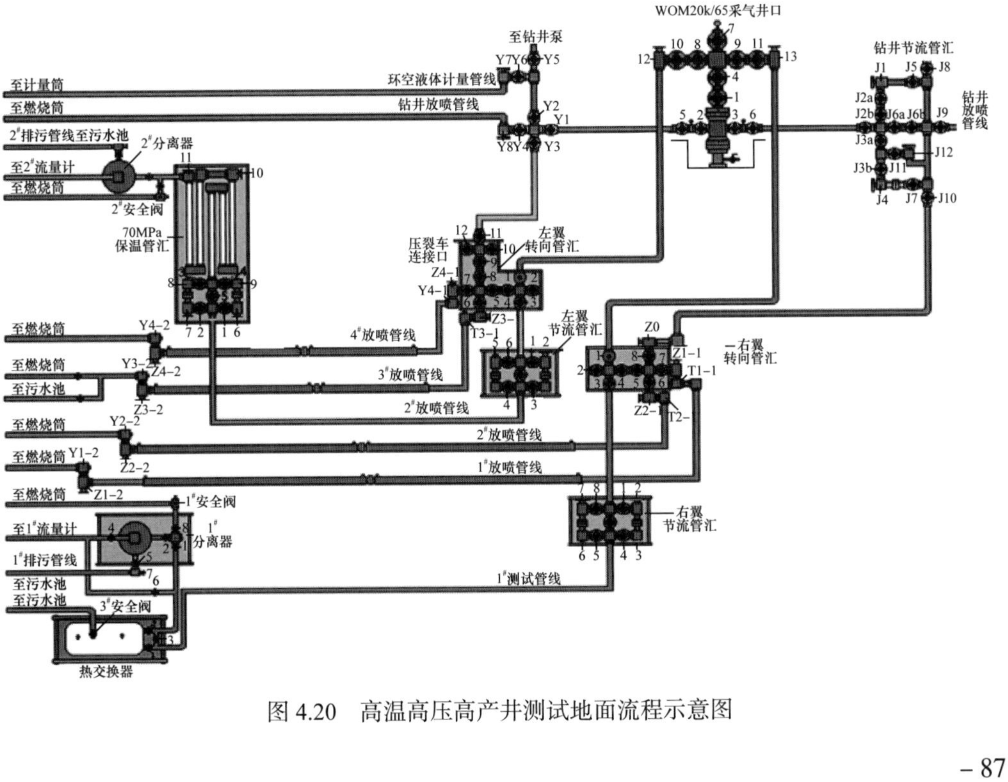

图 4.20　高温高压高产井测试地面流程示意图

其中容易出现 H_2S 泄漏的地方包括：井口及测试树、节流管汇、转向管汇、分离器、管线连接法兰、管线弯角。这些位置应装有 H_2S 探测、报警仪。

尤其是井口和节流管汇，压力高、温度高，容易出现刺漏。而分离器承压能力低，也是重点监测对象。节流管汇和分离器如图 4.21 所示。

(a) 节流管汇　　　　　　　　　　　　　　(b) 分离器

图 4.21　地面设备实物图

（4）毒气溢出位置与溢出特征总结。

硫化氢主要来自产层，在钻完井和测试过程中，随井筒工作流体或产出流体进入地面。不同施工阶段毒气来源、溢出位置及溢出特征见表 4.3。

表 4.3　毒气来源、溢出位置及溢出特征

工况	毒气来源	溢出位置	溢出特征
钻井	破碎气、重力置换气、滤饼扩散气侵或压差气进入钻井液	防喷器上喇叭口、振动筛、钻井液循环罐区域、液气分离器排气口	低速度、连续逸散
完井	固井质量差导致的套管环空气窜	固井候凝后拆装井口、水泥头时从井口溢出	低速度、连续溢出
测试	产出流体	井口、测试树、节流管汇、转向管汇、分离器、管阀、管线弯角	高压、高速、流量大、临界流动

4.4.2　检测传感器布局优化

4.4.2.1　定点毒气扩散监测传感器布局

（1）低速溢出。

在低速溢出时，毒气扩散方向和区域主要受周边环境和风向决定。由于溢出的初始流动速度非常小，所以传感器应尽量靠近溢出口；根据局部主要风向，在下风向布置一个监测传感器；考虑周边障碍物扰乱局部流场，建议在侧风向摆放一个方便移动的传感器。传感器距毒气溢出口 0.5m 左右。

（2）高速刺漏。

对于高压管线刺漏情况，布置传感器应考虑如下因素：

① 位置不确定；

② 流动速度高；

③ 毒气溢出流量有从小到大变化过程；

④ 毒气冲出方向可能发生变化；

⑤ 风向；

⑥ 周边障碍物。

基于这些因素，传感器布局困难增加。在关键部位，如井口、节流管汇附近，应多布置传感器，形成局部监测网。具体如下。

方向：下风向和两个侧风向。

分层：上下两层、远近两层。

远近距离：第一层距管阀 2m，第二层距管阀 4m。

上下高度：第一层与管阀等高，第二层高出 2m。

4.4.2.2 井场毒气监测点位置

（1）钻井阶段。

毒气浓度是致死概率和爆炸可能性的关键因素，而不同的溢出事故类型又决定了毒气溢出的量级不同，监测中应要有区别地对待。根据对溢出点和溢出量分析，针对不同施工阶段，将硫化氢监测布点做如下优化。

钻井阶段，防喷器上喇叭口和转盘处（如图 4.22 中"1""2"处所示）为第一溢出点，操作人员近距离接触，潜在危险最大，此处，监测探头装放位置必须能及时监测到硫化氢溢出。喇叭口处可采用固定式检测探头，安装位置以喇叭口下风向 0.5m 内为宜，还要根据风速大小调整探头的垂直方向的位置。风速较小时应高于喇叭口，风速较大时则应接近喇叭口水平位置。为不影响施工，钻台上施工人员可配戴高灵敏的便携式检测仪。此外，可在振动筛、钻井液循环罐区域和液气分离器排气口（如图 4.22 中"3"处所示）布置检测探头作为辅助。

探头不要放置于能被化学或高湿度如蒸汽污染的地方或者如振动筛上方有烟尘的地方，这样都可能引起错误报警或由于其他污染物浓重时无法识别。

图 4.22　监测仪优化布点示意图

在井场一些容易聚集硫化氢等有害气体的地方，特别是圆井、钻井液罐、振动筛附近、钻台和试油、修井集液罐等常有作业人员活动的区域，应当安装相应数量的硫化氢气体检测仪以及报警装置。另外应给井口作业人员配备便携式硫化氢检测器，如图 4.23 至图 4.25 所示。

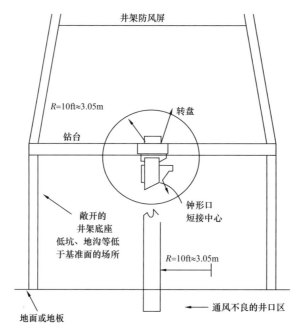

图 4.23　井口处

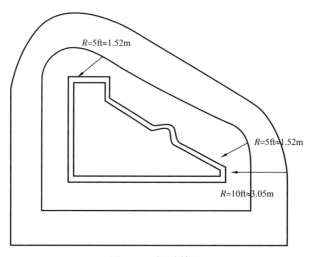

图 4.24　振动筛处

探头线应该保证畅通，不要铺设于可能被割断或磨损的地方，以免造成误报和一起失效，如图 4.26 所示。

推荐钻井阶段传感器位置及布点见表 4.4。其中考虑了如下因素：

① 空间限制；

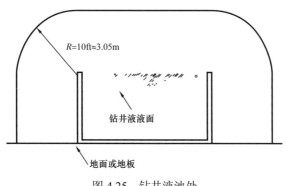

图 4.25　钻井液池处

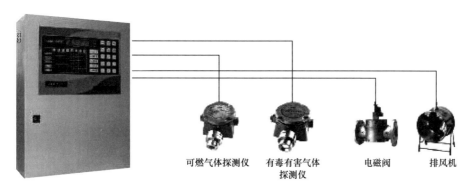

可燃气体探测仪　　有毒有害气体探测仪　　电磁阀　　排风机

图 4.26　固定式硫化氢检测仪

② 工作方便性；

③ 风力；

④ 风险大小；

⑤ 其他工序。

表 4.4　钻井阶段传感器位置及布点推荐

序号	探头位置	方位	距离（m）	分层	传感器个数
1	钻台台板上：0.5m 高	下风向	0.5	1	1
2	钻台下喇叭口：一层等高，一层高出 0.5m	下风向 侧风向	0.5 0.5	2	6
3	振动筛	下风向	1.5	1	1
4	钻井液混合装置位置	上方	0.5	1	1
5	循环池出口	上方	0.1	1	1
6	除气器出口	上方	0.1	1	1

（2）固井阶段。

固井阶段拆装井口和水泥头时，在不影响施工的前提下，应在地面井口上方至钻台的空间放置固定式检测探头。同时，施工人员配戴高灵敏便携式检测仪。

在固井过程中，应加强井口附近毒气监测。

（3）测试阶段。

重点监测井口至节流管汇的高压段，同时监测分离器，如图4.27所示，监测所有带压管路。

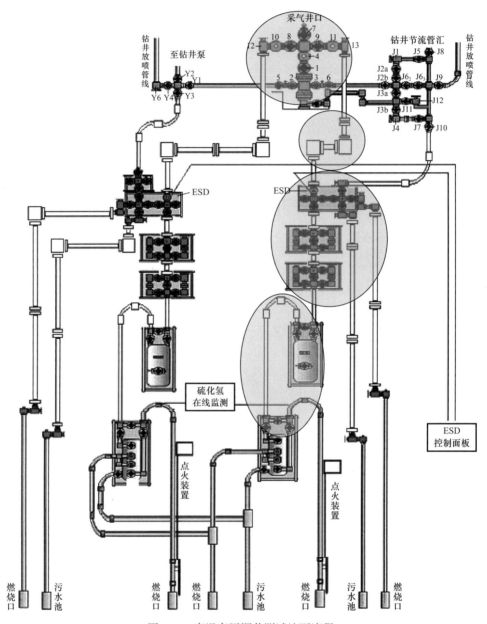

图4.27 高温高压深井测试地面流程

测试阶段，发生刺漏后溢出气体方向性较强，存在监测盲区。无论静风还是有风条件下，在高压测试管线和管汇操作台四周（如图4.22中"4"处所示），应较密集地布置毒气固定式检测传感器，以及时发现刺漏和判断危害。特别是对于高含硫的高温高压气井，可派专人配戴高灵敏检测仪，沿测试管线和管汇操作台附近巡逻。

推荐测试阶段传感器位置及布点见表4.5。

表 4.5　测试阶段传感器位置及布点推荐

序号	探头位置	方位	水平分层	径向分层	传感器个数
1	井口附近	四周	2	2	16
2	管阀及弯角	三面	1	1	6
3	转向、节流管汇	三面	2	2	16
4	到三相分离器	三面	1	1	3

另外还需要考虑如下因素：
① 空间限制；
② 工作方便性；
③ 采气井口高度；
④ 管线长度；
⑤ 管阀弯角方向；
⑥ 风力、风向；
⑦ 其他工序。

4.4.3　毒气溢出应急措施

4.4.3.1　毒气危害程度判别方法

（1）毒气危害常规分级。
① H_2S 质量浓度对人体危害。
不同浓度 H_2S 对人体危害见表 4.6。

表 4.6　不同浓度 H_2S 对人体危害表

序号	空气中的含量（mg/m³）	危害后果
1	0.04	感到臭味
2	0.5	感到明显臭味
3	5	有强烈臭味
4	7.5	有不快感
5	10	《工作场所有害因素职业接触限值》（GBZ 2-2002）规定的最高容许浓度
6	15	刺激眼睛
7	35~45	强烈刺激眼睛
8	75~150	刺激呼吸道
9	150~300	嗅觉在 15min 内麻痹

序号	空气中的含量（mg/m³）	危害后果
10	300	暴露时间长则有中毒症状
11	300~450	暴露1h引起亚急性中毒
12	375~525	4~8h内有生命危险
13	525~600	1~4h内有生命危险
14	900	暴露30min会引起致命性中毒
15	1500	引起呼吸道麻痹，有生命危险
16	1500~2250	在数分钟内死亡

② H_2S 对人员的致死概率。

结合 HSE 风险评估，对于一定的毒气浓度，通过持续一段时间才会对人体造成伤害。硫化氢对人员的致死概率可用概率函数方程表示：

$$y = A + B\ln\left[\int C^n \mathrm{d}t\right] \tag{4.2}$$

式中 y——致死概率；

A、B 和 n——与毒气性质有关的系数；

C——接触的浓度，mg/L；

t——接触时间，min。

加拿大阿尔伯塔能源与公共事业委员会（AEUB）规定，A 取值 –29.415，B 取值 1.443，n 取值 3.5，据此可计算不同浓度及持续时间下的硫化氢致死概率。据此，不同持续时间、不同毒气浓度对应的死亡百分率见表 4.7。

表 4.7 持续时间、毒气浓度与死亡百分率对应关系

持续时间（min）	1			5			10			20		
毒气浓度（mg/L）	600	910	1240	350	575	780	310	472	640	240	387	525
死亡百分率（%）	2	50	95	2	50	95	2	50	95	2	50	95

对于同一持续时间，毒气浓度越大，致死概率越高；持续时间越长，可能致死的毒气浓度下限越低。假定井场从采取措施之初到完全控制毒气溢出的时间为 10min，吸入毒气浓度只有高于 300mg/L 时才可能致死。

③ 行业标准对硫化氢浓度分级。

浓度常用来衡量硫化氢危害大小，行业标准中对硫化氢浓度分级有详细规定，如下。

阈限值（Threshold Limit Value）是指几乎所有工作人员长期暴露都不会产生不利影响的某种有毒物质在空气中的最大浓度。硫化氢的阈限值为 15mg/m³；二氧化硫的阈限值为 5.4mg/m³。此浓度是硫化氢监测的一级报警值。

安全临界浓度（Safety Critical Concentration）是指工作人员在露天安全工作 8h 可接受的硫化氢最高浓度［参考《海洋石油作业硫化氢防护安全要求》（1989）1.3 条中硫化氢的安全临界浓度为 30mg/m³］。在此浓度下暴露 1h 或更长时间后，眼睛有烧灼感，呼吸道受到刺激。此浓度是硫化氢监测的二级报警值，一旦达到此浓度，现场工作人员必须佩戴正压空气呼吸器。

危险临界浓度（Dangerous Threshold Limit Value）是指达到此浓度时，对生命和健康会产生不可逆转的或延迟性的影响［参考《海洋石油作业硫化氢防护安全要求》（1989）中硫化氢的安全临界浓度为 150mg/m³］。在此浓度暴露 3～15min 就会出现咳嗽，眼睛受刺激和失去嗅觉，并使人感到轻微头痛、恶心及脉搏加快。长时间可以使人的眼睛和咽喉受到毁坏，接触 4h 以上可能导致死亡。此浓度也是硫化氢监测的三级报警值，达到此浓度，现场作业人员应按应急预案立即撤离井场。

行业标准对硫化氢浓度分级见表 4.8。

表 4.8　行业标准对硫化氢浓度分级

报警级数	硫化氢浓度（mg/m³）	备注
一	15	阈限值
二	30	安全临界浓度
三	150	危险临界浓度

（2）爆炸起火可能性。

可燃物质（可燃气体、蒸气和粉尘）与空气（或氧气）必须在一定的浓度范围内均匀混合，经引燃才会发生爆炸。这个浓度范围称为爆炸极限或爆炸浓度极限。

可燃性混合物能够发生爆炸的最低浓度和最高浓度，分别称为爆炸下限和爆炸上限。在低于爆炸下限时不爆炸也不着火；在高于爆炸上限不会发生爆炸，但会着火。井场常见溢出毒气的爆炸极限见表 4.9。

表 4.9　硫化氢气体爆炸极限

引燃温度（℃）	爆炸下限（体积分数，%）	爆炸上限（体积分数，%）
260	4.3	45.5

硫化氢引起爆炸的浓度下限为 43000mg/L，这一浓度值通常只存在于溢出点附近极小区域。

4.4.3.2　毒气监测数据报警权重分级

（1）与其他监测信息协同使用。

钻完井阶段，录井仪器对温度、压力、出入口流量、密度等许多数据进行监测，同时也监测硫化氢，因此硫化氢危害不会太大。

测试阶段，由于管线复杂、参数变化幅度大，录井仪数据无法全面监测关键参数。但是此阶段一般增加地面流程监测系统，监测信息见表4.10。

表 4.10　测试期间主要监测数据

位置	温度	压力	产量	含砂	H₂S
井口	√	√			
环空	√	√			
油嘴管汇上方	√	√		√	
油嘴管汇下方	√	√			
热交换器下游	√	√			
分离器入口	√	√			
分离器出口			√		√

注："√"表示要监测。

硫化氢溢出监测信息可以与录井仪及测试地面监测数据共同使用，以避免漏报和误报。

（2）报警权重分级。

井场条件复杂，许多因素（如其他气体）干扰毒气监测传感器的信号，经常出现误报警情况。同时，温度、湿度、喷溅的脏物等也会改变传感器的灵敏度。因此，在监测毒气浓度分级报警的同时，应该对不同传感器的信号进行权重分级，以便在前期就能更准确地进行判断。

分级的原则也要根据生产阶段进行。

① 钻井和固井阶段。

在钻井和固井阶段，主要监测的是有没有毒气、毒气浓度。发现毒气后一般做法是查明原因，采取毒气降级措施。在没有井涌、井喷前兆时，不会有快速的灾难性后果。在此阶段，每个毒气监测传感器的功效相同，可统一划分在同一权重级别内。

② 测试阶段。

测试阶段最大风险在于地面管汇承受高压，经常出现管线刺漏。毒气监测的关键是尽快捕捉高压区的毒气。因此高压区的传感器数据权重级别应设在最高位。分离器出口、放喷管线出口的传感器数据权重级别可放在第二位。测试阶段监测信息推荐权重见表4.11。

表 4.11　测试阶段监测信息权重推荐表

区域	权重	说明
井口附近	1.0	包括井口、采气树及 ESD 前所有管路
降压管线	0.9	从节流管汇入口到分离器入口
排放管线	0.5	包括分离器下游及放喷管线出口
分离器出口		

对于高权重区域，可以通过如下方式提高警戒：

① 增加监测点；

② 调低报警浓度。

4.4.3.3 毒气防控措施

（1）报警分级与应对方案。

① 钻井及固井阶段。

一些井场根据录井仪监测数据，将报警分为5级，应对方式见表4.12（利用综合录井进行硫化氢的准确监测），可供井场毒气监测参考使用。

表 4.12 钻井阶段井场报警分级与应对措施

报警级别	H_2S 浓度（mg/L）	应对措施
1	<5	录井仪自报警，由录井操作员和录井工程师严密注意硫化氢体积分数变化
2	>5	录井仪向钻台报警，通知钻井监督和安全主管，提醒"井口—振动筛—循环池—泵房"一带人员注意
3	>20	录井仪向钻台报警，再由司钻向井场的关键部位报警，"井口—振动筛—循环池—泵房"一带人员撤离危险区
4	>50	录井仪向钻台报警，再由钻台向全井场报警，迅速组织井场人员撤离，录井仪操作人员继续监测硫化氢体积分数变化
5	>100	录井仪向全井场报警，关井，井场全体人员迅速撤离

② 测试阶段。

高危井测试期间地面高压区如果发现毒气，最大可能性就是管线出现了泄漏。由于高压作用，泄漏通道会迅速扩大。因此，一旦监测到毒气异常，必须立即采取应急措施，具体方法推荐见表4.13。

表 4.13 测试阶段井场报警与应对推荐措施

区域	H_2S 浓度（mg/L）	应对措施
井口附近	10	紧急报警；确定原因；立即进行井下关井；反循环压井
降压管线	10	紧急报警；打开备用管线或放喷管线，关闭在用管线，整改泄漏管线；关键情况下进行井口关井，或启动 ESD
排放管区	20	发出安全警示；进行毒气驱散及降解；密切关注 H_2S 浓度变化

（2）毒气清除。

① 吹散。

使用带防爆启动器和发动机的强力排风扇稀释聚集在局部地带的毒气浓度，通常排气扇的排气量大于 $1000m^3/min$。

② 降解。

使用特制喷淋药剂降解聚集在局部地带的毒气。

第5章　井控风险等级划分及井控措施

井控安全无小事，井控的管理和井控策略应按照风险的大小有区别地制订，才可以充分利用资源，因此有必要根据风险凶险承担及其带来的危害进行分级。井涌余量是井控设计阶段很重要的一个参数，但是井涌余量的定义和计算方式还存在很大的不同。并且发现井控事故后，准确地确定溢流强度是制订井控措施的前提条件，针对不同的溢流强度，关井方式和压井参数的制订也不同。

5.1　基于不同风险井的井控策略

5.1.1　Ⅰ类风险井及井控措施

Ⅰ类风险井区包括重点井、预探井、"三高"（高压、高含硫、高危地区）油气井等。该井区井控对策如下。

（1）作业井由具备中国石油天然气集团有限公司甲级资质的钻井队负责实施。

（2）至少配备科长级井控首席驻井作为现场主要井控技术负责人，该井控技术专家应具有一定应急救援技术，负责制订单井详细井控措施并监督实施。若发生溢流、井涌或井喷等紧急情况，技术专家应立即制订应对措施，并指导现场人员进行抢险作业。

（3）强化早期井涌预报。针对可能会发生井涌的层位和井段进行的先期预报，可为及时处理井涌提供充分的思想准备和物资准备。

（4）配备两套以上灵敏度较高的溢流检测设备，建议配备声波法溢流检测装置，或使用随钻测压（随钻测井）检测溢流，确保及时发现溢流。

（5）强化随钻地层压力监测，及时调整井控措施。

（6）对于预探井，井身结构设计要多留一层套管，以应对多套压力层系。

（7）配备高标准、高性能、齐全的井控装置。

（8）对于高含硫的酸性气井，选用具备防硫性能的井控装备和套管。

（9）配备齐全的应急抢险物资和装备，非应急情况不准动用。

（10）应建立事故应急管理体系。

5.1.2　Ⅱ类风险井及井控措施

Ⅱ类风险井区包括详探井、评价井、气井、注水区块调整井等。该井区井控对策如下：

（1）由具备中国石油天然气集团有限公司乙级以上（含乙级）资质的钻井队负责

实施。

（2）井队现场配备工程师级井控技术负责人，负责制订单井详细井控措施并监督实施。若发生溢流、井涌或井喷等紧急情况，应立即制订应对措施，并组织人员进行抢险施工。

（3）通过多种方法对地层压力、地层破裂压力和井眼坍塌压力进行预测，并确定合理的井身结构，配套相应等级的井控装置。

（4）配备两套以上灵敏度较高的溢流监测设备，确保其稳定可靠，能及时发现溢流。

（5）配备压力等级符合井控设计的、高标准、高性能、齐全的井控装置。

（6）配备齐全的应急抢险物资和装备，非应急情况不准动用。

（7）应建立事故应急管理体系。

5.1.3　Ⅲ类风险井及井控措施

Ⅲ类风险井区包括一般开发井。该井区井控对策如下。

（1）由具备中国石油天然气集团有限公司丙级以上（含丙级）资质的钻井队负责实施。

（2）井队现场配备工程师级井控技术负责人，负责制订单井详细井控措施并监督实施。若发生溢流、井涌或井喷等紧急情况，应立即制订应对措施，并组织人员进行抢险施工。

（3）配备两套以上灵敏度高的溢流检测设备，确保其稳定可靠，能及时发现溢流。

（4）分析区域地质资料、地震资料、邻井资料，确定待钻井有可能发生井涌的层位和井段，设计合适的井身结构和钻井液密度。

（5）配备压力等级符合井控设计的、高标准、高性能、齐全的井控装置。

（6）配备齐全的应急抢险物资，非应急情况不准动用。

（7）应建立事故应急管理体系。

5.2　基于不同溢流强度的井控策略

5.2.1　井涌余量多种计算方法

5.2.1.1　英国石油公司井涌余量计算方法

井涌余量的定义是：能够安全关井并能安全排出溢流（不压裂最薄弱的裸露地层）的最大溢流体积。

井身结构设计中套管下入深度已经考虑了井涌余量系数。因此，在关键井段的井涌余量准确监测就显得特别重要。

在关键井段，定期计算井涌余量是很重要的。这是因为井涌余量的变化与井深、底部钻具组合（BHA）结构、钻井液密度、地层压力、溢流流体类型等有关。

（1）计算方法。

因井涌余量的定义不同，其计算方法有很多。一般，这些计算方法可归结为两类。

① 简化计算法。

在这些方法中，井涌余量的算法简化有如下假设：

（a）溢流流体是"单个气泡"；

（b）在最初关井时，溢流流体在井筒底部；

（c）忽略气体运移、气体扩散、气体溶解、井底温度和气体压缩的影响。

尽管这些假设条件不真实，但这样简单的计算方法已经被钻井行业广泛接受，且大家认为本方法简单并且得到的是保守的井涌余量。

② 计算机井涌模拟器。

近些年，高级的计算机模拟器成功得到发展。它能够较好地模拟从溢流进入井筒到被循环出井的整个溢流情况。这些模拟器中，数学模拟替换了简单计算方法中的假设条件。

井涌模拟器能够被用来计算井涌余量。它能够预计环空中任一点的最大压力，计算结果也更准确。另外，因为模拟器能够模拟出溢流速度，因此模拟器能够预测在超过井涌余量限定值之前，还有多少时间留给钻机操作人员去关井。所以，模拟器能够用于在各种情况下，直接指示风险等级。

然而，因为其复杂性，仅推荐井涌模拟器在基于简单方法计算的井涌余量受争议的情况下使用。

（2）计算步骤。

下面要讲的是一种简单计算方法。该方法计算关井时最大允许的溢流体积。该方法考虑两种情况：

① 最开始关井时，溢流在井底；

② 溢流顶端被转移到了裸眼薄弱地层。

步骤如下。

① 估计安全系数，用于计算井口环空最大容许压力。

当排除溢流时，会在井筒产生额外压力。下面是在循环时，一些可能产生额外压力的因素：

（a）节流操作错误（受操作条件、操作者经验等因素影响）；

（b）环空摩擦压降（与井眼尺寸、钻井液性能有关）；

（c）节流管线压力损失（主要针对钻井船）。

安全系数由这些额外压力总和决定。钻井工程师应根据自己的判断决定最合适的安全系数。

② 计算井口环空最大允许压力（不压裂薄弱地层）。

$$p_{\text{amax}} = p_{\text{f}} - 0.00981 \times \rho_{\text{mud}} \times H_{\text{weak}} - SF \qquad (5.1)$$

式中　p_{amax}——井口环空最大允许压力，MPa；

ρ_{mud}——井筒钻井液密度，g/cm³；

p_f——裸眼薄弱地层的破裂压力，MPa；

SF——安全系数，MPa；

H_{weak}——裸眼薄弱地层的垂深，m。

可以看出，p_{amax}是由裸露薄弱地层的破裂压力决定。只考虑了从薄弱点到地面全是钻井液柱的情况（比如侵入流体还都在薄弱点以下时）。如果侵入流体比较轻（比如说气侵），占据了薄弱点以上的环空，那么地面压力高于p_{amax}就可能不会导致井下失效。因此，从侵入流体顶端运移到裸眼薄弱地层上方后，不再考虑p_{amax}，并且最大允许环空压力（MAASP）可能会增大，这应该由套管的强度、防喷器的压力等级及节流管汇决定。

③计算裸眼段最大允许侵入流体高度。

$$H_{max} = \frac{p_{amax} - \left(p_{pore} - 0.00981 \times \rho_{mud} \times TVD_h\right)}{0.00981 \times (\rho_{mud} - G_i)} \quad (5.2)$$

式中　H_{max}——最大允许侵入流体高度，m；

G_i——侵入流体当量密度，g/cm³；

p_{pore}——地层孔隙压力，MPa；

TVD_h——裸眼井段垂深（到钻头），m。

④计算最初关井时允许的最大溢流体积。

$$V_{bh} = H_{max} \times C_{aBHA} / \cos\theta_{bh} \quad (5.3)$$

式中　V_{bh}——最初关井时允许的最大溢流体积，m³；

C_{aBHA}——BHA环空容积能力，m²；

θ_{bh}——底部井段井斜角，(°)。

如果底部井段是水平的（或超过90°），用于计算的井斜角应该是水平段上方的裸眼段井斜角。井涌余量应该是计算的体积（V_{bh}）加上水平段环空容积。

如果$H_{max}/\cos\theta_{bh}$大于BHA的长度，允许的最大体积（V_{bh}）计算应分为两部分，一部分基于BHA环空容积，另一部分基于钻杆环空容积。

⑤计算溢流顶部在裸眼段薄弱点时的H_{max}和此时的最大允许溢流体积。

$$V_{wp} = H_{max} \times C_{apipe} / \cos\theta_{wp} \quad (5.4)$$

式中　V_{wp}——溢流顶部在裸眼段薄弱点时最大允许溢流体积，m³；

C_{apipe}——裸眼段钻杆环空容积，m²；

θ_{wp}——薄弱点下裸眼段井斜角，(°)。

如果$H_{max}/\cos\theta_{wp}$大于薄弱点下钻杆长度，最大允许溢流体积（V_{wp}）应该分为两部分计算，一部分是基于钻杆环空容积，另一部分是基于BHA环空容积。

⑥将薄弱点处允许的最大溢流体积（V_{wp}）转换为最初关井时体积。

基于波义耳定律，与V_{wp}对应的最初关井时的允许最大溢流体积是：

$$V'_{bh} = V_{wp} \times \frac{p_f}{p_{pore}}$$

（5.5）

式中 V'_{bh}——薄弱点处允许的最大溢流体积转化为最初关井时允许的最大溢流体积，m^3。

⑦ 实际井涌余量应该是 V_{bh} 和 V'_{bh} 中的较小值。

假设一口井的井涌余量计算参数见表 5.1，计算结果见表 5.2 和图 5.1 至图 5.2。

表 5.1 模拟井相关参数

序号	参数	数值
1	井眼尺寸（mm）	311.15
2	裸眼井段垂深（m）	4000
3	套管鞋位置（m）	2695
4	BHA 外径（mm）	203.2
5	BHA 长度（m）	182
6	钻杆外径（mm）	127
7	井筒钻井液密度（g/cm³）	1.6
8	裸眼薄弱地层的破裂压力（MPa）	45.43
9	地层孔隙压力（MPa）	61.94
10	侵入流体当量密度（g/cm³）	0.2
11	底部井段井斜角（°）	0
12	薄弱点下裸眼段井斜角（°）	0
13	安全系数（MPa）	1.52

表 5.2 模拟井井涌余量计算结果

序号	参数	数值
1	井口环空最大允许压力（MPa）	1.61
2	最大允许侵入流体高度（m）	178.83
3	最初关井时允许的最大溢流体积（m³）	7.80
4	溢流顶部在裸眼段薄弱点时最大允许溢流体积（m³）	11.33
5	对应的最初关井时的允许最大溢流体积（m³）	8.31

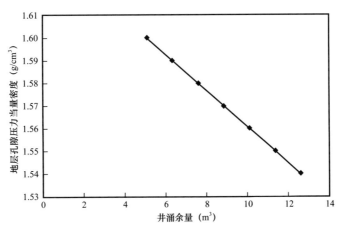

图 5.1　井涌余量随地层孔隙压力变化示意图

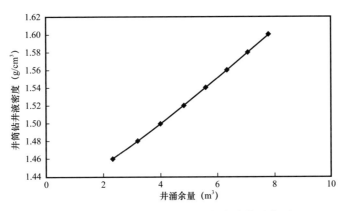

图 5.2　井涌余量随井筒钻井液密度变化示意图

5.2.1.2　考虑关井后侵入气体带压滑脱上升的井涌余量评价方法

进入井内的天然气，在关井状态下是不稳定的，在钻井液中要滑脱上升，其上升速度与钻井液性能、两相流的流型等有关，如钻井液的黏度、切力越小，滑脱越易产生。

关井后侵入气体带压滑脱上升的理论要点是：（1）溢流气体在井底呈连续气柱；（2）气柱依重力分异原理穿过钻井液滑脱上升；（3）井眼是刚性的；（4）气柱带压上升。气体带压上升的示意图如图 5.3 所示。

本方法由于假设天然气在井内不能膨胀，在上升过程中其体积不发生变化，始终保持其在井底时的体积。这样使得天然气的压力在上升过程中也不发生变化，仍保持其在井底时的压力值，即地层压力值。因此，井底、井口和井内各深度所受的压力是随天然气的上升而变化的。当天然气上升至井口时，天然气的压力就加到整个钻井液柱上，作用于全井筒，使井底、井口和井筒各处的压力达到最大。天然气运移而不膨胀对井底压力和井口套压的影响示意图如图 5.3 所示。

当气柱在井底时，井底压力与地层压力相等，等于 35.38MPa。

当气柱升至井眼中部，井口压力已达到了 17.74MPa，其井底压力为 53.02MPa。

当气柱升至井口时，井口压力已达到 35.38MPa，其井底压力为 70.76MPa，为两倍地层压力。

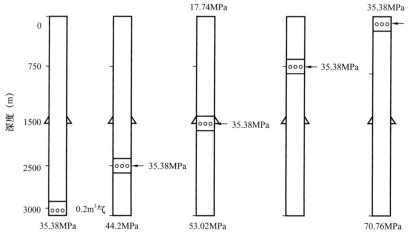

图 5.3 天然气运移而不膨胀时的总压力

事实上，根据侵入气体带压滑脱上升理论，侵入气体在裸眼段带压滑脱的过程中，当气柱压力（等于地层压力）大于裸眼段的薄弱地层时，显然就会压裂地层，也即就没有了井涌余量，因此本方法不符合实际。

5.2.1.3 考虑零钻井液池增量下井涌余量计算方法

在钻井行业中井涌余量定义还未统一，多种说法会导致错误的安全意识。大多可归结为"零增量"，这也被普遍接受。考虑零钻井液池增量下井涌余量定义：井涌余量在井眼中无溢流（零增量）情况下套管鞋处压力完整性测试允许的最大的钻井液相对密度增量。对钻井作业人员来讲，这表示："假设钻井液池无增量，在不压裂套管鞋处薄弱地层的情况下，能将钻井液密度加重多少，可以压井"。经常，零增量这个假设条件不是被误解，就是被忽略。

（1）零钻井液池增量下井涌余量 K_0。

① 确定最大允许关井套管压力 p_{amax}。

$$p_{amax} = \left(\rho_f - \rho_{ex}\right)0.0981H_{shoe} \qquad (5.6)$$

② 对于任意井深，假如井内无溢流，那么根据压力完整性测试得到的最大允许地层压力为 p_{pmax}。

$$p_{pmax} = p_{amax} + p_{hex} \qquad (5.7)$$

③ 若要平衡这个最大允许地层压力，需要的新的钻井液密度为 ρ_n，则：

$$p_{pmax} = 0.00981\rho_n TVD_h \qquad (5.8)$$

④ 由原钻井液密度确定的井筒静液压力为 p_{hex}。

$$p_{hex} = 0.00981\rho_{ex}TVD_h \qquad (5.9)$$

⑤ 由公式（5.7）、式（5.8）、式（5.9）联合得到：

$$0.00981\rho_n TVD_h = p_{amax} + 0.00981\rho_{ex}TVD_h \qquad (5.10)$$

⑥ 由公式（5.10）变形得到：

$$\rho_n - \rho_{ex} = p_{amax} / (0.00981TVD_h) \qquad (5.11)$$

因此，公式（5.11）定义了在零钻井液池增量的情况下的井涌余量 K_0：

$$K_0 = p_{amax} / (0.00981TVD_h) \qquad (5.12)$$

式中　K_0——零钻井液池增量的情况下的井涌余量，g/cm^3；

　　　p_{amax}——最大允许关井套管压力，MPa；

　　　p_{pmax}——最大允许地层压力，MPa；

　　　p_{hex}——井筒静液压力，MPa；

　　　ρ_f——套管鞋处破裂压力当量钻井液密度，g/m^3；

　　　ρ_{ex}——目前井筒钻井液密度，g/m^3；

　　　ρ_n——要平衡这个最大允许地层压力所需的新的钻井液密度，g/m^3；

　　　H_{shoe}——套管鞋处井深，ft；

　　　TVD_h——井深，ft。

（2）气侵情况下井涌余量计算。

假设：气体从井筒底部侵入，侵入形式为弹状流，并在循环过程中保持为弹状流。

气侵导致套管压力增量为 p_{cinc}：

$$p_{cinc} = \left[(0.00981\rho_{ex}) - g_i\right]H_i \qquad (5.13)$$

这种情况下井涌余量为 K_{in}：

$$K_{in} = \left[p_{amax} - (0.00981\rho_{ex} - g_i)H_i\right] / 0.00981TVD_h \qquad (5.14)$$

式中　p_{cinc}——气侵导致套管压力增量，MPa；

　　　g_i——气侵压力梯度，MPa/m；

　　　H_i——气侵垂直高度，m；

　　　K_{in}——气侵为连续气柱情况下井涌余量，g/m^3。

以某井为例，计算零增量下的井涌余量，计算参数见表5.3，计算结果见表5.4和图5.4至图5.5。

由图5.4和图5.5可见，零钻井液池增量的情况下的井涌余量随钻井液密度增加而降低，气侵情况下井涌余量随气侵量增大而降低。

表 5.3　模拟井相关参数

序号	已知参数	数值
1	裸眼井段垂深 TVD_h（m）	4000
2	套管鞋位置 H_{shoe}（m）	2695
3	井筒钻井液密度 ρ_{ex}（g/cm³）	1.6
4	套管鞋处破裂压力当量钻井液密度 ρ_f（g/m³）	1.718
5	气侵高度 H_i（m）	100
6	气侵当量密度 ρ_g（g/m³）	0.06

表 5.4　模拟井井涌余量计算结果

序号	计算项	数值
1	最大允许关井套管压力 p_{amax}（MPa）	3.12
2	最大允许地层压力 p_{pmax}（MPa）	66
3	零钻井液池增量的情况下的井涌余量 K_0（g/m³）	0.08
4	气侵为连续气柱情况下井涌余量 K_i（g/m³）	0.04

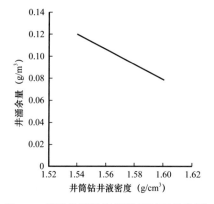

图 5.4　零钻井液池增量的情况下的井涌
余量 K_0 随钻井液密度变化示意图

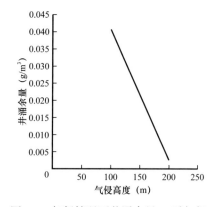

图 5.5　气侵情况下井涌余量 K_i 随气侵
量变化示意图

5.2.1.4　最新井涌余量计算方法

（1）连续气柱理论。

连续气柱理论假设侵入井眼的气体在井底是以连续气柱的形式存在。气柱底部的上升速度等于下面钻井液的速度。气柱上升过程中，由于环空静液柱压力的降低其体积膨胀，体积增大量受 PVT 状态方程的支配。但气体相对于钻井液无滑脱。在气柱上部和下部未受气体污染，这种理论与实际情况相差较大。英国石油公司定义的井涌余量计算方法，是基于连续气柱的理论，井口套压最大值偏大，计算的井涌余量值相对保守。

（2）气液两相流理论。

气液两相流理论是研究侵入气与钻井液混合状态下在井筒中共同流动条件下的流动规律。两相的分布状况多种多样，可以密集分布，也可以分散分布。同时在气液两相中存在气、液相速度的滑脱。流型分布与井眼尺寸、钻井液流变性、侵入气量、井筒压力及温度等参数有关。流型不同，水力学性质不同，传质与传热机理也不同，这种情况下计算的井涌余量更接近实际情况。

具体计算方法：

① 当地面气侵量一定时，得到这时的含气钻井液的运移长度 L，计算含气钻井液的含气率 H_g，从而得到混合液柱的密度 $\rho_{mix}=\rho_g H_g+(1-H_g)\rho_{mud}$；

② 计算套管鞋处所承受的压力 $p_{shoe}=\rho_{mud}H_{shoeg}+\rho_{mix}(H_{shoe}-L)g+p_c$；

③ 计算套管鞋处的井涌余量 $\Delta p=p_f-p_{shoe}$。

根据海上某口井的实际情况，得到表 5.5。

表 5.5　新方法计算的井涌余量

地面溢流体积（m³）	井型	套管鞋深度（m）	套管鞋处破裂压力当量密度	裸眼段范围	最高地层压力系数	工况	钻井液密度（g/cm³）	井口套压（MPa）	井涌余量（g/m³）	
									连续气柱	两相流理论
0.20	直井	2350.00	2.10	2350～2584	1.95	钻井	1.70	0.10	8.20	9.91
							1.80	0.10	7.05	7.65
							1.90	0.10	4.81	5.39
						压井	1.95	0.10	3.20	4.16
							2.00	0.10	2.05	3.03
							2.05	0.10	1.20	1.90
		2584.00	2.15	2584～2674	1.98	钻井	1.75	0.10	9.03	10.98
							1.85	0.10	7.45	8.48
							1.95	0.10	5.22	5.98
						压井	1.98	0.10	4.03	5.13
							2.05	0.10	2.45	3.38
							2.10	0.10	1.22	2.13
	水平井	2350.00	2.10	2350～2584	1.95	钻井	1.70	0.10	8.20	9.65
							1.80	0.10	7.05	7.37
							1.90	0.10	4.20	5.09
						压井	1.95	0.10	3.20	4.16
							2.00	0.10	2.05	3.03
							2.05	0.10	1.20	1.90

地面溢流体积（m³）	井型	套管鞋深度（m）	套管鞋处破裂压力当量密度	裸眼段范围	最高地层压力系数	工况	钻井液密度（g/cm³）	井口套压（MPa）	井涌余量（g/m³） 连续气柱	井涌余量（g/m³） 两相流理论
0.20	水平井	2584.00	2.15	2584～2674	1.98	钻井	1.75	0.10	9.03	10.69
							1.85	0.10	7.45	8.17
							1.95	0.10	4.22	5.65
						压井	1.98	0.10	4.03	5.13
							2.05	0.10	2.45	3.38
							2.10	0.10	1.22	2.13
0.60	直井	2350.00	2.10	2350～2584	1.95	钻井	1.70	0.10	8.20	9.96
							1.80	0.10	7.05	7.70
							1.90	0.10	4.20	5.44
						压井	1.95	0.10	3.52	4.22
							2.00	0.10	2.40	3.09
							2.05	0.10	1.48	1.96
		2584.00	2.15	2584～2674	1.98	钻井	1.75	0.10	9.03	11.05
							1.85	0.10	7.45	8.56
							1.95	0.10	5.22	6.06
						压井	1.98	0.10	4.35	5.21
							2.05	0.10	3.15	3.47
							2.10	0.10	2.16	2.22
	水平井	2350.00	2.10	2350～2584	1.95	钻井	1.70	0.10	8.20	9.78
							1.80	0.10	7.05	7.51
							1.90	0.10	4.80	5.24
						压井	1.95	0.10	3.11	4.01
							2.00	0.10	2.08	2.88
							2.05	0.10	1.13	1.74
		2584.00	2.15	2584～2674	1.98	钻井	1.75	0.10	9.03	10.87
							1.85	0.10	7.45	8.36
							1.95	0.10	5.22	5.86
						压井	1.98	0.10	3.90	5.76
							2.05	0.10	2.94	4.50
							2.10	0.10	1.97	3.25

地面溢流体积（m³）	井型	套管鞋深度（m）	套管鞋处破裂压力当量密度	裸眼段范围	最高地层压力系数	工况	钻井液密度（g/cm³）	井口套压（MPa）	井涌余量（g/m³）连续气柱	两相流理论
1.00	直井	2350.00	2.10	2350~2584	1.95	钻井	1.70	0.10	8.20	10.33
							1.80	0.10	7.05	8.09
							1.90	0.10	5.20	5.86
						压井	1.95	0.10	3.84	4.65
							2.00	0.10	2.81	3.53
							2.05	0.10	1.87	2.41
		2584.00	2.15	2584~2674	1.98	钻井	1.75	0.10	9.83	11.48
							1.85	0.10	7.45	9.01
							1.95	0.10	6.22	6.54
						压井	1.98	0.10	4.68	5.70
							2.05	0.10	3.69	3.98
							2.10	0.10	2.68	2.74
	水平井	2350.00	2.10	2350~2584	1.95	钻井	1.70	0.10	8.20	9.70
							1.80	0.10	7.05	7.43
							1.90	0.10	4.20	5.15
						压井	1.95	0.10	3.25	3.92
							2.00	0.10	2.21	2.78
							2.05	0.10	1.02	1.64
		2584.00	2.15	2584~2674	1.98	钻井	1.75	0.10	9.03	10.81
							1.85	0.10	7.45	8.30
							1.95	0.10	4.22	5.79
						压井	1.98	0.10	4.25	4.93
							2.05	0.10	2.98	3.18
							2.10	0.10	1.80	1.92
1.20	直井	2350.00	2.10	2350~2584	1.95	钻井	1.70	0.10	9.20	10.51
							1.80	0.10	7.05	8.29
							1.90	0.10	5.20	6.07
						压井	1.95	0.10	4.36	4.86
							2.00	0.10	3.22	3.75
							2.05	0.10	2.27	2.64

地面溢流体积（m³）	井型	套管鞋深度（m）	套管鞋处破裂压力当量密度	裸眼段范围	最高地层压力系数	工况	钻井液密度（g/cm³）	井口套压（MPa）	井涌余量（g/m³） 连续气柱	井涌余量（g/m³） 两相流理论
1.20	直井	2584.00	2.15	2584～2674	1.98	钻井	1.75	0.10	10.03	11.69
						钻井	1.85	0.10	8.45	9.24
						钻井	1.95	0.10	6.22	6.78
						压井	1.98	0.10	4.95	5.95
						压井	2.05	0.10	3.75	4.23
						压井	2.10	0.10	2.75	3.00
	水平井	2350.00	2.10	2350～2584	1.95	钻井	1.70	0.10	8.20	9.88
						钻井	1.80	0.10	7.05	7.62
						钻井	1.90	0.10	4.20	5.36
						压井	1.95	0.10	3.31	4.13
						压井	2.00	0.10	2.40	3.00
						压井	2.05	0.10	1.48	1.87
		2584.00	2.15	2584～2674	1.98	钻井	1.75	0.10	10.03	11.11
						钻井	1.85	0.10	7.45	8.62
						钻井	1.95	0.10	5.22	6.13
						压井	1.98	0.10	4.45	5.28
						压井	2.05	0.10	3.24	3.54
						压井	2.10	0.10	1.97	2.29

5.2.2 基于关井压力恢复曲线确定溢流强度

溢流强度可以定义为单位时间内气体的溢流量。溢流强度的判断方法为关井压力恢复法，即利用图5.6关井套压恢复曲线，可以粗略判断井底压力与地层压力间的负压差大小及储层系数大小，从而判断溢流的强度。

判断流程如下。

（1）判断负压差（地层压力）大小。

关井后立压、套压大小直接反映的是井底压力与地层压力间的负压差大小；间接反映地层压力大小。

（2）判断储层系数的大小。

① 关井后十几分钟，立压、套压恢复曲线能够出现平稳段，可认为是高储层系数地层；

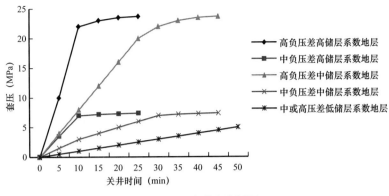

图 5.6 溢流强度分析图

② 关井后 40min 以内，立压、套压恢复曲线能够出现平稳段，可认为是中储层系数地层；

③ 关井后 80min，立压、套压恢复曲线尚未出现平稳段，可认为是低储层系数地层。

应当注意的是，对于同样渗透率的气层：

① 关井越早，环空内含气越少；

② 由于井储影响，环空内含气越少，立压、套压恢复曲线平稳段出现得越早；

③ 关井晚，井越深，环空含气越多；

④ 对于高压高储层系数气侵，应注意检查圈闭压力。

（3）判断溢流强度。

① 对于低欠平衡程度（小负压差）、低储层系数的目标井，溢流控制安全；

② 对于低欠平衡程度（小负压差）、中储层系数的目标井，溢流控制安全；

③ 对于低欠平衡程度（小负压差）、高储层系数的目标井，溢流控制有一定风险；

④ 对于中欠平衡程度（中负压差）、低储层系数的目标井，溢流控制安全；

⑤ 对于中欠平衡程度（中负压差）、中储层系数的目标井，溢流控制有一定风险；

⑥ 对于中欠平衡程度（中负压差）、高储层系数的目标井，溢流控制风险较大，难度较大；

⑦ 对于高欠平衡程度（大负压差）、低储层系数的目标井，溢流控制有一定难度；

⑧ 对于高欠平衡程度（大负压差）、中储层系数的目标井，溢流控制风险很大，难度较大；

⑨ 对于高欠平衡程度（大负压差）、高储层系数的目标井，溢流控制风险和难度都非常大。

由此可见，对于不同地层，溢流强度是存在很大区别的。

对于相同储层渗透率、储层厚度的情况，溢流强度与负压差、水平段长度有关：

① 对于小负压差、短水平段长度的目标井，溢流控制安全；

② 对于小负压差、中等水平段长度的目标井，溢流控制安全；

③ 对于小负压差、长水平段长度的目标井，溢流控制有一定风险；

④ 对于中等负压差、短水平段长度的目标井，溢流控制安全；

⑤对于中等负压差、中等水平段长度的目标井，溢流控制有一定风险；

⑥对于中等负压差、长水平段长度的目标井，溢流控制风险较大，难度较大；

⑦对于大负压差、短水平段长度的目标井，溢流控制有一定难度；

⑧对于大负压差、中等水平段长度的目标井，溢流控制风险很大，难度较大；

⑨对于大负压差、长水平段长度的目标井，溢流控制风险和难度都非常大。

基于以上对相同渗透率及储层厚度条件下溢流强度分析，对于长水平段长度的井，如存在溢流、井涌的潜在风险，可以考虑适当加大钻井液密度附加值，但不宜加大过多，应控制在0.2以内。而对于短水平段长度的井，特别是气藏低储层系数井，不建议加大钻井液密度附加值，而应及时采取关井等措施处理，除非有特别需要才可加大钻井液密度。

5.2.3　不同溢流强度的井控策略

5.2.3.1　中低溢流强度的井控策略

（1）关井方式。

中低溢流强度下关井对井口装置的承压能力要求不高，因此建议采用硬关井。

（2）压井策略。

对于水平井而言，根据达西定律，短水平段相对长水平段同样条件下，进气量较小，因此，溢流强度也较小，展示短水平段下溢流期间环空气液两相流动参数分布特点，对压井设计具有重要意义。根据海上某口井的参数，结合多相流流动方程，进行模拟计算得到图5.7至图5.9。

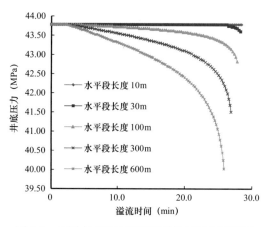

图5.7　不同水平段长度情况下井底压力随时间的变化（井底负压差为4MPa）

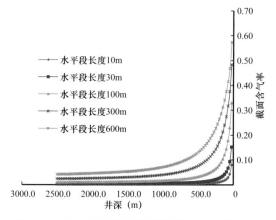

图5.8　不同水平段长度情况下截面含气率随时间的变化（井底负压差为4MPa）

图5.7是不同水平段情况下井底流压随时间的变化规律，模拟水平段长度分别为10m、30m、100m、300m、600m时，进气量分别为0.0023m³/min、0.0066m³/min、0.019m³/min、0.048m³/min、0.085m³/min。在前25min：当水平段长度为10m、30m时，井底流压降低了0.1MPa；当水平段长度为100m时，井底流压降低了0.5MPa；当水平段长度为300m时，井底流压降低了1.2MPa；当水平段长度为600m时，井底流压降低了2.5MPa。当

气侵超过一定的时间后，井底流压变化的速率将会增大，不同的水平段长度这个时间不同。水平段长度越大，这个时间越短。从图5.7可以清楚地看出，在本模拟条件下，这五个水平段长度对应的时间分别是：30min，27min，20min，10min，5min。这主要是因为此时气体已经运移到了距离井口很短的地方，从图5.8也可以看出，水平段长度为10m时，在距离井口100m时，含气率发生剧烈变化；水平段长度为30m时，在距离井口250m时，含气率发生剧烈变化；水平段长度为100m时，在距离井口400m时，含

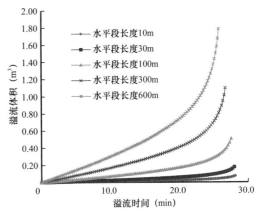

图5.9 不同水平段长度情况下溢流体积随时间的变化（井底负压差为4MPa）

气率发生剧烈变化；水平段长度为300m时，在距离井口700m时，含气率发生剧烈变化；水平段长度为600m时，在距离井口1100m时，含气率发生剧烈变化。由于截面含气率已经超过了使流型发生转变的数值，因此流型发生转变，气体的运移速度变大。随着水平段长度的减小，气体侵入量的减小，在相同的时间内，井底流压降低的幅度减小，气体到达井口的时间增加。

图5.9是不同水平段长度情况下溢流体积随时间的变化规律。针对水平段长度为10m、30m的情况，在气体进入井筒的初期，即气体侵入井筒的25min内，由于水平段长度较短，所以气体进入井筒的速率很低，在前25min内，溢流体积基本是不变的。当时间大于25min后，由于气体在井筒中已经运移到接近井口的位置，截面含气率大于0.08，所以两相流的流型将发生转变，流型发生转变后气体的速度升高，但是由于水平段较短，所以溢流体积仍然不是很大。当水平段长度超过300m后，溢流时间超过25min，地面溢流体积超过1m³。

在30min的时间内，井底流压降低了0.05MPa，溢流体积从0上升到了0.5m³。可以看出，溢流体积虽然一直在变化，但变化的幅度与30m、100m水平段长度相比较小，井底流压同样如此。在超过一定的时间后，溢流体积和井底流压的变化将会增大，这主要是由于井底流压和气体体积膨胀相互作用的结果。但这个时间点和水平段长度较长的案例比较来得较晚，所以有比较充分的时间控制。

从图5.9可以看出，水平段长度为10m的情况，在前25min，井底流压降低了0.05MPa，而在25～30min时，井底流压降低了0.1MPa。从图5.9可以看出，溢流体积增加了0.2m³，而在25～30min时，溢流体积增加了0.5m³。

对于中低溢流强度的井，由于水平段长度较短，气体在很短的时间内进入井筒中的气体较少，并且运移到井口所需的时间比水平段长的井所需的时间多，从图5.9可以看出，由于水平段长度短，井底流压发生较大变化的时间增加，就给工作人员采取压井措施提供了大量的时间，因此对于中低溢流强度的井，水平段较短，出现气侵后给工作人员的时间较多，使工作人员可以采取各种措施，进行溢流压井，提高了钻井的安全性。

（3）压井方法。

对于低溢流强度的气侵，关井立管压力为 0 时，说明井内钻井液柱压力能够平衡地层压力。溢流发生的原因是由于抽汲作用或井壁气扩散等因素使钻井液柱压力降低所致。此时有两种情况出现，套管压力为零和套管压力不为零。

① 套管压力为零时：

这种情况说明环空溢流不严重，溢流体积小，溢流所造成的压力降小于安全附加压力，此时打开防喷器循环就可排除溢流。

② 套管压力不为零时：

这种情况表示溢流体积大，处理方法是：

（a）打开阻流阀，用选定泵速开泵，然后调节阻流阀使套压等于关井套压，并记下此时立管压力；

（b）调节阻流阀，保持立管压力不变，直到溢流流体循环排出井口为止；

（c）停泵，套压、立管压力均为零时压井工作结束。

对于中低溢流强度的气侵，关井立管压力不为 0 时，可采取如下方法。

① 井内钻具组合完整时，优选常规压井方法。

可采用司钻法进行压井。这种方法通常至少需要循环两周。第一循环周用原来密度的钻井液循环排除环空中的溢流液体和受污染的钻井液。待加重钻井液配好后，第二循环周泵入加重好的钻井液，压井过程中保持井底压力略大于地层压力（图 5.10）。

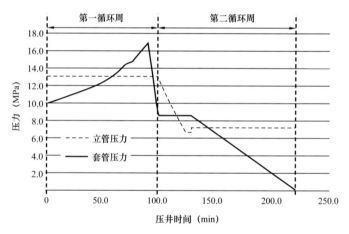

图 5.10　司钻法压井立压及套压变化曲线

压井施工程序如下。

（a）发生溢流后，停泵用正确的程序关井。

（b）待井口压力稳定后（10～15min），准确记录关井钻杆压力、套管压力和循环池钻井液增量。

（c）检查钻杆是否有圈闭压力。

（d）第一循环周（排出井内受污染的钻井液）。

（ⅰ）缓慢开泵注入原钻井液，调节节流阀使套压等于关井套压；

（ⅱ）调整泵速达到压井排量，调节节流阀使立管压力等于初始循环的立管压力 p_{Ti}，保持立管压力等于 p_{Ti} 不变，直到替换出井内全部钻井液；

（ⅲ）停泵，并关闭节流阀，此时套压等于关井立管压力值。

（e）停泵关井，记录当时新的套管压力。

（f）根据计算出来的压井液密度，配备好所需压井液。

（g）进行第二循环周压井（用重钻井液将原来的钻井液替出）：

（ⅰ）缓慢开泵，调节节流阀保持套压等于第一循环周后的关井套压；

（ⅱ）调节泵速使排量等于压井排量，此时的立管压力接近初始循环立管压力 p_{Ti}；

（ⅲ）调节节流阀，使立管压力在重钻井液由井口到达钻头的 t_d 时间内由初始循环立管压力 p_{Ti} 降到终了循环立管压力 p_{Tf}；

（ⅳ）在重钻井液从井底返至地面的时间 t_a 内，调节节流阀，保持立管压力始终等于 p_{Tf} 不变。当压井液返至井口时，套压降为零，压井结束。

（h）停泵，当钻杆压力和套管压力为零时，打开防喷器恢复正常情况，压井作业结束。

② 采用工程师法，这种方法是发生溢流或井喷后先关井，待压井液加重好后，用一个循环周完成压井作业（图 5.11）。具体施工步骤是：

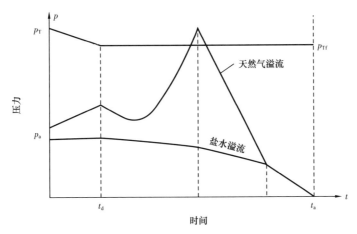

图 5.11　工程师法压井立压及套压变化曲线

（a）发现溢流后，用正确程序关井；

（b）待井口压力稳定后（10～15min）记录关井钻杆压力、关井套管压力和循环池钻井液增量；

（c）计算压井所需压井液密度，并进行配置；

（d）计算有关数据，填写压井工作卡；

（e）按以下程序进行施工；

（f）开泵，泵速开到压井泵速，调节阻流阀，使套压等于关井套压，这时钻杆压力为初始循环压力 p_{Ti}；

（g）泵入压井液，调节节流阀使立管压力在 t_d 时间内由初始循环立管压力 p_{Ti} 降到终

了循环立管压力 p_{Tf}；

（h）在压井液从井底返至地面的时间 t_a 内，调节节流阀，保持立管压力始终等于 p_{Tf} 不变，当压井液返至井口时，套压降为零，压井结束。

③ 井内无钻具压井时，由于溢流强度小，对井口承压要求不高，可强行下钻到井底，然后采用常规方法压井。

5.2.3.2 高溢流强度的井控策略

（1）关井方式。

发生高溢流强度的气侵时，若采用硬关井方式将会使井内喷出的地层流体的速度骤然变为 0，而产生"水击"，使井口装置、套管和地层所承受的压力急剧增加，甚至超过井口装置的额定工作压力、套管抗内压强度和地层破裂压力。若井口装置承压能力较高，建议采用硬关井；若承压能力较低，则采用软关井。

（2）压井策略。

当水平段长度一定时，储层系数一定，根据达西定律，井底负压差越大，气体侵入量越大，溢流强度越高，井控难度越大。为了展示该情况下溢流期间环空气液两相流动参数变化特点，以便于压井控制，根据海上某口井的参数，结合多相流流动方程，进行模拟计算得到图 5.12 和图 5.13。

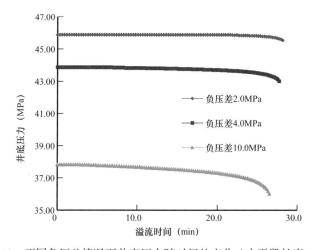

图 5.12　不同负压差情况下井底压力随时间的变化（水平段长度 100m）

图 5.12 是在不同负压差情况下井底流压随时间的变化规律，模拟负压差分别为 2MPa、4MPa、10MPa 时，进气量分别为 0.0098m³/min、0.019m³/min 和 0.045m³/min。从图 5.12 中可以看出，溢流时间为 25min 的情况下，当压差为 2MPa 时，井底流压降低了 0.1MPa；当压差为 4MPa 时，井底流压降低了 0.5MPa；当压差为 10MPa 时，井底流压降低了 1.5MPa，也即井底流压已有明显降低。当超过 15min 后，井底流压变化的速率既随时间变化较快，又随不同负压差变化较大。这主要是因为此时气体已经运移到了距离井口很短的地方，由于截面含气率已经超过了使流型发生转变的数值，因此流型发生转变，流型发生转变以后，气体的运移速度变大。

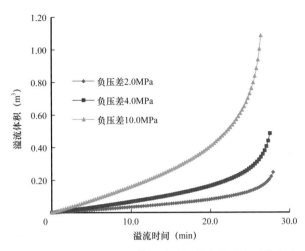

图5.13　不同负压差情况下溢流体积随时间的变化（水平段长度100m）

从图5.12中还可以看出，随着负压差的减小，气体侵入量的减小，在相同的时间内，井底流压降低的幅度减小，气体到达井口的时间增加。

图5.13是模拟出的负压差和溢流体积随时间的变化规律。从图5.13中可以看出，在气体进入井筒的初期，即小于25min的情况下，负压差为2MPa及4MPa情况下，溢流体积变化了0.5m³，而负压差为10MPa情况下，溢流体积变化了1.0m³。此时溢流体积的变化主要是由于气体侵入量的变化。随着负压差的增加，溢流强度在增加。在10～25min期间，一方面气体膨胀导致溢流量增加，另一方面气体侵入井眼后井底压力降低使得井底负压差增大，气体侵入量将明显加大。25min后，气体侵入量剧烈增大，这是由于环空上部气液两相流中从段塞流转变到搅拌流，使得气体上升的速度大幅度增加所致。气体速度增加，因此在相同的时间内，气体在井筒中上升高度增加，从而导致井底流压发生的变化增大，根据达西定律，气体的侵入量和负压差是线性的关系，所以此时气体的侵入量将发生很大的变化，在几分钟内，气体的侵入量将成倍地增加。气体侵入量的增加，反过来将导致井底流压的降低，从而继续使气体侵入量增加，这是一个恶性循环的过程。因此可以看出，在本次模拟的参数条件下，必须在溢流量不高情况下就开始采取压井控制措施。否则，当溢流超过2.0m³后再控制，将会大大增大控制的难度。因此及早采取措施控制溢流是非常重要的。

对于水平段长度较长及负压差较大的井，气体在很短的时间内将大量进入井中，并且运移到井口所需的时间随着进气量的增大而减小，在本次所模拟的条件下，气体在30min左右就可以运移到井口，如果在地面溢流体积达到2.0m³前采取压井措施，就可以提高井控成功的概率。

（3）压井方法。

① 井内钻具组合完整时，优选常规压井方法，采用时间较短的工程师法或者边加重边循环法。

边循环边加重压井液密度是按照一定的进度逐步提高压井液密度，计算出钻杆内钻井液每提高0.01g/cm³时，钻杆压力下降多少，计算出钻井液从地面到达钻头所需泵冲数、初始循环压力以及钻井液从原密度达到压井液密度时的最终循环压力等数据，施工时按这些数据控制钻杆压力。当压井液充满钻杆时，钻杆压力降到最终循环压力，然后保持钻杆压力不变，直到环空完全充满压井钻井液，溢流流体全部排出井口，压井作业结束。该方法的优点是等候时间较少，允许大幅度连续逐步增加钻井液密度。但计算比较复杂，长时间的压力循环，施工比较难控制。只有当储备的高密度钻井液与所需压井液密度相差较大时，要加重调整，且井下情况需及时压井时才采用此法。

② 井内无钻具压井，采用压回法、置换法等压井方法。

第6章　安全井控方法

目前关于井喷的规程标准比较多，但是，在发生井喷之后，如何防止井喷失控较少。从防止井喷失控的角度提出了四大硬件系统，明确井喷失控的七个环节及三个作法，并给出了防止井喷失控的安全井控的设计要点。

6.1　安全井控的七个环节及三个作法

防止井喷失控需要四大硬件系统，一是，防喷器安全可靠，保证井涌、井喷时关井有效；二是，节流装备可靠，保证压井过程既可放喷又可以提供足够的回压平衡地层压力；三是，压井相关装备可靠，可以保证压井液有效向井下传递；四是，井眼力学完整性，保证压井过程不压漏地层及憋裂套管。防止井喷失控的四个硬件系统如图6.1所示。

6.1.1　明确引起井喷失控的七个环节

（1）防喷器组失效；

（2）钻柱及钻井泵管路泄漏；

（3）节流管汇及其控制装置失效；

（4）压井管路失效；

（5）套管承压不够；

（6）地面防爆系统存在缺陷；

（7）关井与压井过程损坏井控装备。

图 6.1　防止井喷失控风险的四个硬件系统

6.1.2 明确防止井喷失控的三个作法

（1）要确保上述四个硬件系统处于良好状态；

（2）要防止油气溢出后产生爆炸着火；

（3）在关井及压井过程中要保证使得原本良好的四个硬件系统继续良好。

6.2 安全井控设计要点

从地面井控装备、井眼完整性和压井施工等方面研究了防止井喷失控对策。得出现有的 SY/T 6426—2005《钻井井控技术规程》主要是防止井喷发生的规程，对防止钻井井喷失控的规程很少，故作以下修改和完善。

6.2.1 防止井喷失控的设计原则

（1）尽管井喷失控概率小，但是其危害巨大，杜绝井喷失控应该是钻井工作者的天职，因此应将防止井喷失控作为钻井设计的一节内容。

（2）针对实际油藏及油井特征，钻井设计内容应该包括不放过任何可能导致井喷失控的细节，没有侥幸心理。

（3）不同的油藏及油井，影响井喷失控的因素差异较大，钻进设计需要体现油藏及油井特征，而不是千篇一律。

6.2.2 确认防喷器系统安全可靠

按照检查流程图 6.2 和检查表 6.1 所要检查的内容，对防喷器各个组成部分，以及安装方式等逐一进行检测，确保防喷器系统的功能和安装方式可靠。对防喷器新旧和腐蚀程度进行检测，并记录在案，确保其安全可靠。

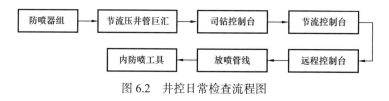

图 6.2　井控日常检查流程图

表 6.1　井控日常检查流程表

序号	设备名称	检查要点	检查结果		
			非常好	好	中
一	防喷器组	（1）防喷器是否按设计要求的组合、压力级别及尺寸配备			
		（2）防喷器主体是否固定牢固，安装方向是否正确，有无偏磨现象			
		（3）套管头、双公升高短接连接是否紧固、密封			
		（4）各处螺栓连接是否紧固			

序号	设备名称	检查要点	检查结果		
			非常好	好	中
一	防喷器组	（5）液控管线流程是否合理，密封是否良好			
		（6）手动操作杆的安装与固定是否符合要求			
		（7）防喷器是否处在正确的开关位置			
		（8）防护伞安装使用是否符合要求			
		（9）卫生清洁情况			
二	司钻控制台	（1）是否连接畅通，位置是否合适			
		（2）压力是否与远程控制台一致			
		（3）各处连接牢固、密封情况			
		（4）各换向阀手柄是否处于正确位置			
		（5）司钻控制台的卫生情况			
三	远程控台及液控管线	（1）液控台是否按设计配置			
		（2）蓄能器、管汇、环形压力是否符合规定			
		（3）电源是否专线，房内照明是否良好			
		（4）电源、气源是否畅通，电管缆、气管缆走向是否合理			
		（5）"主令开关"是否处于"自动"位置			
		（6）各换向阀手柄是否处于正确位置			
		（7）各液压、气压管线连接是否牢固，密封是否良好			
		（8）液压油量是否充足			
		（9）电泵、气泵工作情况			
		（10）油雾器内润滑油量及分水滤气器内积水情况			
		（11）全封闸板换向阀手柄是否有限位装置			
		（12）液控管线是否有漏、渗情况			
		（13）液控管线是否架离地面，过道处是否采取保护措施			
		（14）远程控制台放置的位置是否合适			
		（15）远程控制台周围环境、人行通道情况			
		（16）远程控制台的卫生情况			
四	放喷管线	（1）放喷管线流程及固定是否符合要求，所用钻杆公、母端是否正确，转弯夹角不小于120°			
		（2）钻井液回收管线流程及固定是否符合要求			
		（3）出口距井口距离是否符合要求，出口前是否有障碍物			

序号	设备名称	检查要点	检查结果		
			非常好	好	中
五	内防喷工具	（1）钻台上是否有与钻杆扣相符的钻具止回阀或旋塞阀接头			
		（2）跑道上是否有防喷钻杆单根（可连接钻铤）			
		（3）方钻杆是否接有旋塞阀			
		（4）旋塞阀扳手是否完好并放于合适位置			
		（5）旋塞是否能顺利打开和关闭			

6.2.3 确认节流压井管汇系统安全可靠

按照检查流程图 6.2 和检查表 6.2 所要检查的内容，对节流压井管汇各个组成部分，以及安装方式等进行检测，确保节流压井管汇的功能和安装方式可靠。对节流压井管汇新旧和腐蚀程度进行检测，并记录在案，确保节流压井管汇安全可靠。

表 6.2 节流压井管汇井控日常检查流程表

序号	设备名称	检查要点	检查结果		
			非常好	好	中
一	节流压井管汇	（1）管汇是否按设计配备			
		（2）各闸阀编号是否正确、齐全完好，是否处在正确的开关位置			
		（3）配置是否齐全，连接是否牢固			
		（4）管汇的畅通情况			
		（5）压力表无破损，有检验合格证，在有效期内，表盘正对井架底座方向			
		（6）管汇及周围的卫生清洁情况			
二	节流控制台	（1）气源是否畅通，泵工作情况是否良好			
		（2）液压油量是否充足，各油路、气路连接密封情况是否良好			
		（3）节流阀开度指示是否准确，换向阀的灵活和复位情况			
		（4）泵冲、泵压传感器、计数器工作是否正常			
		（5）卫生情况			

6.2.4 确认套管安全可靠

严格按照井身结构设计标准设计套管层次和强度，并通过试压等方式确保套管强度安全可靠，对于腐蚀比较严重的井区，通过必要手段检测套管的腐蚀情况，并记录在案，确保套管安全可靠。

6.2.5　基于油气藏井控风险级别给出防井喷失控可靠性评价

（1）地层压力。

地层压力大小是选择井控设备的主要因素，地层压力越高，选择的井控设备级别越高，井控的风险也越高。因此，对于地层压力高的区块应特别注意井控设备的选择。

（2）地层流体。

地层流体性质是决定井喷失控大小的主要因素之一，特别对于气藏和气油比较高的油藏，井控的风险越大。因此，对于气藏和气油比高的油藏应特别注意防着火防爆功能的设计，高含硫油气藏应特别注意井控设备的防硫特性。

（3）地面环境。

地面环境决定着井喷失控的危害程度，如果钻井井场距居民区距离较近，井喷失控后造成的危害就越大。对于离居民区较近的井场，对井控设备等的检测应该加强。

（4）不同钻井工况。

不同钻井工况下，井喷失控的危害是不同的。钻进期间发生井喷，由于可以建立正常循环，风险较小。如果起下钻过程中发生井喷，压井循环的压井液无法循环到井底，压井困难，井控风险较大。

开钻前，对所用的钻井人员进行培训，明确油藏钻井井控风险级别。从地层压力、流体性质、油藏孔渗特征和井型井别等方面出发对钻遇的油气藏的风险进行分级，对不同的级别要区别对待。

6.2.6　确保井控过程井控设备安全可靠

（1）确保发生溢流井喷时防喷器系统安全可靠。

防喷器可以通过手动、司钻控制台和远程控制台进行关闭。对其要定期进行检查和活动，确保其安全有效。

（2）确保发生溢流井喷时节流压井系统可靠。

节流压井阀可以通过手动、司钻控制台和远程控制台进行关闭。对其也要定期进行检查和活动，确保其安全有效，并由压井技术人员准确控制节流速度，防止压井过程损坏节流阀。

6.2.7　技术与管理队伍

技术和管理队伍直接决定着井控设备的操作水平，关系着井控设备在关键时刻是否可以起到应有的作用。

6.2.7.1　Ⅰ类风险井区

（1）作业井由具备中国石油天然气集团有限公司甲级资质的钻井队负责实施。

（2）配备科长级井控技术专家作为现场主要井控技术负责人，该井控技术专家应具有一定应急救援技术，负责制订单井详细井控措施并监督实施。若发生溢流、井涌或井喷等紧急情况，技术专家应立即制订应对措施，并指导现场人员进行抢险作业。

（3）配备齐全的应急抢险物资和装备，非应急情况不准动用。

（4）应建立事故应急管理体系。

6.2.7.2　Ⅱ类风险井区

（1）由具备中国石油天然气集团有限公司乙级以上（含乙级）资质的钻井队负责实施。

（2）井队现场配备工程师级井控技术负责人，负责制订单井详细井控措施并监督实施。若发生溢流、井涌或井喷等紧急情况，应立即制订应对措施，并组织人员进行抢险施工。

（3）配备齐全的应急抢险物资和装备，非应急情况不准动用。

（4）应建立事故应急管理体系。

6.2.7.3　Ⅲ类风险井区

（1）由具备中国石油天然气集团有限公司丙级以上（含丙级）资质的钻井队负责实施。

（2）井队现场配备工程师级井控技术负责人，负责制订单井详细井控措施并监督实施。若发生溢流、井涌或井喷等紧急情况，应立即制订应对措施，并组织人员进行抢险施工。

（3）配备齐全的应急抢险物资和装备，非应急情况不准动用。

（4）应建立事故应急管理体系。

6.2.8　"四、五"关井动作

在钻井过程中，明确是溢流时，为了减少溢流量应该采取"四、五"关井操作程序，采用"硬关井"方式关井。其四种工况的关井动作如下。

（1）钻进中发生溢流。

① 发：发出信号。发现溢流后，迅速通知司钻，司钻立即发出长笛信号。

② 停：停转盘，停止钻进。司钻摘掉转盘离合器，停止钻进，夜间打开探照灯。

③ 抢：抢提钻具。司钻上提钻具并停泵，使方钻杆下第一根钻杆的内接头提离转盘面 0.3～0.5m。

④ 关：关防喷器。先关环形防喷器，后关半封闸板防喷器。

⑤ 看：观察并记录套管压力、立管压力、循环池钻井液的增减量。

（2）起下钻杆中发生溢流。

① 发：发出信号。发现溢流后，迅速通知司钻，司钻立即发出长笛信号。

② 停：停止起下钻作业，将井内钻具平稳坐于转盘。

③ 抢：抢接钻具止回阀或旋塞阀。连接钻具止回阀或旋塞阀并紧扣后，上提钻具使内接头离转盘面 0.3～0.5m。

④关：关防喷器。先关环形防喷器，后关半封闸板防喷器。

⑤看：观察并记录套管压力、立管压力，循环池钻井液的增减量。

（3）起下钻铤中发生溢流。

①发：发出信号。发现溢流后，迅速通知司钻，司钻立即发出长笛信号。

②停：停止起下钻铤作业，将井内钻具卡紧后平稳坐于转盘。

③抢：抢接带钻具止回阀或旋塞阀的钻杆。连接钻杆并紧扣后，下放钻具使内接头离转盘面 0.3～0.5m。

④关：关防喷器。先关环形防喷器，后关半封闸板防喷器。

⑤看：观察并记录套管压力、立管压力、循环池钻井液的增减量。

（4）空井发生溢流。

①发：发出信号。发现溢流后，迅速通知司钻，司钻立即发出长笛信号。

②停：停止其他作业。

③抢：抢下带钻具止回阀或旋塞阀的钻杆，下放钻具使内接头离转盘面 0.3～0.5m。

④关：关防喷器。先关环形防喷器，后关半封闸板防喷器。

⑤看：观察并记录套管压力、立管压力、循环池钻井液的增减量。

6.3 安全井控的其他要点

6.3.1 预防控制井喷最敏感的几个参数

在预防及控制溢流、井喷的工作中，早期溢流监测、溢流关井起始时间以及安全持续关井时间等参数对能否避免井控事件升级具有决定性意义，通过控制这些敏感性较强的几个关键节点可以更安全有效地进行井控操作。

如果以下工作做得非常好，虽然溢流能够发生，但是井喷事故几乎可以避免。

（1）早期检测溢流——溢流量小于 $1m^3$ 能够准确检测到。

①如果是低渗透油气藏，溢流量小于 $1m^3$ 能够准确检测到，可能会出现地层侵入井筒的油气已经进入环空很长的距离，然而 $1m^3$ 地层流体在井筒中一般对井底流压影响不是太大，除非是浅气层。这种情况关井压井风险都不太大。

②如果是中高渗透油气藏，溢流量小于 $1m^3$ 能够准确检测到，地层侵入井筒的油气进入环空的距离较短，也即地层流体在井筒的中下部，同样 $1m^3$ 地层流体在井筒中下部一般对井底流压影响不是太大，除非是浅气层。这种情况关井压井风险都不太大。

（2）溢流关井起始时间——早期发现溢流 3～5min 能够关井。

在钻井过程中要做到关井及时果断。一旦发现井涌，关井愈迅速，井涌量就越少，复杂情况发生的概率就越低。关井动作通常是司钻负责，必须反应迅速，行动果断。通常关井需要多人配合，全队人员必须熟练他们的操作，并且做到以下几点：钻井工况有变化时，要及时讨论关井的程序；发现井涌时，关井要求行动果断；井涌越小，就越容易控制；全队人员必须知道他们的任务，并且具有整个井控作业一般知识；关井程序要考虑多种因素，只考虑一种情况是不够的；关井之后要及时作出正确判断，进行后续处理。如果发现溢流 3～5min 能够关井，诱发事故概率大幅度减少。

（3）安全持续关井时间——关井期间控制不能诱发井漏或地面装备损坏。

关井持续时间长短也可能引发复杂井况的发生，其中最主要的考虑因素就是压裂地层。井涌或溢流发生后进行关井，已经进入井筒中的气体会发生向上运移现象，气体带压上升，会发生压力超过地层破裂压力进而出现井漏的情况，另外也可能出现套管鞋破裂。在关井期间，如果发生井漏，其结果会发生地下井喷，如果发生在浅层或是地表裂开，将造成无法控制的地面井喷，通常的结果是钻机毁掉和人员伤亡。

安全的关井持续时间和关井动作必须建立在对设备、套管固井质量和地层参数的充分了解基础上。要做到：下套管后进行地层试漏试验，掌握最大允许关井套压，正确预测气泡运移速度，实时了解井底压力变化。

6.3.2　预防控制井喷主要技术人员必须具备的基本素质

即使技术与装备再可靠，如果技术人员出现严重问题，将会演变为井喷事故。

在环境条件确定的条件下，人相对于井控装备来说具有极大的不稳定性和随机性。世界油气开采主要国家及其从事油气井开发界学者在对井控事故原因进行统计分析发现，从井控事故致因中各影响因素的比例来看，人为因素在井控事故致因中占很大比例。

人为因素对井控安全的影响涉及诸多方面。各个因素之间相互作用和影响，决定了在分析该问题时不能孤立地研究某一方面，而要用系统的方法来分析其中存在的各种潜在危险因素和相互影响。

（1）对本井熟悉井控风险及其影响因素。

熟悉井控风险的影响因素，例如压力与地层产能、压力与地层流体、孔渗、地层温度、产出能力、压力与地层的未知性、压力与人员素质、压力与井控装备等对井控风险的影响。

（2）熟悉本井出现井控问题可能用到的压井方法及抢险方法。

熟悉本井可能使用到的压井方法的流程以及注意事项，遇到险情时能够很好地处理。

（3）在可能钻遇目的层段具有"警钟长鸣"的准备。

进入目的层，随时都有溢流井喷发生的可能性。在本段施工作业，需要高度警惕。

6.3.3　预防控制井喷主要管理人员必须具备的基本素质

即使技术、装备与技术人员都没问题，如果井控管理人员出现严重问题，将会演变为井喷事故。

钻井中重要岗位工作人员的行为对井控安全的责任越来越大，因此由人员素质所引发的井控风险也越来越复杂，涉及的内容也比较多。

（1）对本井熟悉井控风险及其影响因素。

管理人员首先应该对本井的风险级别进行评定，然后根据风险级别制订相应的应急预案。要在抓好"三高井"井控工作的同时高度重视浅气层、低压低渗透油气田及老区调整井的井控工作。特别是浅气层，本性活跃，一旦发生溢流，发展为井喷的速度快、来势猛、反应时间短、控制难度大且极易着火。

（2）熟悉当班技术人员应对井控能力及其可靠性。

强化井控培训工作，切实提高员工的井控意识和技能，遏制井喷事故。按照"理论合格、操作过硬、实战实用"三位一体的思路，重点抓好基层井分队长、技术员、班组长的井控知识和实际技能培训，提高风险识别和果断处置能力，强化基层班组的应急操作技能。

（3）熟悉应急救援的动用机制。

管理者应该熟悉不同类型井喷的应急预案。应急预案内容应该详细、齐全，要充分考虑周边地区相关方造成的危害，与当地政府、周边相关方建立预警救援机制，并按规定搞好应急预案培训和演练。

6.3.4 地层压力与地层破裂压力相近的井控技术需要加强

目前对于地层压力与地层破裂压力相近的井控技术还非常不成熟，而许多恶性井喷事故多源于此类情况。

窄窗口钻井问题广泛存在于我国西部油田和深水、深部复杂地层，是造成海上、陆上和深井、高温高压井等钻井周期长、事故频繁、井下复杂的主要原因，已成为影响和制约石油勘探开发进程与钻井施工的技术瓶颈。

6.3.5 钻井施工作业要充分体现防止恶性的井喷失控要点

在钻井施工作业过程，既要体现井控设计的内容，同时要在作业中体现在施工各个环节，同时还需要应付可能遇到的突发事件。

（1）井口回压变化特征分析。

井口回压在现场可以很方便地测量，气体侵入时，循环摩阻和静液柱的变化都是通过井口回压显示的，对井口回压变化规律的研究，可以间接反映气体侵入量大小和到达位置。

（2）套管压力调节。

现场一次压井作业中大都是有经验的钻井工程师进行调节节流阀以控制回压，通过控制回压使得环空井底压力能够平衡地层压力，从而控制溢流、井喷事故的发展。套管压力加上套管摩阻压力加上环空液柱压力等于井底压力，立管压力加上立管液柱压力减去立管摩阻压力等于井底压力，在压井过程中摩阻压力损失很小，不起主导作用。因此压井过程中套管压力的调节就成了问题的关键。现场钻井工程师是根据经验来调节节流阀的，这就大大降低了节流阀的精度。一旦调节的节流阀阀位过小使得套压小于所需的套压，使得地层流体压力不断侵入，则可导致一次压井作业失效。如果阀位过大，井底压力大于井底地层压力，很可能将地层压裂，将钻井液压入裂缝，一旦压裂地层，地层流体有可能在短时间内侵入井底，反而使得一次压井作业失效，形成恶性循环。

（3）预防井控设备失效。

对清溪 1 井和罗家寨 2 井井喷失控的现场施工原因进行分析后发现，清溪 1 井是由于表层套管承压能力低影响了压井参数控制，并最终影响井控效果；罗家寨 2 井是由于套管破损导致井眼不完整。

6.3.6 钻遇目的层段（含浅气层）将意味着已经进入全体行动应对安全高效井控工作

（1）井喷事故大概率发生在目的层段（含浅气层）；

（2）井喷事故发生属于小概率事件，使得大家忽视井喷风险；

（3）安全生产意识又格外强化大家全程高度重视井喷事故；

（4）十分强调钻遇目的层段（含浅气层）杜绝诱发溢流井喷的各种因素将是简单且重要的事情；

（5）2003 年的重庆"12·23"井喷事故（岗位落实则不会造成井喷）、2010 年的美国墨西哥湾井喷溢油事故（及时发现溢流，及时采取井控措施不会发生井喷溢油，尽管固井质量不好）等就是在目的层段缺乏井控意识造成的。

6.3.7 安全高效井控是各项单因素都正常才能得到严格的保障

（1）应该十分重视井控高风险井，如："三高"气井；高压、高渗、高气油比的油井；探井；调整井；地破压差接近的井；含酸性气体的井；深水井等。此类井一旦发生井喷失控，将会诱发恶性事故。

（2）非高风险井恶性井喷事故比例仍然很高，因此应该注意随便一口井发生井喷都可能诱发恶性事故。因为随便一个储层，哪怕一个很小的透镜体气藏，如果发生井喷也会释放出巨大的能量，进而产生巨大的破坏。

（3）不能忽视涉及井控工作的各个细节，不能存在侥幸心理，做好这些将会得到事半功倍的效果。

第7章 井控典型案例分析

为了强化对溢流井喷事故发生、发展及其控制的认识，本章对国内外几个事故案例进行了介绍、分析与评价。国内井控案例是从复杂井控条件下井控参数设计方法及其对压井效果的作用方面进行分析和评价。国外案例是对部分公开发布文献整理得到。

7.1 国内某油田 A 井井喷事故模拟 ❶

A 井状况复杂，井控难度很大。基于大家熟悉的静态条件"U"形管理论下压力传导理论，采用常规的压井方法，结果压井遇到了挑战性的问题，就是本来认为可以控制的施工方法与施工参数，但是总是压井不死。研究表明，如果井口节流压力过低，结果压井动态条件下的"U"形管理论下压力传导原理明显不同于静态条件。本书展示了低节流压力下井底压力与井控节流压力及立压之间复杂的关系，并指导压井控制参数的设计。

7.1.1 井喷事故发生过程

7.1.1.1 基本信息

A 井是一口预探井，井深为 5620m，2006 年 1 月 11 日 23：00 一开，2 月 28 日 7：15 二开，7 月 10 日 20：00 三开，12 月 17 日 4：00 四开，井身结构及井下钻具结构如图 7.1、表 7.1 及表 7.2 所示。

表 7.1 A 井井深结构表

开钻次数	井段（m）	钻头尺寸（mm）	套管尺寸（mm）	套管下深（m）	水泥返高（m）
导管			ϕ508	15.16	地面
一开	0～601.43	ϕ406.4	ϕ339.7	600.64	地面
二开	0～3070.00	ϕ316.5	ϕ273.1	3067.79	地面
三开	0～4261.77	ϕ241.3	ϕ193.7	2913.96～4260.97	2913.96

表 7.2 A 井套管强度表

外径（mm）	钢级	壁厚（mm）	扣型	每米质量（kg/m）	内容积（L/m）	抗拉强度（kN）	抗挤强度（MPa）	抗内压强度（MPa）
273.1	95TSS	12.57	WSP-1T	82.59	48.27	5003	35.0	51.3
193.7	TP110TS	12.70	TP-CQ	58.09	22.24	5476	84.0	87.0

---

❶ 本节基本数据参考《国内某油田 A 井溢流放喷事件报告》《国内某油田 A 井井喷处理情况简介》。

12月20日，A井在钻至井深4285m时钻时变快（3min进尺0.38m），钻至井深4285.38m时停钻循环观察，钻井液密度1160kg/L。检测发min内溢流1.5m³、泵压由15.7MPa降至14.3MPa。停泵关井11min后套压由0MPa升至20MPa。开节流阀节流循环，套压快速降至0MPa，分析发生井漏。再次溢流后关井求压，套压最大升至4.15MPa。井眼有关数据为：井眼总容积171.14m³，减去钻具体积后井内容积155.33m³，钻具内容积35.03m³，环空容积120.09m³，套管鞋处地层破裂压力当量密度1.92kg/L，井口套管抗内压强度51.3MPa。

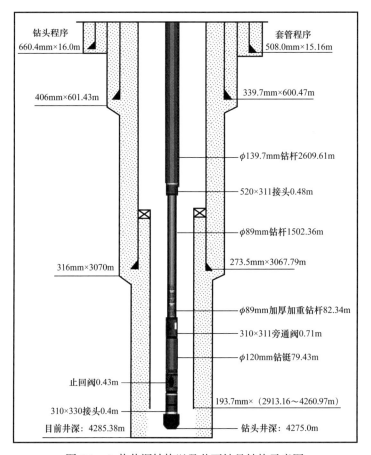

图7.1　A井井深结构以及井下钻具结构示意图

井眼总容积171.09m³，除去钻具体积后井内容积151.07m³，钻具内容积35.32m³，环空体积115.75m³。上层套管鞋处地层破裂压力当量钻井液密度1.92g/cm³。

井下钻具组合：ϕ165.1mm3A（HA537G）×0.20m + 330×310×0.40m+311×310箭形止回阀×0.43m+ϕ121mm钻铤×79.43m + 311×310旁通阀×0.71m+ϕ88.5mm加重钻杆×82.34m+ϕ88.5mm钻杆（G105）×52柱（加5个防磨接头）×1502.36m+311×520×0.48m+ϕ139.7mm钻杆（G105，加6个防磨头）×2609.61m。

7.1.1.2　发生过程

12月20日2：15钻至井深4285.00m遇快钻时，4284.00～4285.00m段钻时由81min/m

加快至 46min/m，钻至 4285.38m，进尺 0.38m 只用了 3min，立即停钻循环观察，2：22 发现溢流 1.5m³；泵压由 14.7MPa 上升至 15.05MPa，停泵关井。

节流循环，立压降至 0MPa，判断地层发生漏失。2：46 关井，至 3：20 套压最大上升至 4.15MPa。

4278.0～4279.0m 段地层岩性为灰色白云岩，4279.0～4283.26m 段为灰色膏质云岩。钻井液性能：密度 1.59～1.60g/cm³，漏斗黏度 48～50s。

12 月 20 日 6：15 泵入浓度 13%、密度 1.60g/cm³ 的堵漏液 18.4m³。用 0.9m³/min 排量，正替密度 1.80g/cm³ 钻井液 38m³，立压为 2.17MPa，套压 13.65MPa。为增加堵漏效果，向环空反挤钻井液 10m³，停泵憋压，立、套压 18.3MPa。

6：47—14：35 间断向钻具内泵入钻井液，顶出钻具水眼内堵漏液（防止堵漏液堵水眼），并节流排气。

14：35 用 1.80g/cm³ 钻井液节流循环排气，泵入 35m³ 检验堵漏情况，立压由 14MPa 降为 0MPa，套压 16.84MPa，分析仍然井漏，停泵关井并准备堵漏液和配制密度为 1.70g/cm³ 的压井液。

2006 年 12 月 20 日 20：35—21：20 泵入浓度 20%、1.70g/cm³ 堵漏液 20.0m³，排量 7.8L/s，套压 2.8～8.0MPa，立压 5.5～11.8MPa，桔红色火焰高 8～10m，漏失钻井液 15.0m³。

12 月 21 日 16：10 停止加重，节流循环观察。15：40 节流循环压井中突然憋泵至 19MPa（预计堵漏材料堵塞节流阀，振动筛上有堵漏材料返出）。停泵后接着开泵，继续节流循环。

16：33 发现溢流 2m³，立即调整节流阀，排溢流。10min 后，套压迅速上升至 41MPa，立压 10MPa，火焰高 30～35m。

20：15 发现 J1 液动节流阀和 J4 手动节流阀已经堵塞，J12 液动节流阀刺坏，立即用 J11 平板阀控制节流，20：39 发现 J11 平板阀刺坏，立即停泵关 J2a、J2b 平板阀。

20：41 套压迅速上升至 45.9MPa。

20：45 拉响警报，疏散 500m 范围内的群众。

20：41—21：10 通过 J6b 平板阀放喷，21：10J6b 平板阀刺坏，开主放喷管线泄压，套压 37MPa。

21：37 套压上升至 56.4MPa，立压 12.3MPa。

至 22：23 共泵入钻井液 94m³，排量 1.16m³/min，立压 2.1～8.2MPa，套压下降至 44.8MPa。

22：23 停泵敞放。

22：35 打开两条副放喷管线 5#、6# 时套压为 30MPa。23：40 又打开 4# 放喷管线，套压降为 4～5MPa。现场立即从节流管汇抢接两条放喷管线。

7.1.2 井喷事故诱发原因及机理分析

（1）该井为该构造的第一口预探井，地层压力预测误差较大，实际使用的钻井液密度不足以平衡地层压力。预告飞仙关组地层压力系数为 1.30～1.45，在应用密度 1.60kg/L 的钻井液钻进该地层时仍发生了溢流。

（2）所钻遇气层压力高、产量大、喷漏同存，配浆、堵漏间断循环时间过长，加剧了溢流的发展，增加了处理的困难。

（3）由于井身结构的限制，井口套管允许关井压力低，被迫进行放喷，使溢流发展为井喷。

7.1.3 井喷事故救援技术方案及救援过程

7.1.3.1 第一次抢险压井

（1）抢险组织。

鉴于 A 井压井难度大，根据上级部门的决策，准备再次压井并实施封井作业。为搞好抢险，成立了抢险组织机构。

（2）技术装备。

组织 2000 型压裂车 3 台和 1600 型压裂车 1 台；抢接两条放喷管线；地面准备好 2.00～2.05g/cm³ 重压井液 800m³；水泥 180t。并对抢接管线、压裂车压井管汇试压合格后，准备正循环压井，压稳或套压降低至能从环空挤注的条件下反推重压井液后跟进水泥浆封井。

（3）施工详情。

准备工作完成后于 2006 年 12 月 24 日凌晨开始压井作业。1：20—3：30，向钻杆内注入 2.05g/cm³ 压井液 249.8m³，排量平均 2.00m³/min，钻杆内压力 30～40MPa，套压 12MPa。压井实施期间压井液从放喷管线以雾状返出，套压、立压维持不变。3：30 停止节流循环试关井，计划反挤压井液后再挤水泥浆，但是套压在 4min 内快速上升至 42MPa。被迫开 4 条泄压管线放喷点火，套压 4MPa。

7.1.3.2 第二次抢险压井

（1）压井准备工作。

在充分总结分析上次压井不成功原因的基础上，本次压井进行了更充分的准备。为强化组织机构，进一步加强技术力量，从四川石油管理局、西南石油局、西北分公司、河南油田、胜利石油管理局新请了一批专家，反复分析讨论细化施工方案。决定先用清水建立液柱，然后用重压井液压井，压井后用速凝水泥浆封井。

压井之前，准备了 2.00～2.40g/cm³ 压井液 1000m³；以 2000 型压裂车为主，10 套压裂车组成 2 个车组；在原有节流管汇之后增加一套三级放喷测试流程；在压井管汇一侧增加一套节流流程；更换一套节流管汇；更换冲蚀严重的放喷管线和部分闸阀；新接 1 条放喷管线；水泥备用 320t。

（2）施工过程。

2006 年 12 月 27 日 15：15—17：45 正注清水 332m³，具体施工作业参数如图 7.2 所示。

17：45—20：50 正注密度 2.20g/cm³ 的压井液 380m³，20：17 套压迅速上升至 37MPa

并且仍在继续上升，井下测试管汇与放喷管线油管连接处刺漏，关闭该放喷管线后，放喷口处突然传来两声闷响，套压仍有上升趋势，为安全起见，迅速打开 5 条放喷管线放喷并点火，火焰高 20~30m，火焰呈橘黄色。立压 3~6MPa，套压 2~5MPa。压井后套压过高，无法实行反循环压井和注水泥作业。

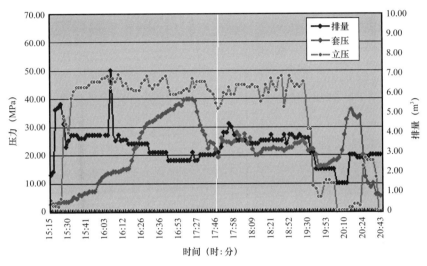

图 7.2　A 井第二次抢险压井作业参数及曲线

（3）失败原因分析。

① 地层压力不清楚，无法准确确定压井液密度，井下又喷又漏找不到平衡点。气量大，喷漏同存，在压井过程井内有漏失，压井液雾化很严重（按井筒容积提前 70m³ 左右就见到出口喷有压井液），难以建立和维持井内压力平衡。

② 由于认识上的问题，压井时现场施工及指挥人员担心井漏，控制环空套压偏低。从开始泵注重压井液到出钻头之后较长一段时间，没有把套压向上提，反而开套降压。按最高允许控制套压 40MPa 还有可用空间没有利用。使环空所形成的液柱压力和控制回压之和不能平衡地层压力，注入井内的压井液截断不了地层出来的高速气流，以至出现后来注入压井液 200m³ 左右时套压再次出现高峰值 37MPa。

③ 高速流体（压井液加重剂为铁矿粉）对设备冲蚀严重，地面部分流程密封实效。节流放喷流程在长时间高压、高速流体的冲蚀下发生损坏，倒换其他流程放喷致使压井施工前功尽弃。

④ 复合钻具结构循环阻力大，施工泵压高，钻杆循环头的压力等级只有 50MPa，满足不了施工大排量和高压力的需要。

7.1.4　井喷事故救援过程关键压井参数计算及数值模拟

7.1.4.1　A 井井控基本参数设定

由于 A 井在钻进过程中发生井喷事故，因此 A 井的某些储层井控的基本参数缺失，如储层孔隙及裂缝特征、气藏打开厚度、储层有效渗透率等。为了模拟该井井控机理，本处拟选取同样位于四川盆地川东断褶带清溪构造高点，地理位置十分接近的新 A 井。新 A 井具有如下特征：

（1）平面上地理位置接近 A 井；

（2）生产层位 4272.37～4371m，包含事故层位 4285.38m；

（3）岩性均为灰色白云岩；

（4）A 井为裸眼完井，新 A 井为套管完井，但在生产层位 4272.37～4371m 处全部射开；

（5）A 井裂缝发育，但新 A 井裂缝发育程度不如 A 井。

因此综合考虑，可以利用新 A 井储层基本参数作为 A 井的基本参数进行应用，但考虑到与新 A 井相比，A 井发育有大量裂缝，因此采用新 A 井储层参数计算出的产能方程会小于 A 井。

7.1.4.1.1　井喷期间气藏打开厚度设定

根据 A 井第一次发生溢流时，钻至井深 4284.00m 开始遇快钻时，钻至 4285.38m 停钻循环观察作为储层打开的底部，由此得到气藏打开厚度为 1.38m。

而对于新 A 井而言，虽然 98.23m 地层全部射开，但是根据测井数据可知，其中仅有一个 6.5m 深的Ⅲ类储层和一个 9.3m 深的Ⅱ类储层，因此在对比模拟原 A 井数据处理过程，拟认为新 A 井储层实际打开厚度为 15.8m。

7.1.4.1.2　井喷期间储层渗透率设定

利用新 A 井储层试井渗透率作为 A 井产能用有效渗透率，可得井喷期间储层渗透率为 120mD。此值为初值。

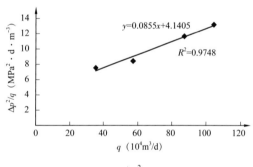

图 7.3　新 A 井 $\dfrac{\Delta p^2}{q}$ - q 关系曲线

7.1.4.1.3　井喷期间产能方程建立

（1）新 A 井产能方程建立。

① 基于压力平方法气井产能二项式方程建立。

依据新 A 井产能试井资料，拟合出压力平方法气井产能二项式方程中层流系数 A、紊流系数 B 分别为：$0.000414\text{MPa}^2 \cdot \text{d} \cdot \text{m}^{-3}$、$8.55 \times 10^{-10}\text{MPa}^2 \cdot \text{d}^2 \cdot \text{m}^{-6}$，如图 7.3 所示。

此种情况下得到产能方程为：

$$p_{\text{e}}^2 - p_{\text{wf}}^2 = 0.000414q + 8.55 \times 10^{-10}q^2 \qquad （7.1）$$

式中　p_{e}——储层压力，MPa；

p_{wf}——井底流压，MPa；

q——产气量，$10^4\text{m}^3/\text{d}$。

接下来，绘制其流入动态（IPR）曲线，如图 7.4 所示。

② 基于压力法气井产能二项式方程建立。

依据新 A 井产能试井资料，拟合出压力法气井产能二项式方程中层流系数 A、紊流系数 B，分别为：$2.4 \times 10^{-6}\text{MPa} \cdot \text{d} \cdot \text{m}^{-3}$、$6 \times 10^{-12}\text{MPa} \cdot \text{d}^2 \cdot \text{m}^{-6}$，如图 7.5 所示。

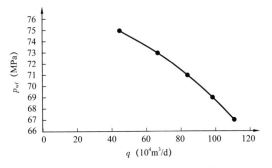

图 7.4 新 A 井压力平方法 IPR 曲线

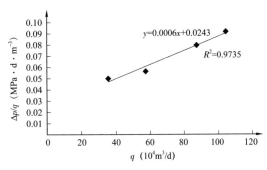

图 7.5 新 A 井 $\dfrac{\Delta p}{q} - q$ 关系曲线

此种情况下得到产能方程为：

$$p_e - p_{wf} = 2.4 \times 10^{-6} q + 6 \times 10^{-12} q^2 \tag{7.2}$$

式中　p_e——储层压力，MPa；

　　　p_{wf}——井底流压，MPa；

　　　q——产气量，$10^4 \text{m}^3/\text{d}$。

接下来，绘制其流入动态曲线，如图 7.6 所示。

③ 基于压力平方法、压力法下新 A 井 IPR 曲线对比。

将两种方法的 IPR 曲线对比如图 7.7 所示，可见，此口井采用压力平方法预测产能结果偏低。

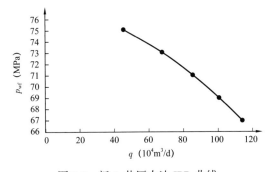

图 7.6 新 A 井压力法 IPR 曲线

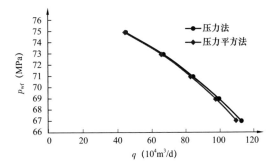

图 7.7 新 A 井压力平方法及压力法 IPR 曲线对比

（2）原 A 井产能方程建立。

① 基于压力平方法原 A 井产能二项式方程建立。

以上述新 A 井拟合出的压力平方法气井产能二项式方程中层流系数 A、紊流系数 B 为基础，进行原 A 井的折算，结果分别为：$0.00474\text{MPa}^2 \cdot \text{d} \cdot \text{m}^{-3}$、$8.55 \times 10^{-10}$ $\text{MPa}^2 \cdot \text{d}^2 \cdot \text{m}^{-6}$。

此种情况下得到产能方程为：

$$p_e^2 - p_{wf}^2 = 0.00474 q + 8.55 \times 10^{-10} q^2 \tag{7.3}$$

式中　p_e——储层压力，MPa；

　　　p_{wf}——井底流压，MPa；

　　　q——产气量，$10^4 m^3/d$。

接下来，绘制其流入动态曲线，如图 7.8 所示。

② 基于压力法原 A 井产能二项式方程建立。

以上述新 A 井拟合出的压力法气井产能二项式方程中层流系数 A、紊流系数 B 为基础，进行原 A 井的折算，结果分别为：$2.75 \times 10^{-5} MPa \cdot d \cdot m^{-3}$、$7.87 \times 10^{-10} MPa \cdot d^2 \cdot m^{-6}$。

此种情况下得到产能方程为：

$$p_e - p_{wf} = 2.75 \times 10^{-5} q + 7.87 \times 10^{-10} q^2 \tag{7.4}$$

式中　p_e——储层压力，MPa；

　　　p_{wf}——井底流压，MPa；

　　　q——产气量，$10^4 m^3/d$。

接下来，绘制其流入动态曲线，如图 7.9 所示。

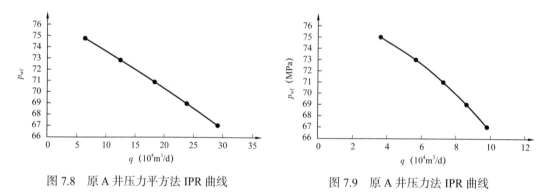

图 7.8　原 A 井压力平方法 IPR 曲线　　　　图 7.9　原 A 井压力法 IPR 曲线

③ 基于压力平方法、压力法下原 A 井 IPR 曲线对比。

将两种方法的 IPR 曲线对比如图 7.10 所示，可见，此口井采用压力法预测产能结果较低。

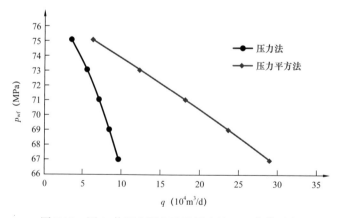

图 7.10　原 A 井压力平方法及压力法 IPR 曲线对比

（3）基于气井二项式方程压力平方法产能参数敏感性分析。

① 基本参数。

此小节采用的储层及流体基本参数见表7.3。

表7.3　储层及流体基本参数表

储层压力 p_e（MPa）	储层温度 T（K）	流体黏度 μ（mPa·s）	偏差因子 Z	井眼半径 r_w（m）	气体相对密度 γ_g
77	367.99	0.0027	1.46	0.05	0.8

② 压力平方项形式下的气井产能二项式方程。

利用试井资料确定气井产能方程时，压力平方项形式见式（7.5），所有参数均使用矿场单位表示。

$$p_e^2 - p_{wf}^2 = Aq + Bq^2 \qquad (7.5)$$

$$A = \frac{1.291 \times 10^{-3} T \bar{\mu} \bar{Z}}{Kh}\left(\ln \frac{0.472 r_e}{r_w} + S \right) \qquad (7.6)$$

$$B = \frac{2.828 \times 10^{-21} \beta \gamma_g \bar{Z} T}{r_w h^2} \qquad (7.7)$$

式中　p_e——储层压力，MPa；

　　　p_{wf}——井底流压，MPa；

　　　q——产气量，$10^4 \text{m}^3/\text{d}$；

　　　T——储层温度，K；

　　　$\bar{\mu}$——流体黏度，mPa·s；

　　　$\bar{Z}$——偏差因子；

　　　K——储层渗透率，mD；

　　　h——储层厚度，m；

　　　r_e——泄气半径，m；

　　　r_w——井眼半径，m；

　　　γ_g——气体相对密度；

　　　β——紊流系数，m^{-1}。

③ 参数敏感性分析。

（a）储层厚度。

基于上面给出的基本参数，对储层厚度单因素进行敏感性分析，采用储层厚度在1.38～3m间变化，先分别计算出不同储层厚度下 A、B 值，见表7.4及表7.5；再依据气井产能二项式压力平方法计算不同压差下产能，并绘制出相关曲线，如图7.11所示。

表 7.4　不同储层厚度下 A、B 值计算结果

储层厚度 h（m）	A（MPa^2·d·m^{-3}）	B（MPa^2·d^2·m^{-6}）
1.38	0.000560128	9.43646×10^{-7}
2	0.000386488	4.4927×10^{-7}
3	0.000257659	1.99676×10^{-7}

表 7.5　不同储层厚度下产量—压差计算结果

Δp（MPa）	q（10^{4}m^3/d）		
	h=1.38m	h=2m	h=3m
5	448.293837	314.9537238	99.88902564
10	1143.29384	1009.953724	794.8890256
20	2383.29384	2249.953724	2034.889026
30	3423.29384	3289.953724	3074.889026
40	4263.29384	4129.953724	3914.889026

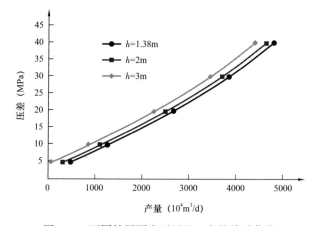

图 7.11　不同储层厚度下压差—产量关系曲线

（b）储层渗透率。

基于上面给出的基本参数，对储层渗透率单因素进行敏感性分析，采用储层渗透率在 120～180mD 间变化，先分别计算出不同储层渗透率下 A、B 值，见表 7.6 及表 7.7；再依据气井产能二项式压力平方法计算不同压差下产能，并绘制出相关曲线，如图 7.12 所示。可见，储层渗透率小范围变化对气井产能影响不大。

表 7.6　不同储层渗透率下 A、B 值计算结果

储层渗透率 K（mD）	A（MPa^2·d·m^{-3}）	B（MPa^2·d^2·m^{-6}）
120	0.000560128	9.43646×10^{-7}
150	0.000448103	9.43646×10^{-7}
180	0.000373419	9.43646×10^{-7}

表 7.7　不同储层渗透率下产量—压差计算结果

Δp（MPa）	q（10^4m³/d）		
	$k=120$mD	$k=150$mD	$k=180$mD
5	448.293837	507.6217701	547.17742
10	1143.29384	1202.62177	1242.17742
20	2383.29384	2442.62177	2482.17742
30	3423.29384	3482.62177	3522.17742
40	4263.29384	4322.62177	4362.17742

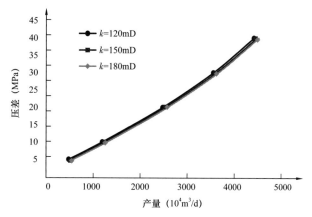

图 7.12　不同储层渗透率下压差—产量关系曲线

（c）储层泄气半径。

基于上面给出的基本参数，对储层泄气半径单因素进行敏感性分析，采用储层泄气半径在 15～50m 间变化，先分别计算出不同储层泄气半径下 A、B 值，见表 7.8 及表 7.9；再依据气井产能二项式压力平方法计算不同压差下产能，并绘制出相关曲线，如图 7.13 所示。可见，储层泄气半径小范围变化对气井产能影响不大。

表 7.8　不同储层泄气半径下 A、B 值计算结果

泄气半径 r_e（m）	A（MPa²·d·m⁻³）	B（MPa²·d²·m⁻⁶）
15	0.000560128	9.43646×10^{-7}
30	0.000638515	9.43646×10^{-7}
50	0.000696284	9.43646×10^{-7}

表 7.9　不同储层泄气半径下产量—压差计算结果

Δp（MPa）	q（10^4m³/d）		
	$r_e=15$m	$r_e=30$m	$r_e=50$m
5	448.293837	406.7846287	376.1958544
10	1143.29384	1101.784629	1071.195854

Δp（MPa）	q（10^4m³/d）		
	r_e=15m	r_e=30m	r_e=50m
20	2383.29384	2341.784629	2311.195854
30	3423.29384	3381.784629	3351.195854
40	4263.29384	4221.784629	4191.195854

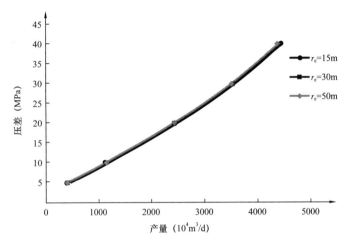

图 7.13　不同储层泄气半径下压差—产量关系曲线

（4）基于气井二项式方程压力法产能参数敏感性分析。

① 基本参数。

A 井储层及流体基本参数如见表 7.10。

表 7.10　储层及流体基本参数表

储层压力 p_e（MPa）	储层温度 T（K）	流体黏度 μ（mPa·s）	偏差因子 Z	井眼半径 r_w（m）	气体相对密度 γ_g
77	367.99	0.0027	1.46	0.05	0.8

② 压力一次项形式下的气井产能二项式方程。

利用试井资料确定气井产能方程时，压力一次项形式见式（7.5），所有参数均使用矿场单位表示。

$$p_e - p_{wf} = Aq + Bq^2 \qquad (7.8)$$

$$A = \frac{1.291 \times 10^{-3} T \bar{\mu} \bar{Z}}{Kh}\left(\ln\frac{0.472r_e}{r_w} + S\right) \qquad (7.9)$$

$$B = \frac{2.828 \times 10^{-21} \beta \gamma_g \bar{Z} T}{r_w h^2} \qquad (7.10)$$

式中 p_e——储层压力，MPa；

p_{wf}——井底流压，MPa；

q——产气量，$10^4 \text{m}^3/\text{d}$；

T——储层温度，K；

$\bar{\mu}$——流体黏度，mPa·s；

$\bar{Z}$——偏差因子；

K——储层渗透率，mD；

h——储层厚度，m；

r_e——泄气半径，m；

r_w——井眼半径，m；

γ_g——气体相对密度；

β——紊流系数，m^{-1}。

③ 参数敏感性分析。

（a）储层厚度。

基于上面给出的基本参数，对储层厚度单因素进行敏感性分析，采用储层厚度在 1.38～3m 间变化，先分别计算出不同储层厚度下 A、B 值，见表 7.11 及表 7.12；再依据气井产能二项式压力法计算不同压差下产能，并绘制出相关曲线，如图 7.14 所示。可见，储层厚度小范围变化对气井产能影响不大。

表 7.11 不同储层厚度下 A、B 值计算结果

储层厚度 h（m）	A（MPa·d·m^{-3}）	B（MPa·d^2·m^{-6}）
1.38	2.80064×10^{-5}	9.43646×10^{-5}
2	1.93244×10^{-5}	4.4927×10^{-5}
3	1.28829×10^{-5}	1.99676×10^{-5}

表 7.12 不同储层厚度下产量—压差计算结果

Δp（MPa）	q（$10^4 \text{m}^3/\text{d}$）		
	$h=1.38\text{m}$	$h=2\text{m}$	$h=3\text{m}$
5	4.851607436	4.78493738	4.677405031
10	9.851607436	9.78493738	9.677405031
20	19.85160744	19.78493738	19.67740503
30	29.85160744	29.78493738	29.67740503
40	39.85160744	39.78493738	39.67740503

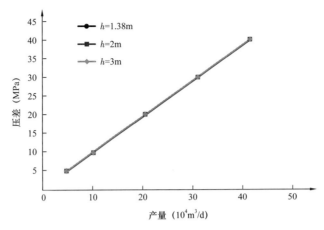

图 7.14 不同储层厚度下压差—产量关系曲线

（b）储层渗透率。

基于上面给出的基本参数，对储层渗透率单因素进行敏感性分析，采用储层渗透率在 120～180mD 间变化，先分别计算出不同储层渗透率下 A、B 值，见表 7.13 及表 7.14；再依据气井产能二项式压力法计算不同压差下产能，并绘制出相关曲线，如图 7.15 所示。可见，储层渗透率小范围变化对气井产能影响不大。

表 7.13　不同储层渗透率下 A、B 值计算结果

储层渗透率 K（mD）	A（MPa·d·m^{-3}）	B（MPa·d^2·m^{-6}）
120	2.80064×10^{-5}	9.43646×10^{-5}
150	2.24051×10^{-5}	9.43646×10^{-5}
180	1.86709×10^{-5}	9.43646×10^{-5}

表 7.14　不同储层渗透率下产量—压差计算结果

Δp（MPa）	q（10^{4}m^3/d）		
	$k=120$mD	$k=150$mD	$k=180$mD
5	4.851607436	4.881285617	4.901071162
10	9.851607436	9.881285617	9.901071162
20	19.85160744	19.88128562	19.90107116
30	29.85160744	29.88128562	29.90107116
40	39.85160744	39.88128562	39.90107116

（c）储层泄气半径。

基于上面给出的基本参数，对储层泄气半径单因素进行敏感性分析，采用储层泄气半径在 15～50m 间变化，先分别计算出不同储层泄气半径下 A、B 值，见表 7.15 及表 7.16；再依据气井产能二项式压力法计算不同压差下产能，并绘制出相关曲线，如图 7.16 所示。可见，储层泄气半径小范围变化对气井产能影响不大。

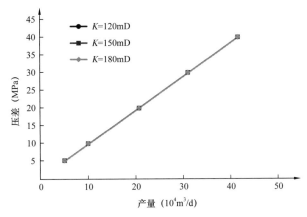

图 7.15 不同储层渗透率下压差—产量关系曲线

表 7.15 不同储层泄气半径下 A、B 值计算结果

泄气半径 r_e（m）	A（MPa·d·m^{-3}）	B（MPa·d^2·m^{-6}）
15	2.80064×10^{-5}	9.43646×10^{-5}
30	3.19258×10^{-5}	9.43646×10^{-5}
50	3.48142×10^{-5}	9.43646×10^{-5}

表 7.16 不同储层泄气半径下产量—压差计算结果

Δp（MPa）	q（10^{4}m^3/d）		
	$r_e=15$m	$r_e=30$m	$r_e=50$m
5	4.851607436	4.830841009	4.815536918
10	9.851607436	9.830841009	9.815536918
20	19.85160744	19.83084101	19.81553692
30	29.85160744	29.83084101	29.81553692
40	39.85160744	39.83084101	39.81553692

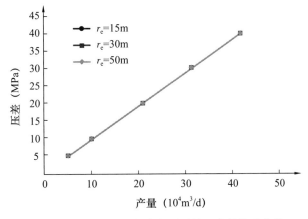

图 7.16 不同储层泄气半径下压差—产量关系曲线

7.1.4.2　压井过程"动态'U'形管理论"

为方便研究井喷过程中流体和压力的特征，将复杂的实际井筒简化为如图 7.17 所示的"U"形管，其中"U"形管左边为钻杆内，右端为环空，"U"形管底部为地层。

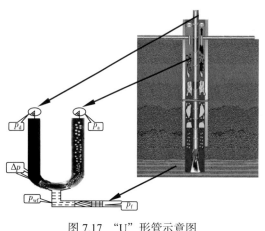

图 7.17　"U"形管示意图

（1）正常钻进过程：井筒和环空中充满钻井液，如图 7.18 所示。从钻杆中看，钻杆底部压力 p_1 = 立压 p_d + 静液柱压力 $\rho g h$ – 阻力压降 Δp（包括摩阻和钻头压降）；从环空中看，环空底部压力 p_2 = 套压 p_a + 静液柱压力 $\rho g h$ – 阻力压降 Δp（主要是摩阻）。综合来看，由于井筒和环空中为连续钻井液体系，因此 $p_1 = p_2$ = 井底压力 $p > p_f$。

（2）井涌（井喷）过程：当 $p_1 = p_2$ = 井底压力 $p < p_f$ 时，在压差的作用下，地层流体开始流入井底，并从环空中流到地表。对于地层流体为气体而言，随着地层气进入环空，环空中静液柱压力 $\rho g h$ 开始下降，这一方面造成套压 p_a 上升，另一方面使环空底部压力 p_2 下降，使其与钻杆底部压力 p_1 不再相等。此时井底压力 p 为钻杆底部压力 p_1 和环空底部压力 p_2 耦合的结果，且随着环空底部压力 p_2 下降而下降。由于气体进入环空后井底压力 p 进一步下降，因此地层流体流入井底程度加剧，井涌随着时间的推移将越来越严重，直至产生井喷。此时环空中两相流型将逐渐从泡状流提升到雾状流，如图 7.19 所示。

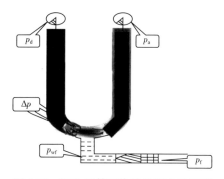

图 7.18　"U"形管正常钻进压力示意图

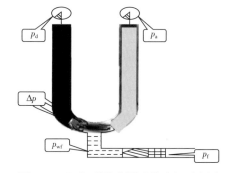

图 7.19　"U"形管井涌（井喷）示意图

（3）压井过程：为了抑制井喷的继续，通常需要提高立压 p_a，同时注入高密度压井液压井，这一方面会大幅提高钻杆底部压力 p_1，同时，随着高密度压井液流入环空，环空中静液柱压力 $\rho g h$ 开始提升，造成环空底部压力 p_2 提升。伴随着钻杆底部压力 p_1 和环空底部压力 p_2 同时提升，井底压力 p 也随之逐渐提升，地层产气因此逐渐减少，环空中气液比逐渐降低，这将进一步提升环空中静液柱压力 $\rho g h$，从而产生良性循环，地层产气不断减少，直至不再产气，此时压井成功，如图 7.20 所示。

7.1.4.3 第一次抢险压井参数计算及数值模拟

由于 A 井在第一次抢险的过程失败了，所以针对 A 井当时的压井条件及井筒状况进行不同排量不同回压的压井模拟，旨在揭示在当时条件下是否可以使用其他方法压井。

（1）节流管汇压力为 4.5MPa 压井参数计算机井控效果评价。

根据 A 井第一次抢险压井参数条件下的模拟参数设定：压井液密度 2.05g/cm³，黏度 45mPa·s，节流管汇压力 4.5MPa。

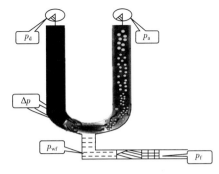

图 7.20 "U"形管压井过程示意图

针对以上参数利用 Drillbench 软件进行了压井过程数值模拟计算，压井过程模拟之前首先利用原钻井液密度 1.6g/cm³ 及正常钻井排量 1000L/min 参数进行井喷过程模拟，模拟 40min 后井内状态为基本喷空，之后开始进行压井过程模拟。

① 加节流压力 4.5MPa，压井排量 3000L/min 情况下拟合结果如下。

储层气侵程度如图 7.21 所示。

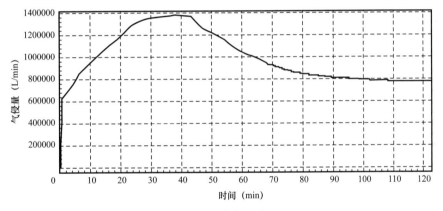

图 7.21 气侵程度

累计进气量如图 7.22 所示。

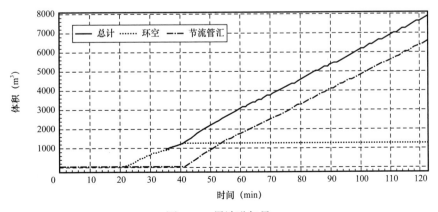

图 7.22 累计进气量

泵压变化如图 7.23 所示。

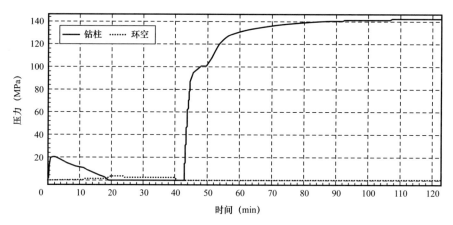

图 7.23　泵压变化

泵功率变化如图 7.24 所示。

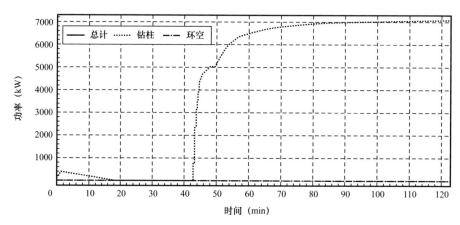

图 7.24　泵功率变化

套管鞋压力变化如图 7.25 所示。

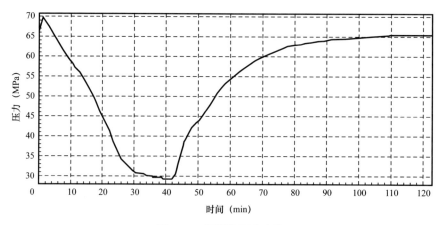

图 7.25　套管鞋压力变化

平衡时井筒环空含气率如图 7.26 所示。

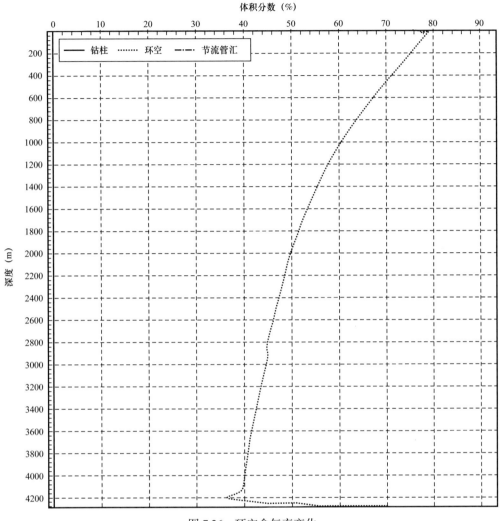

图 7.26 环空含气率变化

在加节流压力 4.5MPa，压井排量 3000L/min 情况下，可以看出，模拟压井 80min 后，储层进气量达到了一个平衡状态，随着压井时间的增加，不会继续抑制储层气体进入井筒，此时套管环空的含气率基本达到一个稳定状态，井筒上部依然呈雾状流型，压井失败，并且此时的泵压已经超过了钻井泵与钻柱的上限压力。所以在此 3000L/min 流量下压井不会成功。

由于目前泵压已经超过钻井泵额定压力上限，若此时增大泵排量来使压井成功已经不可能，所以加节流压力 4.5MPa 时，无论怎样调整参数都不会压井成功。

为了进行理论研究，讨论在压井成功时需要什么参数，对此又进行了压井排量 5000L/min 情况下的压井过程模拟。

② 加节流压力 4.5MPa，压井排量 5000L/min 情况下拟合结果如下。

储层气侵程度如图 7.27 所示。

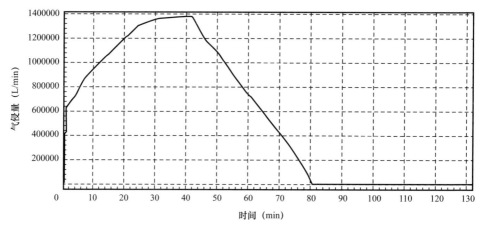

图 7.27 储层气侵变化

累计进气量如图 7.28 所示。

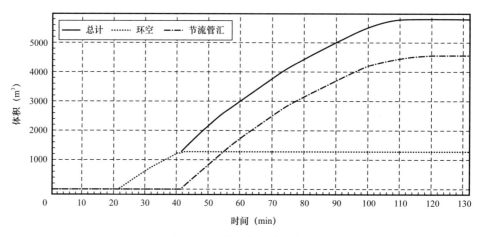

图 7.28 累计进气量变化

套管鞋压力如图 7.29 所示。

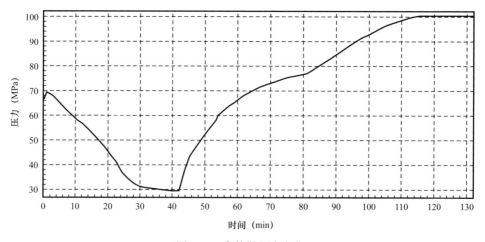

图 7.29 套管鞋压力变化

泵压变化如图 7.30 所示。

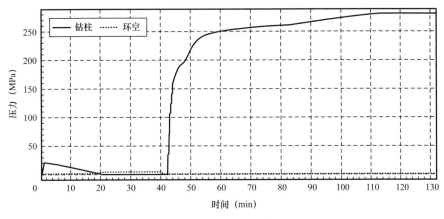

图 7.30 泵压变化

泵功率变化如图 7.31 所示。

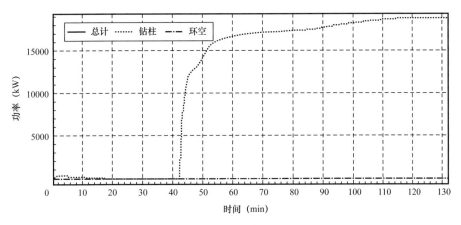

图 7.31 泵功率变化

钻头压降如图 7.32 所示。

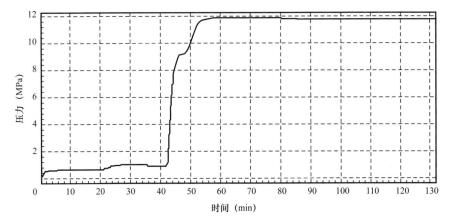

图 7.32 钻头压降

在加节流压力 4.5MPa，压井排量 5000L/min 情况下，可以看出，模拟压井 40min 后，储层不再进气，随着压井时间的增加，井筒环空中的气体会随着压井液循环排出井筒，压井成功。虽然此排量条件压井成功，但泵压远超额定泵压与钻杆耐压。

所以在节流压力 4.5MPa 下，若选择常规压井或者动力压井都不可取。

（2）节流管汇压力为 12.0MPa 压井参数计算机井控效果评价。

由于在节流管汇压力 4.5MPa，并且在额定泵压及钻杆耐压下，压井不成功，所以适当增加节流压力到 12MPa 进行模拟，讨论在 12MPa 回压下是否可以成功压井。

在 12MPa 回压下，依然先利用原钻井液密度 1.6g/cm^3 及正常钻井排量 1000L/min 参数进行井喷过程模拟，模拟 40min 后井内状态为基本喷空，之后开始进行压井过程模拟。

① 加节流压力 12MPa，压井排量 2000L/min 情况下拟合结果如下。

储层气侵程度如图 7.33 所示。

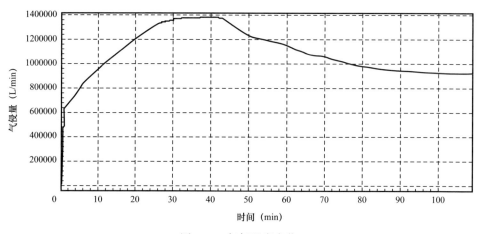

图 7.33　气侵程度变化

累计进气量如图 7.34 所示。

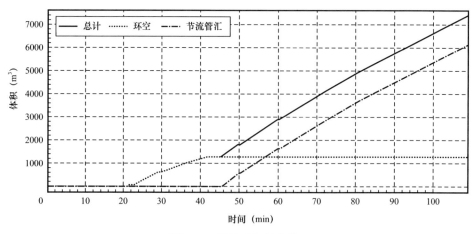

图 7.34　累计进气量变化

泵压变化如图 7.35 所示。

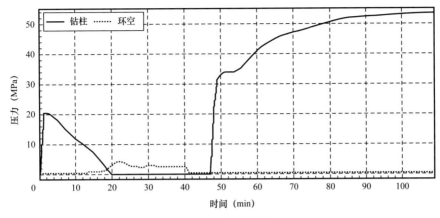

图 7.35　泵压变化

泵功率变化如图 7.36 所示。

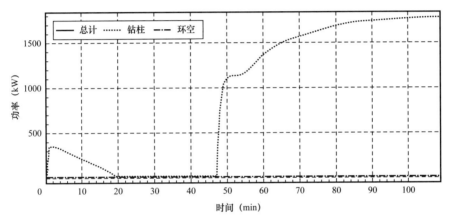

图 7.36　泵功率变化

套管鞋压力变化如图 7.37 所示。

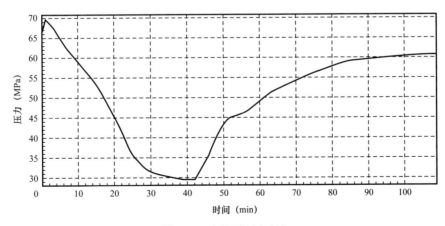

图 7.37　套管鞋压力变化

井底压力变化如图 7.38 所示。

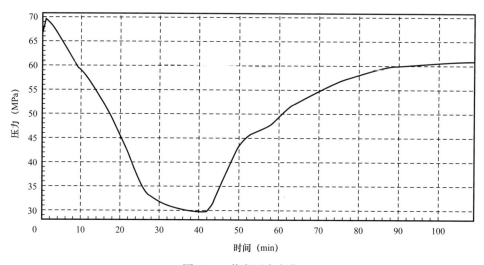

图 7.38　井底压力变化

在加节流压力 12MPa，压井排量 2000L/min 情况下，虽然泵压较低，但模拟压井 70min 左右储层进气量达到了一个平衡状态，不会继续抑制储层气体进入井筒，所以在此 2000L/min 流量下压井不会成功。

由于目前泵压在额定压力之内，但已经非常接近钻杆极限压力，为了方便研究，所以继续在加节流压力 12MPa 时将增大泵排量至 2500L/min 来进行压井模拟，看是否会成功压井。

② 加节流压力 12MPa，压井排量 2500L/min 情况下拟合结果如下。

储层气侵程度如图 7.39 所示。

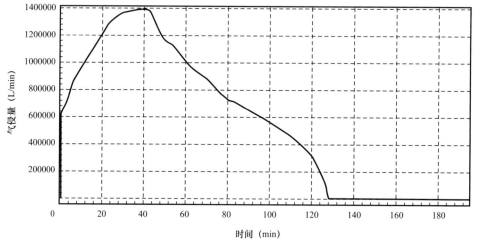

图 7.39　储层气侵

累计进气量如图 7.40 所示。

泵压变化如图 7.41 所示。

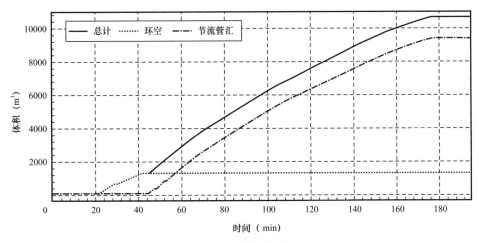

图 7.40　累计进气量

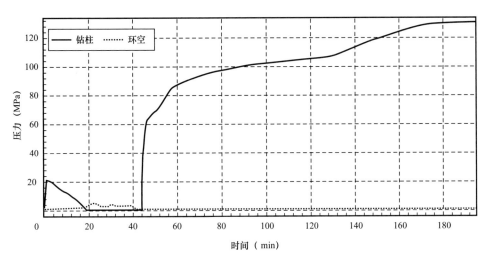

图 7.41　泵压变化

泵功率变化如图 7.42 所示。

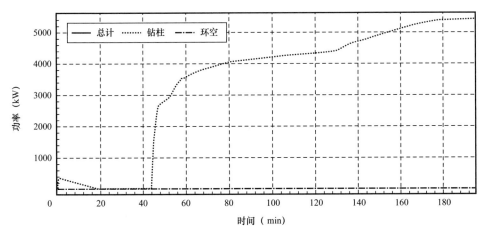

图 7.42　泵功率变化

套管鞋压力变化如图 7.43 所示。

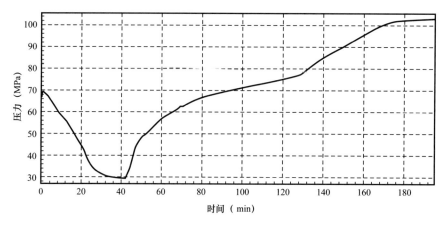

图 7.43　套管鞋压力变化

钻头压降变化如图 7.44 所示。

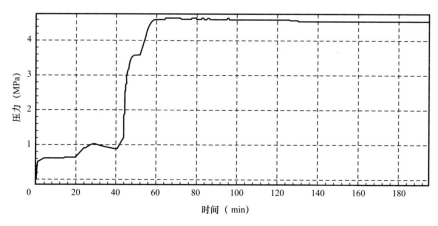

图 7.44　钻头压降变化

在加节流压力 12MPa，压井排量 2500L/min 情况下，可以看出，模拟压井 85min 后，储层不再进气，压井成功。但在储层刚刚停止进气的情况当中，泵压达到了 105MPa 左右，依然在额定泵压及额定钻杆压力上限之外。

由于模拟过程附加的节流压力较小，加高节流压力进行模拟，讨论是否会成功压井。

（3）节流管汇压力为 40.0MPa 压井参数计算机井控效果评价。

调整节流压力到 40MPa 进行模拟，讨论在 40MPa 回压下是否可以成功压井。

在 40MPa 回压下，依然先利用原钻井液密度 $1.6g/cm^3$ 及正常钻井排量 1000L/min 参数进行井喷过程模拟，模拟 40min 后井内状态为基本喷空，之后开始进行压井过程模拟。

加节流压力 40MPa，压井排量 1500L/min 情况下拟合结果如下。

储层气侵程度如图 7.45 所示。

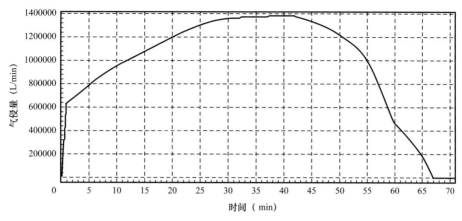

图 7.45 储层气侵程度

累计进气量如图 7.46 所示。

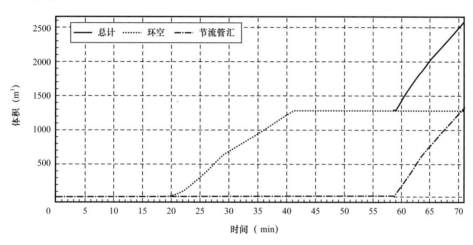

图 7.46 累计进气量

泵压变化如图 7.47 所示。

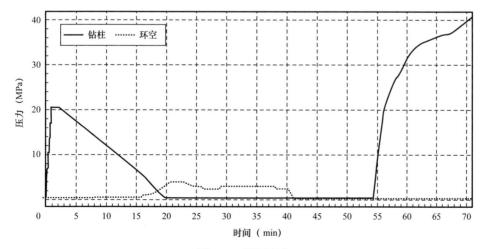

图 7.47 泵压变化

泵功率变化如图 7.48 所示。

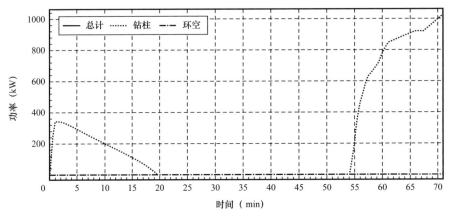

图 7.48　泵功率变化

套管鞋处压力变化如图 7.49 所示。

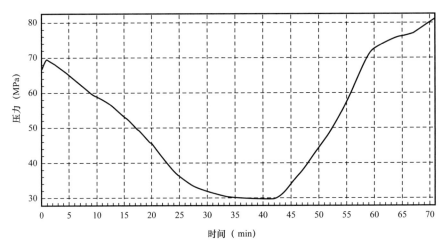

图 7.49　套管鞋压力变化

井底压力变化如图 7.50 所示。

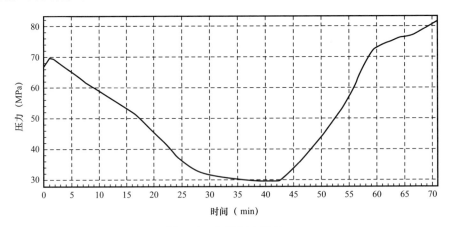

图 7.50　井底压力变化

钻头压降变化如图 7.51 所示。

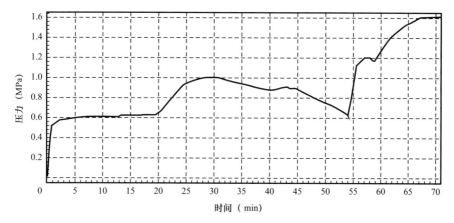

图 7.51 钻头压降

井底刚停止进气井筒环空含气率如图 7.52 所示。

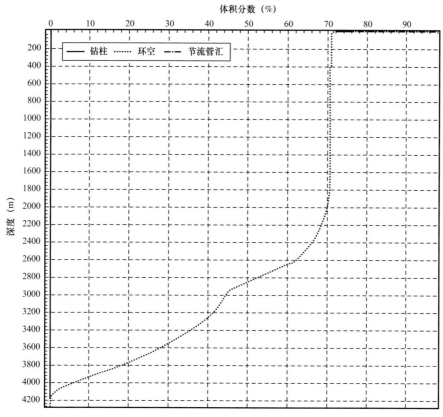

图 7.52 井筒环空含气率

根据压井过程模拟结果可以看出，在加节流压力 40MPa，压井排量 1500L/min 情况下可以压井成功，泵压 40MPa 左右，完全在钻井泵及钻杆耐压可承受范围之内，并且在刚刚停止进气阶段，此时套管鞋处压力在地层破裂压力范围之内，所以在节流回压 40MPa时可以压井成功。

由于在储层刚刚停止进气阶段，套管环空还存有大量气体，需要继续循环压井液排出气体，但此时套管鞋处压力接近地层破裂压力，在继续循环压井液时套管环空压力会上升，会超过地层破裂压力压漏地层，所以在使用节流回压 40MPa，压井排量 1500L/min 条件压井时，在井底刚刚停止进气时需要适当降低钻井液密度，缓慢适当增加泵排量，并泵入一定量的堵漏剂继续循环。

7.1.4.4　第二次抢险压井参数计算及数值模拟

根据 A 井第二次抢险压井参数条件下的模拟参数设定：压井液密度 2.2g/cm³，黏度 45mPa·s，节流管汇压力 4.5MPa、12.0MPa 与 40.0MPa。

针对以上参数利用 Drillbench 软件进行了压井过程数值模拟计算，压井过程模拟之前首先利用原钻井液密度 1.6g/cm³ 及正常钻井排量 1000L/min 参数进行井喷过程模拟，模拟 40min 后井内状态为基本喷空，之后开始进行压井过程模拟。

（1）节流管汇压力为 4.5MPa、12.0MPa 与 40.0MPa 压井参数计算机井控效果评价。

① 加节流压力 4.5MPa 情况下，压井参数情况见表 7.17。

表 7.17　节流压力 4.5MPa 压井参数情况表

参数	压井排量 2500L/min	压井排量 3000L/min
模拟压井时间（min）	105	96
最高泵压（MPa）	92	180（超压）
套管鞋压力（MPa）	61	79（井底停止进气）
最高泵功率（kW）	3900	8800
最高钻头压降（MPa）	5	7.1
压井是否成功	不成功	成功

② 加节流压力 12MPa 情况下，压井参数见表 7.18。

表 7.18　节流压力 12MPa 压井参数情况表

参数	压井排量 2000L/min
模拟压井时间（min）	200
最高泵压（MPa）	90（超立压）
套管鞋压力（MPa）	79（井底停止进气）
最高泵功率（kW）	3600
最高钻头压降（MPa）	3.2
压井是否成功	成功

③ 加节流压力 40MPa 情况下，压井参数见表 7.19。

表 7.19　节流压力 40MPa 压井参数情况表

参数	压井排量 1000L/min
模拟压井时间（min）	50
最高泵压（MPa）	25
套管鞋压力（MPa）	80
最高泵功率（kW）	420
最高钻头压降（MPa）	0.8
压井是否成功	成功

（2）结论。

① A 井第二次抢险压井参数条件：压井液密度 2.2g/cm³，黏度 45mPa·s，在设定节流压力 4.5MPa 下，如果压井排量为 2500L/min，继续压井，井底压力不能继续回升，且一直小于地层压力，因此不能建立井筒压力平衡，不能将井压死。

② A 井第二次抢险压井参数条件：压井液密度 2.2g/cm³，黏度 45mPa·s，在设定节流压力 4.5MPa 下，如果压井排量为 3000L/min，环空压井液含量再持续增加，相应井底压力持续增加，到 120min，井底压力可以达到地层压力，采用合理压井参数，可以将井压死。但是，该压井排量下，需要泵压 180MPa，显然超过额定泵压，因此该套压及压井排量下不能将井控制住。

③ 若节流压力为 12MPa，压井排量达到 2000L/min 才可压井成功，但此时的泵压仍高出钻井泵压力及钻柱压力上限，所以节流压力 12MPa 时压井也不可取。

④ A 井第二次抢险压井参数条件：压井液密度 2.2g/cm³，黏度 45mPa·s，压井排量 1000L/min，在设定节流压力 40MPa 下，泵压 25MPa，在钻井泵压力及钻柱压力范围之内，可以成功压井。套管鞋压力在可承受范围之内，但马上接近破裂压力。

7.1.5　本次事件的施工分析及经验教训

7.1.5.1　施工分析

溢流发生原因：钻遇高压地层，钻井液密度不能平衡地层压力。

第一次压抢险井未成功的主要原因：

（1）压力高、产量大，钻井液雾化难以有效建立液柱，喷空后重建平衡困难；

（2）节流阀控制能力差，经长期冲蚀后无法有效节流，套压控制到 12MPa 后不能继续增长。

第二次压井不成功的主要原因有：

（1）气量大，喷漏同存，漏失和雾化都很严重，难以建立维持井内稳定的压力；

（2）高速流体对设备冲蚀严重，地面部分流程密封失效，节流放喷流程长时间在高压、高速流体的冲蚀下发生损坏，倒换其他流程放喷致使压井施工前功尽弃。

7.1.5.2 施工经验

（1）启动应急方案比较及时，根据情况及时撤离井口附近一定距离的老乡，没有人员伤亡，以人为本的观念得到落实。

（2）集中力量处理事件，只靠一个单位的力量是远远不够的，各单位能够在关键时刻团结起来，发挥各自的优势，将这次事件处理好。

（3）事先应全面考虑各种可能出现的情况，制订详细的预案并落实。

（4）在溢流发生后，措施得力，确保井口没有受到损害，使井处于受控状态，使得钻机主体系统没有受伤害，防喷器及其控制系统没有出现异常，为压井封井成功提供了物质前提。

7.1.5.3 压井难点

（1）客观上讲，该井飞仙关地层压力高，压力系数 1.85 左右。天然气产量大，日产气量在（150～200）×10^4m^3（不含 H$_2$S）。

（2）复合钻具结构（5$\frac{1}{2}$in 钻杆 2600m；3$\frac{1}{2}$in 钻杆 1600m），循环阻力大，施工泵压高，前两次抢险压井使用的钻杆循环头的压力等级只有 50MPa，满足不了施工大排量和高压力的需要。

（3）喷漏同存，在平衡点难以确定的情况下，在没有采取堵漏措施的情况下，压井压稳建立持久平衡的难度很大，消耗压井液量大。

（4）上部套管抗内压强度（51.3MPa）偏低，关井最高压力只能控制在 40MPa 左右，这是一大薄弱环节，基于安全考虑，控制套压受到限制。

（5）阶梯型大小井眼，上面 10$\frac{3}{4}$in 套管，下面 7$\frac{5}{8}$in 套管，还有 165.1mm 井眼，压井液进入环空容易被分散雾化，在没有截断地层进入井筒的高速气流情况下，很难形成液柱。

7.1.5.4 施工教训

（1）地层压力预测不准，会给井控工作带来很大被动。

本井地层周围被断掉，地层压力预测不准确，压力预测手段需进一步完善。

（2）设备质量问题会降低井控能力。

国产设备不过关，管汇阀门多次被刺坏，弯头及管线多次被刺坏，尤其是在第一次抢险压井中，节流阀不好用，节流套压上不去，致使压井失败，使得压井抢险工作陷入被动。

（3）施工队伍的技术素质亟待提高。

进一步提高施工队伍的素质，增强事故与复杂情况的预防及处理能力。

7.1.5.5 井喷事故救援过程关键压井参数设计认识

（1）新 A 井在平面空间、纵向开发深度、开发层位和完井方式上与原 A 井从空间上及储层分布上均具有很高的相似性，因此拟用新 A 井的储层参数作为 A 井的基本参数进行应用。考虑到原 A 井发育有大量裂缝，因此由此计算出的产能方程会小于实际情况，可以人为地扩大产能方程进行修正，并且数据基本可行。

（2）利用新 A 井的储层参数，预估原 A 井储层厚度为 1.38m，渗透率为 120mD，考虑到新 A 井与原 A 井的差异性，可以适当扩大这些参数以达到更好的拟合效果。

（3）根据气藏工程理论，一般情况对于储层压力大于 35.0MPa，普遍采用压力一次方形式的二项式产能方程，而小于 12.0MPa，普遍采用压力二次方形式的二项式产能方程，鉴于本储层地层压力高，故推荐采用压力一次方形式的二项式产能方程。

（4）利用新 A 井拟合出的 A、B 系数折算获得 A 井 A、B 系数压力平方法为 0.00474 $MPa^2 \cdot d \cdot m^{-3}$、$8.55 \times 10^{-10} MPa^2 \cdot d^2 \cdot m^{-6}$，压力法为 $2.75 \times 10^{-5} MPa \cdot d \cdot m^{-3}$、$7.87 \times 10^{-10}$ $MPa \cdot d^2 \cdot m^{-6}$。

（5）分别计算了基于气井产能二项式压力平方法、压力法下的新 A 井产气量。井底流压为 67MPa 时，新 A 井依据压力平方法计算产气量为 $109.63 \times 10^4 m^3/d$，依据压力法计算产气量为 $112.35 \times 10^4 m^3/d$。

（6）给出了基于气井产能二项式压力平方法、压力法下新 A 井 IPR 曲线。新 A 井采用产能二项式压力平方法计算低估了产气量。

（7）分别计算了基于气井产能二项式压力平方法、压力法下的原 A 井产气量。井底流压为 67MPa 时，原 A 井依据压力平方法计算产气量为 $28.47 \times 10^4 m^3/d$，依据压力法计算产气量为 $9.66 \times 10^4 m^3/d$。

（8）绘制了基于气井产能二项式压力平方法、压力法下原 A 井 IPR 曲线。原 A 井采用产能二项式压力平方法计算高估了产气量。

（9）分析评价了基于气井二项式方程压力平方法计算产能时单参数储层厚度的敏感性。储层厚度在 1.38～3m 变化时，气井二项式方程压力平方法层流系数、紊流系数变化较大，气井产量变化较大，储层厚度敏感性较高。

（10）分析评价了基于气井二项式方程压力平方法计算产能时单参数储层渗透率的敏感性。储层渗透率在 120～180mD 间变化时，气井二项式方程压力平方法层流系数、紊流系数变化较小，气井产量变化较小，储层渗透率敏感性较低。

（11）分析评价了基于气井二项式方程压力平方法计算产能时单参数储层泄气半径的敏感性。储层泄气半径在 15～50m 间变化时，气井二项式方程压力平方法层流系数、紊流系数变化较小，气井产量变化较小，储层泄气半径敏感性较低。

（12）分析评价了基于气井二项式方程压力法计算产能时单参数储层厚度的敏感性。储层厚度在 1.38～3m 变化时，气井二项式方程压力平方法层流系数、紊流系数变化较小，气井产量变化较小，储层厚度敏感性较低。

（13）分析评价了基于气井二项式方程压力法计算产能时单参数储层渗透率的敏感性。储层渗透率在 120～180mD 间变化时，气井二项式方程压力平方法层流系数、紊流系数变化较小，气井产量变化较小，储层渗透率敏感性较低。

（14）分析评价了基于气井二项式方程压力法计算产能时单参数储层泄气半径的敏感性。储层泄气半径在 15～50m 间变化时，气井二项式方程压力平方法层流系数、紊流系数变化较小，气井产量变化较小，储层泄气半径敏感性较低。

（15）A井第一次抢险压井参数条件：压井液密度 2.05g/cm³，黏度 45mPa·s，设定节流压力 4.5MPa 下，压井排量 3000L/min，压井不成功，稳定后泵压 140MPa，超过额定泵压。平衡后井筒环空含气率较高，下部为段塞流，上部为雾状流。

（16）A井第一次抢险压井参数条件：压井液密度 2.05g/cm³，黏度 45mPa·s，设定节流压力 4.5MPa 下，压井排量 5000L/min，压井成功，稳定后泵压 290MPa，超过额定泵压。

（17）A井第一次抢险压井参数条件：压井液密度 2.05g/cm³，黏度 45mPa·s，设定节流压力 12MPa 下，压井排量 2000L/min，稳定后泵压及套管鞋压力在可承受范围之内，但排量不够导致压井不成功，稳定后井底压力 60MPa 左右。

（18）A井第一次抢险压井参数条件：压井液密度 2.05g/cm³，黏度 45mPa·s，设定节流压力 12MPa 下，压井排量 2500L/min，压井成功，压井时间 90min，泵压 130MPa，超过额定泵压及钻杆压力。

（19）A井第一次抢险压井参数条件：压井液密度 2.05g/cm³，黏度 45mPa·s，设定节流压力 40MPa 下，压井排量 1500L/min，压井成功，压井时间 27min，刚成功压井泵压 41MPa 左右，在额定泵压及钻杆压力范围之内，刚成功压井套管鞋压力在可承受范围之内，但接近破裂压力。

（20）在加节流压力 40MPa，压井排量 1500L/min 条件下，在井底刚刚停止进气时需要适当降低钻井液密度，缓慢适当增加泵排量，并泵入一定量的堵漏剂继续循环，才可以不压漏地层成功压井。

7.2 墨西哥湾 Macondo 井 ❶

深水地平线 Macondo 井井喷失控实际上是因为存在一系列的失误发生导致的。也即在这一系列的作用环节中如果有一个环节不产生失误都不会发生本事故，也即许多井控事故或者事件都有明显的失误，严格各施工环节将有力地抑制井控事故的发生。本书拟对若干个环节的失误给予分析与阐述。

7.2.1 深水地平线钻井基本概况

7.2.1.1 承包商、作业者、服务商情况简介

（1）英国石油公司（BP）是该区块执行各种作业的法定运营商，但与大部分运营商不同，BP 既不拥有钻 Macondo 井的钻机，也不承担钻井任务。Anadarkohe 和 MOEX 是 BP 在 Macondo 井的合作伙伴。这两家公司与 BP 分摊钻井成本，生产利润也是三家分成。

（2）越洋钻探公司是全球最大的钻井承包商，拥有多部海上钻机。对于 Macondo 井来说，越洋钻探承担了大部分钻井工作。

❶ 本节基本数据参考《Deepwater Horizon Investigation》，BP《Deepwater Horizon Accident Investigation Report》《Deep Water, The Gulf Oil Disaster and the Future of Offshore Drilling》（ISBN 978-0-16-087371-3）。

（3）哈里伯顿是世界上最大的油田服务提供商之一。Macondo井套管柱所用的水泥是由哈里伯顿设计与泵入的。斯佩里钻井是其子公司，BP雇佣斯佩里钻井公司收集Macondo井钻机及钻井相关数据，提供训练有素的人员检测和解释数据，工作内容包括监测井涌。

（4）喀麦隆是一家制造钻完井设备的公司，为深水地平线提供了防喷器。

（5）Drill-Quip是油井完井零部件制造商，总部位于休斯顿。Macondo井口装置是由Drill-Quip生产的，包括套管挂、密封总成和锁紧滑套组件。

（6）斯伦贝谢子公司M-I SWACO，是提供钻井液和钻井液服务的公司，总部位于休斯敦。Macondo井所用的钻井液和隔离液是由M-I SWACO提供的，深水地平线上的钻井液设备系统是由其工作人员操作的。

（7）BP雇佣斯伦贝谢为其Macondo井最终生产套管固井作业进行水泥评价测井。此外。斯伦贝谢还提供了评价过程所用到的测井服务。

（8）威德福是一家完井设备制造商，Macondo井的浮阀和扶正器是由威德福制造的。

7.2.1.2　事故井区基本情况

（1）2009年确定该井为勘探井。

2009年2月，BP打算在密西西比峡谷252区块（MC252）钻两口勘探井。这两口井距海岸线48mile，面积约为5760acre，水深4992ft，井深为海平面下20600ft。2009年4月美国矿产管理局同意了BP的勘探方案，两口井最初的方案都是使用马里亚纳号钻机。

（2）Macondo井被迫采用大越洋钻探的深海发现者号钻井船。

BP一直都想用越洋钻探的马里亚纳号平台钻完Macondo井。2009年10月6日，Macondo井开钻，所用平台是马里亚纳号。马里亚纳号工作人员钻完了Macondo井的头9090ft，并下了套管，但2009年11月9日，飓风艾达来袭，钻机受损，不得不被迫离开现场。2010年2月，深水地平线开始接管Macondo井作业工作，继续钻进。

（3）Macondo井名称来源及其技术风险比对。

BP钻这口井是为了开发Mocondo勘探区。这个名字起源于一次慈善捐款。

Macondo井最初的设计有两个目标层段，第一个目标层位是在13319ft，第二个在井底14596ft，这些目标都位于深部砂岩地层，可能的潜在的厚盐岩层。在墨西哥湾地区Macondo井，无论从水深还是井深方面来说都不具有挑战性，5000ft的水深也只是刚刚进入超深水钻井的范围，这一数字比2003年雪佛龙使用越洋钻探的深海发现者号钻井船10000ft的记录要浅得多，同样14596ft的泥线下目标井深在该地区也不算深，这也比BP在2009年使用越洋钻探的深水地平线钻的31000ft记录差得多。此外，Macondo井是一口垂直井，这比该地区其他的很多具有斜井段或水平段的井在技术上要简单一些。

BP将主要地质目标层锁定在海平面以下18000～20000ft或海床下埋深13000～15000ft的新统浊积砂岩，这些砂岩是在12～15Ma前沉积在古海床上的。根据BP的方案，要求钻井总深达到20600ft。BP从一开始就是将这口井当做长期采油井进行规划的，只要钻透目标砂岩层，即用作生产井。

7.2.1.3 平台基本情况

（1）平台名称：深水地平线。

（2）级别：第五代动态定位海洋移动钻井平台。

（3）建造者：韩国现代重工。

（4）作业参数：作业水深达到10000ft、额定钻深为9114m、定员130人、工作吃水23m。

（5）作业能力：船东是越洋钻探。事故发生时平台上共有员工126人，根据BP的合同规定，日租费为533495美元。深水地平线的基本尺寸为平台宽256ft，长396ft，钻井时主甲板比海平面高61ft，钻台在此基础上还要高15ft。钻塔高244ft，钻井时总计比海平面高320ft。

（6）防喷器配备：该井配备的水下防喷器为喀麦隆生产，最大工作压力15000psi（103MPa）。其配备为一个全封闭剪切闸板、一个套管剪切闸板、两个变径闸板、一个测试闸板、两个环形防喷器，如图7.53和图7.54所示。

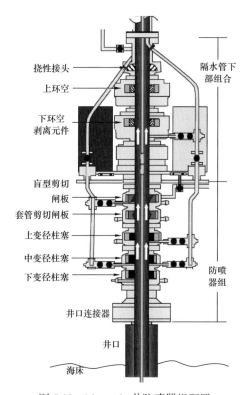

图 7.53 Macondo 井防喷器组配置

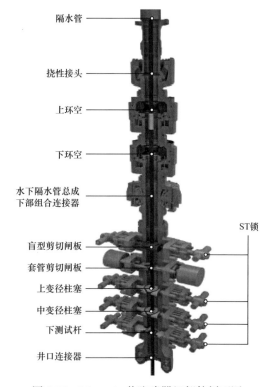

图 7.54 Macondo 井防喷器组部件剖面图

7.2.2 关键作业事件——时间轴简介

7.2.2.1 正压套管测试和初始顶替

2010年4月20日，固井完成后，要完成临时弃井作业，钻井队员下入一个复合钻杆柱进行顶替。约上午十一点开始进行正压测试，主要作业事件如下所示，图7.55为平台钻井液池体积变化监测曲线。从图 7.55 中可以看出钻井液转移作业使得初始顶替期间的井内钻井液返出量准确监测工作变得非常困难。

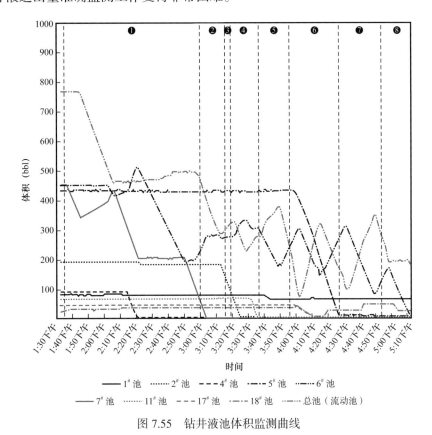

图 7.55　钻井液池体积监测曲线

表 7.20 为下午 1 点 35 分到 5 点 10 分之间的钻井液转移作业大事件。

表 7.20　下午 1 点 35 分到 5 点 10 分之间的钻井液转移作业

事件	说明	时间
1	向达蒙·B. 班克斯顿号转移钻井液，以便为预计顶替出来的钻井液腾出地方	下午 1 点 35 分至 3 点 03 分
2	增压管线顶替期间的钻井液转移作业	下午 3 点 03 分至 3 点 15 分
3	测试海上管线和月池软管时的钻井液转移作业	下午 3 点 15 分至 3 点 21 分
4	节流管线顶替期间的钻井液转移作业	下午 3 点 21 分至 3 点 38 分
5	压井管线顶替期间的钻井液转移作业	下午 3 点 38 分至 3 点 55 分
6	泵入 16lb/gal 隔离液时的钻井液转移作业	下午 3 点 55 分至 4 点 27 分
7	用海水顶替 16lb/gal 隔离液时的钻井液转移作业	下午 4 点 27 分至 4 点 52 分
8	向达蒙·B. 班克斯顿号的最后钻井液转移作业	下午 4 点 52 分至 5 点 10 分

图 7.56 为管线压力以及使用的泵冲程监测曲线。

表 7.21 为与图 7.56 相对应的时间—作业事件简介，表 7.21 完整地记录了初始顶替期间所发生的主要作业事件及其相对应的时间。

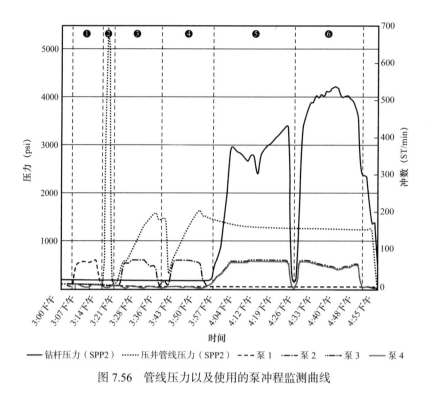

图 7.56　管线压力以及使用的泵冲程监测曲线

表 7.21　下午 3 点 03 分至 4 点 53 分初始顶替期间事件概述

事件	说明	时间
1	利用 1 号泵沿增压管线泵入来自海水柜的海水，顶替 14.17lb/gal 钻井液（斯佩里没有为增压泵提供可用的压力数据）	下午 3 点 03 分至 3 点 15 分
2	利用 2 号泵（SPP1）测试海上管线和月池软管	下午 3 点 15 分至 3 点 21 分
3	利用 2 号泵（SPP1）沿节流管线泵入来自海水柜的海水，顶替 14.17lb/gal 钻井液	下午 3 点 21 分至 3 点 38 分
4	利用 2 号泵沿压井管线泵入来自海水柜的海水，顶替 14.17lb/gal 钻井液	下午 3 点 38 分至 3 点 55 分
5	利用 3 号和 4 号泵（SPP2）从 5 号池泵送 421bbl 16lb/gal 隔离液到井内，顶替 14.17lb/gal 钻井液	下午 3 点 55 分至 4 点 27 分
6	利用 3 号和 4 号泵（SPP2）在隔离液之后泵入海水，顶替防喷器上方的隔离液。停泵，关闭环形防喷器	下午 4 点 27 分至 4 点 53 分

　　由越洋钻探的调查报告可知：井液服务公司 M-I SWACO 为临时弃井的顶替程序提供了方案，BP 根据 M-I SWACO 的意见，利用剩余的防漏段塞材料作为隔离液，基于此所形成的流体性质是否合适是未知的，再加上复杂的井筒和钻杆柱几何形状，隔离液使作业变得复杂得多，可能影响了泵的效率，可能造成顶替期间在缺少泵排量曲线的情况下出现令人困惑的压力读数。

7.2.2.2　负压测试

　　2010 年 4 月 20 日下午 3 点左右，钻井队开始准备负压测试。图 7.57 和图 7.58 为测试期间压力以及泵的工作状态监测曲线，表 7.22 及表 7.23 为相应时间的作业事件简介，从图表中可以看出在此时间段内环形防喷器可能未能密封隔水管，致使高密度的隔离液通过缝隙向下移动。

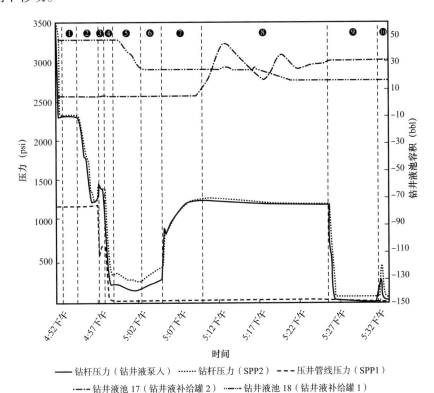

图 7.57　压力监测以及泵工作状态监测曲线

表 7.22　负压测试期间事件一览

事件	说明	时间
1	在初始顶替完成后，关闭钻井泵和环形防喷器	下午 4 点 53 分至 4 点 54 分
2	打开钻杆，估计有 18~25bbl 钻井液从钻杆中排出，钻杆压力（CPP）下降至 1250psi，然后关闭钻杆	下午 4 点 54 分至 4 点 57 分
3	打开水下压井阀，使钻杆压力和压井管线压力达到一致。钻杆压力（CPP）上升至 1395psi，而压井管线压力（SPP1）下降至 382psi	下午 4 点 57 分至 4 点 58 分
4	继续将海水从钻杆中排出。排出压井管线压力（SPP1）至 0 psi，而钻杆压力（CPP）降低至 340psi 左右。油井相对地层变得欠平衡	下午 4 点 58 分至 4 点 59 分
5	继续将海水从钻杆中排出。钻杆压力（CPP）下降至 240psi 左右，然后上升。在排压时，连接钻井液补给罐监测隔水管液面。钻井液补给罐的钻井液立刻开始减少，说明密度为 16lb/gal 的隔离液正在关闭的环形防喷器下方移动	下午 4 点 59 分至 5 点 02 分
6	继续从钻杆中排出海水。关闭钻井液补给罐，但隔水管液面继续下降，在环形防喷器下方移动。于是多出来的密度为 16lb/gal 的隔离液进入了关闭的环形防喷器下方的环形空间。钻杆压力（CPP）开始上升	下午 5 点 02 分至 5 点 05 分

事件	说明	时间
7	关闭钻杆，其压力（CPP）快速升至900psi。钻杆压力（CPP）继续逐渐上升至最大压力1250psi。环形防喷器是密封的，阻止了密度为16lb/gal的隔离液在关闭的环形防喷器下方进一步移动	下午5点05分至5点09分
8	钻杆压力稳定在1202psi。钻井液池的数据显示总共有65bbl钻井液从钻井液补给罐泵入隔水管	下午5点09分至5点26分
9	打开钻杆，排出大约15bbl海水。钻杆压力（CPP）下降至接近0 psi，油井相对地层变得欠平衡	下午5点26分至5点32分
10	钻杆保持打开，打开水下压井阀和海面压井阀。环空"U"形管中的高密度钻井液促使钻井液从钻杆流出和钻杆压力升高。泄压后，阀很快关闭，隔离钻杆压力表（CPP，SPP2）并且使钻杆压力降到接近0 psi	下午5点32分至5点34分

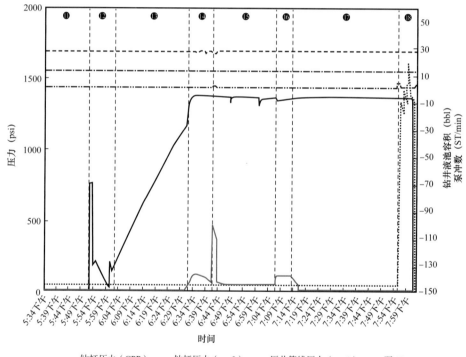

图 7.58　压力监测以及泵工作状态监测曲线

表 7.23　负压测试期间事件一览

事件	说明	时间
1	当钻杆压力表（CPP，SPP2）被隔离并且油井相对地层欠平衡时，钻杆压力增加没有反映在钻杆压力表上	下午5点34分至5点51分
2	阀打开，固井设备的钻杆压力表（CPP）反映出钻杆增加的压力。在压力快速上升到770psi后，再次泄压	下午5点51分至6点00分

事件	说明	时间
3	泄压后，关闭钻杆。其压力（CPP）逐渐上升到1182psi左右	下午6点00分至6点31分
4	钻杆压力（CPP）上升到1182psi左右。晚6点31分左右，压井管线压力略有增加，水下压井阀打开了。晚6点35分，钻杆压力上升到1400psi，而压井管线压力上升到137psi，说明油井和地层连通	下午6点31分至6点40分
5	流体泵入压井管线，压力（SPP1）增加到492psi，说明压井管线充满以及水下阀关闭。然后卸掉压井管线压力（SPP1）。有两次注意到钻杆压力（CPP）略有下降，但在压井管线压力（SPP1）没有相应增加的反应	下午6点40分至7点06分
6	压井管线压力（SPP1）上升的同时钻杆压力（CPP）下降，说明钻杆和压井管线里达到一致	下午7点06分至7点13分
7	卸掉压井管线压力，负压测试通过监测压井管线流量进行	下午7点13分至7点54分

现在可知道负压测试期间观察到的钻杆压力异常，应该证实了水泥隔断无效，压力传导越过了水泥隔断和浮动设备，以及油井和地层相通。

7.2.2.3 隔水管顶替作业过程

在BP井场负责人作出负压测试成功的错误判断后，下令井场钻井队进行隔水管顶替作业，图7.59、图7.60和图7.61为隔水管顶替期间压力监测以及泵的工作状态监测曲线，表7.24、表7.25及表7.26为相应时间所发生的作业事件简介，从图表中可以得出如下观点。

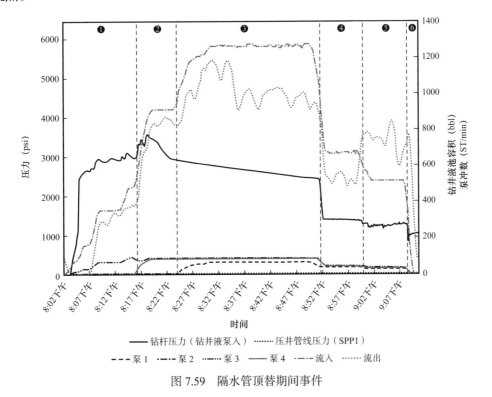

图7.59　隔水管顶替期间事件

表 7.24　隔水管顶替期间事件一览

事件	说明	时间
1	启动 3 号泵，将海水从海水柜泵入钻杆。泵关闭后，很快下部环形防喷器打开，油井相对地层再次过平衡	下午 8 点 02 分至 8 点 16 分
2	启动 4 号泵，3 号泵和 4 号泵一起将海水从海水柜泵入钻杆。随着海水开始进入环形空间和密度为 14lb/gal 的钻井液流出隔水管，钻杆压力开始下降	下午 8 点 16 分至 8 点 23 分
3	1 号泵打开，将海水从海水柜泵入增压管线，与此同时 3 号泵与 4 号泵继续向钻杆中泵入海水。随着海水进入上方环形空间和密度为 14lb/gal 的钻井液流出隔水管，钻杆压力继续下降。从晚 8 点 27 分左右到晚 8 点 36 分，大约 43bbl 流体从钻井液补给罐泵入分流器壳体。估计在晚 8 点 38 分到晚 8 点 52 分之间的某个时候油井变得欠平衡	下午 8 点 23 分至 8 点 49 分
4	为隔离液到达海面做准备，降低泵速，钻杆压力也相应降低。泵速达到稳定，钻杆压力保持稳定而不是继续下降	下午 8 点 49 分至 8 点 59 分
5	进一步降低泵速，钻杆压力也相应降低。泵速达到稳定后，钻杆压力开始上升。从晚 8 点 58 分左右到晚 9 点 06 分，钻井液补给罐中的流体再次泵入分流器壳体	下午 8 点 59 分至 9 点 07 分
6	判断隔离液达到海面，关闭泵完成静态光泽测试	下午 9 点 07 分至 9 点 09 分

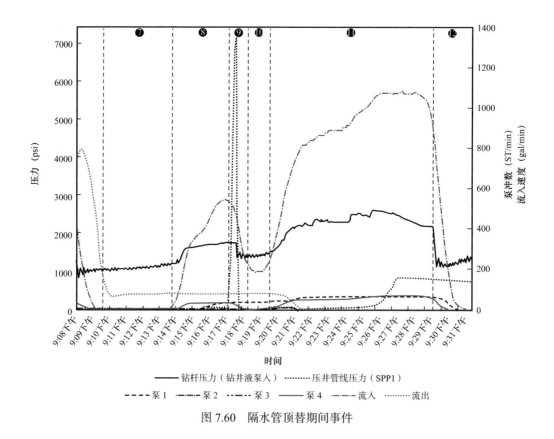

图 7.60　隔水管顶替期间事件

表 7.25　隔水管顶替期间事件一览

事件	说明	时间
7	泵关闭后进行光泽测试时，钻杆压力从 1013psi 上升到 1202psi	下午 9 点 09 分至 9 点 13 分
8	启动 3 号泵、4 号泵和 1 号泵继续顶替作业，返回流体排放入海	下午 9 点 13 分至 9 点 17 分
9	启动 2 号泵，向节流压井管线泵入流体。压井管线压力迅速上升至 7126psi，打开泄压阀。关闭 2 号泵、3 号泵和 4 号泵，1 号泵继续运行	下午 9 点 17 分至 9 点 18 分
10	钻杆压力缓慢上升，3 号泵和 4 号泵保持关闭。1 号泵继续匀速向增压管线泵入流体（没有关于增压管线的斯佩里数据）	下午 9 点 18 分至 9 点 19 分
11	启动 3 号泵和 4 号泵继续顶替作业。压井管线压力开始逐渐上升至 833psi，然后匀速下降	下午 9 点 19 分至 9 点 29 分
12	关闭 1 号泵、3 号泵和 4 号泵，研究异常压力数据。钻杆压力开始上升	下午 9 点 29 分至 9 点 31 分

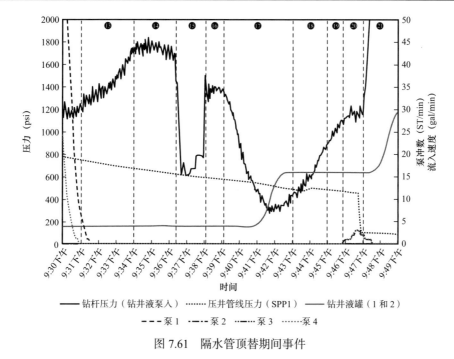

图 7.61　隔水管顶替期间事件

表 7.26　隔水管顶替期间事件一览

事件	说明	时间
13	随着泵关闭，钻杆压力从 1227psi 上升到 1721psi，而压井管线压力匀速下降	下午 9 点 31 分至 9 点 34 分
14	钻杆压力达到稳定，压井管线压力继续匀速下降	下午 9 点 34 分至 9 点 36 分
15	工作人员打开钻杆泄压。关闭钻杆，钻杆压力回升，但回升后压力较以前低	下午 9 点 36 分至 9 点 38 分
16	钻杆压力达到稳定，并在压井管线压力继续下降时保持相对稳定	下午 9 点 38 分至 9 点 39 分
17	油气到达钻杆柱底部并且开始迅速充满环形空间，导致钻杆压力下降。几乎与此同时，油气到达套管挂顶部，开始进入隔水管。钻井液补给罐启动，来自油井的流体使钻井液补给罐里的流体量迅速增加	下午 9 点 39 分至 9 点 43 分

事件	说明	时间
18	环形密封器关闭但并不密封。隔水管中的气体继续扩张，将钻井液推送到钻台上。然后钻井液被导向泥气分离器	下午9点43分至9点45分
19	钻井液超过了泥气分离器的处理能力，开始从泥气分离器的出口管线流出	下午9点45分至9点46分
20	气体到达海面，开始经过泥气分离器到达钻井平台。一个或多个变径闸板防喷器启动	下午9点46分至9点47分
21	一个或多个变径闸板密封，暂时关井	下午9点47分至9点49分

尽管法规工程师认为光泽测试合格，而且BP井场负责人也接受了他的结论，数据分析表明隔离液还没有到达海面。主要指标是晚9点09分关泵时测得的初始静液柱压力为1013psi。如果此时隔离液到达海面，实际压力应接近500psi。

此外，光泽测试样品的流体密度是15.4lb/gal，介于钻井液和隔离液的密度之间，说明样品中大约有30%的油基钻井液。根据这个密度，样品不应该通过光泽测试，而应该继续顶替作业，流体排入钻井液池。

7.2.3 事故发生前钻井历史显示的问题特征

7.2.3.1 钻井期间发生两次溢流

（1）第一次溢流。

2009年10月26日，钻井达到8970ft。钻井队检测到了井涌并关井，通过提高钻井液相对密度解决了井涌的问题，将涌出液循环出井口。

（2）第二次溢流。

2010年3月8日，Macondo井发生井涌。井涌发生时平台正在钻井。井涌持续了30min，BP最终被迫切断钻杆，侧钻井眼。

事件之后，BP要求其内部"完全集成地质与工程资料小组"进行工程分析，并于3月18日向其墨西哥湾钻完井人员分发了一份经验教训文件。BP建议所属人员"评估指示孔隙压力变化的全套钻井参数""确保我们检测所有相关趋势数据"。

7.2.3.2 钻井期间发生井漏

在钻Macondo井过程中，井漏事故频繁发生，并出现在不同的深度，有时可以持续几天：一次发生在二月中旬，四次发生在三月，三次发生在四月。最后一次井漏发生在4月9日，在平台钻入产层以后发生的。在海平面以下18193ft，钻井液压力超过了地层压力的强度，出现井漏，钻井队沿管柱向下泵送172bbl堵漏材料封住了裂缝。为了能够继续钻进，加重钻井液到14lb/gal以便平衡地层压力，但此密度的钻井液产生的循环当量密度达到14.5lb/gal——有在一次使岩石破裂并造成井漏的危险。

Macondo井狭窄的钻井窗口在钻井队钻入产层后造成了井漏，这使得井队更改了原设计深度，对油井的完整性以及安全性问题带来了困扰。

钻遇产层后发生的井漏事故让 BP 的专家重新仔细分析了在油层套管周围成功固井而不造成地层破裂的可能性，这将原本复杂的固井程序变得更加复杂。

7.2.4　测试作业期间溢流监测技术及存在的问题

7.2.4.1　作业期间频繁显示溢流特征

（1）2010 年 4 月 20 日 21：01 显示溢流。

① 20：52 油气开始从地层侵入井筒。

据越洋钻探公司的调查报告可知，从 2010 年 4 月 20 日晚 20：02 开始进行最终顶替作业，打开泵开始进行海水顶替。估计在 20 日晚 20：38 到 20：52 之间，油井变得欠平衡，地层流体开始向井筒中流动，如图 7.62 所示。

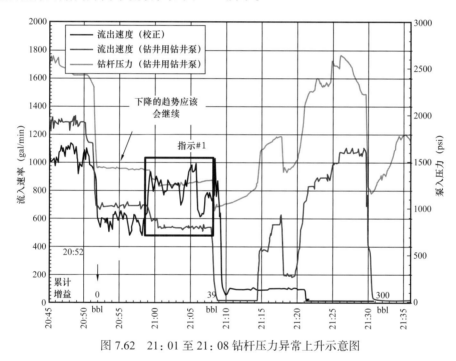

图 7.62　21：01 至 21：08 钻杆压力异常上升示意图

② 21：01 钻杆压力开始上升，显示了溢流特征。

据越洋钻探公司的调查报告可知，在 20 日晚 20：59，为隔离液到达海平面做准备而进一步降低泵速，钻杆压力也相应下降。但是在 21：01 泵速达到稳定后，钻杆压力开始上升。这一变化明显是升高异常。如果较轻海水正替出隔水管中的较重钻井液与隔离液，钻杆压力本应继续下降，至少就像之前一样。现在看来，钻杆压力的这一变化很可能表明油气正将较重钻井液推出井底，推向钻杆和钻杆周围。

（2）2010 年 4 月 20 日 21：08 显示溢流。

21：07，隔离液柱顶部到达钻井平台后，钻井平台人员关闭泵，完成静态光泽测试实验。

21：08 关泵约 1min 之后，钻杆压力开始上升，在 21：08 到 21：15 期间钻杆压力增加了 246psi，停泵后流出量并没有立即停止，如图 7.63 所示。

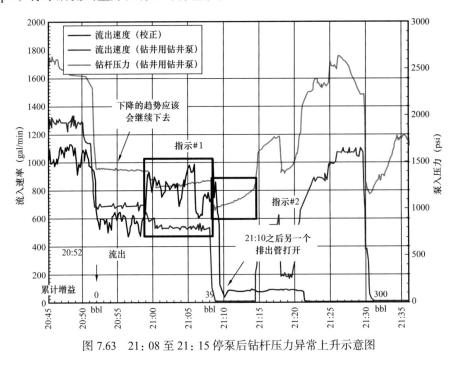

图 7.63　21：08 至 21：15 停泵后钻杆压力异常上升示意图

（3）2010 年 4 月 20 日 21：30 显示溢流。

21：29 至 21：31 关闭 1 号泵、3 号泵和 4 号泵，钻杆压力开始异常上升。

21：30 至 21：35 期间钻杆压力增加了 556psi，产生了 300bbl 钻井液增量，如图 7.64 所示。

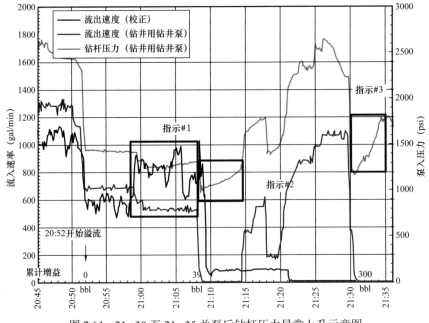

图 7.64　21：30 至 21：35 关泵后钻杆压力异常上升示意图

7.2.4.2　非封闭循环系统影响了溢流信号的可靠性

（1）非封闭循环系统对监测溢流信号的影响。

监测非封闭循环系统中的钻井液池增量较为复杂。在非封闭循环系统中，流体从钻井平台上钻井液池之外的其他位置抽出或返回。例如，当钻井平台人员使用海水替井内钻井液时，钻井平台人员可能从海中泵入海水（并绕过钻井液池），但仍然引导钻井液返出并返回钻井液池。在那种情况下，在用钻井液池体积将随时间推移而增加，因为钻井液返出正在注入钻井液池（图 7.65）。

（2）21：02 的非封闭循环操作。

21：02 钻井平台人员开始用海水将钻井液与隔离液替出隔水管。泵未对准闭合循环系统。相反，钻井平台人员通过海水柜将海水从海中泵入井内。海水绕过钻井液池。井内返出流体流入在用钻井液池（在这种情况下是钻井液池 9 和钻井液池 10）。结果，监测油井的人员无法依赖"钻井液池体积变化"显示器监测。为了监测钻井液池增量，钻井平台人员本来必须进行体积计算，对比（反映返出量的）钻井液池体积与泵入井中的海水体积（泵冲程 × 每个泵冲程的体积）。没有证据表明钻井平台人员是否进行了这种体积计算。

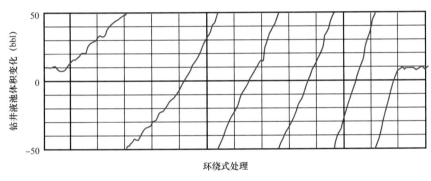

图 7.65　非封闭循环系统的在用钻井液池体积

（3）21：10 的非封闭循环操作。

21：10 钻井平台人员将返出流体引入海中，如图 7.66 所示。这样做绕过了钻井液池、Sperry-Sun 流出量流量计和气体传感器。那些设备不再用于监测油井。流动未绕过 Hitec 流出量流量计，但因为某些原因，也许是故障，也许是疏忽，Hitec 流出量流量计的数据从未提醒钻井平台人员发生井涌。大约在钻井平台人员将返出流体引入海中的同时，钻井平台人员还将在用钻井液池（钻井液池 9 和钻井液池 10）的钻井液转移到一直接收井内返出流体的备用钻井液池（钻井液池 6）中。

7.2.4.3　补灌钻井液灌非正规的使用丢失了重要的溢流信号

（1）20：28 至 20：34 期间补灌钻井液灌的非正规操作。

20：28 至 20：34，钻井平台人员排空钻井液补给罐（钻井液池 17），流体与剩余返出钻井液进入流线和钻井液池。这样使钻井液池与流出量的监测变得复杂。为了准确监测这两项参数之一，钻井平台人员必须进行计算，从屏幕上显示钻井液池体积与流出量读数中减去排空钻井液补给罐的影响。不知道钻井平台人员有没有这样做。

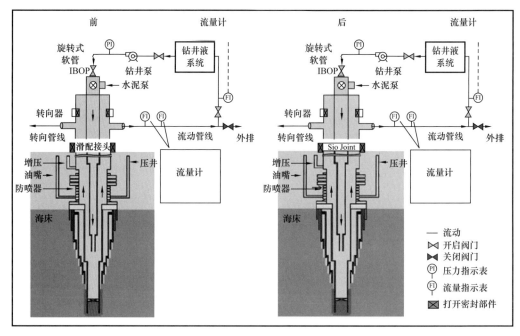

图 7.66　返出流体进入海中前后示意图

（2）20：34 补灌钻井液灌的非正规操作。

20：34 钻井平台人员同时做了三件事：

将返出流体从在用钻井液池（钻井液池 9 和钻井液池 10）引导出，引进备用钻井液池（钻井液池 7）；

排空沉砂池，排入在用钻井液池中（钻井液池 9 和钻井液池 10）；

开始填充钻井液补给罐（钻井液池 17）。

这些行动都使用于井控目的的钻井液池监测进一步变复杂。在用钻井液池系统作为井控监测工具的作用消失。为了知道井内流出体积，钻井平台人员必须进行计算，考虑将进入两个不同位置的返出流体——备用钻井液池（钻井液池 7）和钻井液补给罐（钻井液池 17）。此外，将返出流体绕过流出量流量计进入钻井液补给罐，似乎使流出量读数人为降低，所以必须加上进入钻井液补给罐的流体量，从而判断实际流出量。

（3）20：59，补灌钻井液灌的非正规操作。

钻井平台人员同时降低三台泵的泵速，开始排空钻井液补给罐。泵速降低本应造成流出量下降，但因为排空钻井液补给罐使更多流体通过流出量流量计，流出量读数实际升高了。流出量读数升高潜在地掩盖了流出量读数的井涌信号。

7.2.4.4　缺乏对固井期间溢流检测手段及可靠性显著少于钻井期间的意识

（1）钻井平台上的数据传感器存在多项缺点。

① 系统的覆盖范围不足。例如，未安装监测返出井流出送入海中的摄像头，没有传

感器表明将返出流体送入海中的阀门是开是关。因此，当返出流体进入钻井液池时可能通过视频监测流动，但当返出流体进入海中时则不可能通过视频监测流动。

②一些传感器不是特别准确。例如，用于测量钻井液池体积的电子传感器可能不太可靠，以至于钻井队有时反复使用带螺母的管柱测量钻井液池体积变化。

③传感器经常失去精度，对与井状态无关的移动作出反应。例如，流出量的波动可能源于钻井平台上吊车的活动。这些缺点可能导致钻井平台人员无法收到优质数据，从而使他们所收到数据的价值大打折扣。

（2）数据显示系统也有明显缺点。

（3）数据显示系统中未嵌入自动报警器。

此外，数据显示系统依赖于正确的人在正确的时间处于正确的地点看到正确的信息并得出正确的结论。尽管系统具有声光报警，但要求司钻人工设置。司钻也可以关闭声光报警。人工设置和重置报警门限单调乏味，并不经常进行。例如，通常对流入量与流出量无报警设置，因为泵停止和启动太频繁，所以警报触发太频繁。

（4）没有简单井监控计算的自动化。

例如，如果驱替设置成非闭合循环系统，钻井平台人员要保持跟踪体积，他们必须手工进行计算（返出体积－泵冲程×每个泵冲程的体积）。如果钻井平台在携带返出流体时排空钻井液补给罐，而钻井平台人员想要分解这两项活动，那么他们必须手工进行这一减法。那些计算本可以轻易地实现自动化和显示，用于增强实时监测。

7.2.4.5　认为固井质量合格不会发生溢流影响了对溢流信息分析的重视

（1）21：27出现了一处明显异常，压井管线压力异常，但却被司钻忽略。

钻井队刚打开之前关闭的压井管线阀，升高到800psi左右。这个压井管线压力很异常。钻井队注意到压井管线压力（约为800psi）与钻杆压力（约为2500psi）存在"压差"。21：30，他们关泵进行调查。大约在那时，越洋钻探公司大副大卫·杨进入钻场，与安德森和李维特谈论表面塞固井作业的时间安排。李维特坐在司钻A椅上，安德森坐在他身旁，正在相互交谈。他们时不时地看看司钻屏幕。李维特提到他们正"看到一处异常"。二人表现出担心，但很镇静。根据杨所说，"周围静悄悄的……没有恐慌或其他类似事件"。

（2）21：30到21：35，钻杆压力异常升高，但被忽略。

21：30到21：35，钻杆压力升高了大约550psi。这是另一处明显异常（图7.67）：泵关闭后，井内本应无运动（压力升高可能反映了钻井液继续被底下的油气推上井筒）。李维特和安德森专心地盯着屏幕，但他们没有关井。相反，李维特命令越洋钻探公司的钻台工迦勒·霍洛韦释放钻杆压力——显然是要消除压差。下午9：36，霍洛韦用曲柄打开立管管汇上的一个阀门，从而释放压力。但比正常释放压力花得时间长。李维特告诉霍洛韦，"好吧，关上它"。他一说，下午9：38时，钻杆压力就恢复了。钻杆压力升高了大约600psi。这次，压力升高也是严重异常。到这时，钻井平台人员已经观察到多处严重异常。每次异常都是井内"流体运动的信号"。那些异常本应"引起警觉"，似乎没有一点警觉的意思。

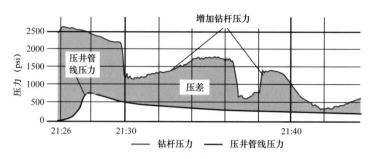

图 7.67　21：27 到 21：40 钻杆压力与压井管线压力异常

（3）钻井队未实施最基础的井涌检测修井——流动检查。

钻井队理应积极调查异常和实施诊断性修井。但似乎钻井队未实施最基础的井涌检测修井——流动检查。如果他们这么做了，他们本可以直接看到井内流出的流体，并应关井。钻井队显然没有实施流动检查，表明李维特和安德森没有考虑或已经排除了井涌的可能性。

7.2.5　固井及测试存在的问题

7.2.5.1　使用长套管柱增加了固井风险

（1）原钻井设计使用长套管柱固井。

① 原钻井设计决定采用长套管柱。

英国石油公司 Macondo 井的设计要求使用 $9\frac{7}{8}$in 长管柱生产套管设计方案，该方案属于 BP 在 2009 年 5 月设计的主要选择方案。

这种方案可能造成比安装尾管更高当量循环密度，由于担心液体漏失到地层，BP 对长套管柱设计较高的当量循环密度进行了补偿，这就要求哈里伯顿给出一套尽可能降低压力的固井程序，该程序用量低、技术复杂、难以实施，导致失误余地小。此决策增加了风险，而 BP 未进行重复安全评估便进行作业，越洋钻探未参与套管固井作业，也不知道其中的风险。

② 套管设计主要指标。

井身结构见如图 7.68 所示。

水深：5067ft 的海底。

5321ft 测量深度（实际垂直深度）：36in 套管（泥线以下 254ft）。

6217ft 测量深度（实际垂直深度）：28in 套管（泥线以下 1150ft）。

7938ft 测量深度（实际垂直深度）：22in 套管（泥线以下 2871ft）。

8969ft 测量深度（实际垂直深度）：18in 套管（泥线以下 3902ft）。

11585ft 测量深度（实际垂直深度）：16in 套管（泥线以下 6518ft）。

13133ft 测量深度（13333ft 实际垂直深度）：$13\frac{5}{8}$in 尾管（泥线以下 9066ft）。

15103ft 测量深度（15092ft 实际垂直深度）：$11\frac{7}{8}$in 尾管（泥线以下 10028ft）。

17168ft 测量深度（17157ft 实际垂直深度）：$9\frac{7}{8}$in 尾管（泥线以下 12090ft）。

本口井测量总井深为18360ft（18349ft实际垂直深度）（泥线以下12090ft），7in套管鞋测量测度为18034ft。

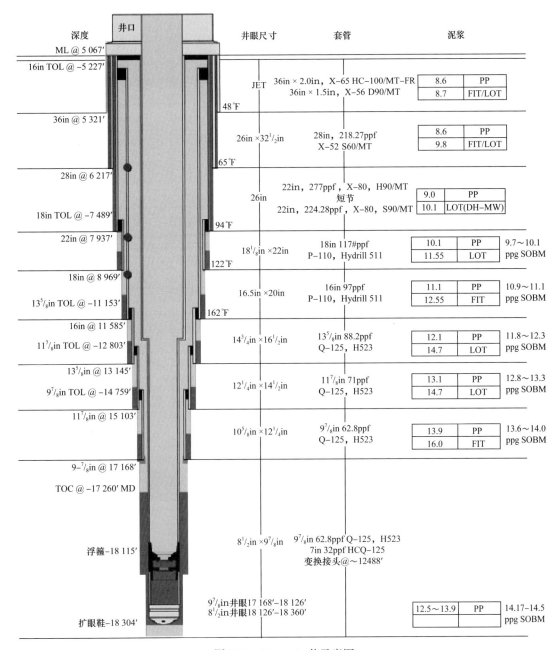

图 7.68　Macondo 井示意图

（2）钻井过程出现的复杂情况提出采用尾管组合代替长套管柱。

① 钻井过程表现出的复杂情况。

英国石油公司决定在 Macondo 井使用长套管柱引起了一系列的潜在问题，尤其对于井底固井作业。包括先前的两次井涌、一次鼓包事故、钻井液漏失事故以及确定孔隙压力困难，如图 7.69 所示，这使 Macondo 井成为一口复杂井。

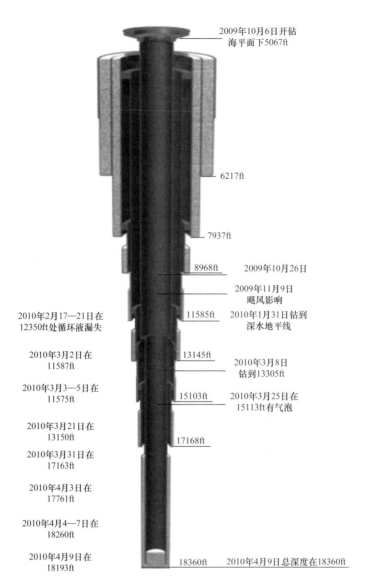

图中标注：

2009年10月6日开钻
海平面下5067ft

6217ft

7937ft

8968ft　2009年10月26日

2009年11月9日
飓风影响

2010年2月17—21在
12350ft处循环液漏失　11585ft　2010年1月31日钻到
深水地平线

2010年3月2日在
11587ft　13145ft　2010年3月8日
钻到13305ft

2010年3月3—5在
11575ft　15103ft　2010年3月25日在
15113ft有气泡

2010年3月21日在
13150ft　17168ft

2010年3月31日在
17163ft

2010年4月3日在
17761ft

2010年4月4—7在
18260ft

2010年4月9日在
18193ft　18360ft　2010年4月9日总深度在18360ft

图 7.69　钻井时间事故表

2009 年 10 月 26 日，Macondo 井井涌达到 8970ft，钻井队检测到井涌并关井，他们通过提高钻井液相对密度解决了井涌的问题。

2010 年 3 月 8 日，井涌再次发生，达到 13305ft，钻井队再次检测到井涌并关井，但是这次发生了卡钻，英国石油公司切断了钻杆并进行了侧钻。

2010 年 3 月 25 日，Macondo 井又出现鼓包事故。平台漏失钻井液进入地层，当钻井队降低井眼钻井液的压力，平台有从地层返回的流体。

2010 年 2 月、3 月和 4 月的不同时间点，钻井液压力超过了地层强度，钻井液开始流入岩层而发生井漏。在 2 月中旬发生一次，在三月发生四次，在四月发生三次。井漏导致该公司的损失超过 1300 万美元。

Macondo 井孔隙压力的不确定性影响了井的设计。Macondo 工程队决定采取更为保守的措施，让套管柱下得更浅。他们下入 $11\frac{7}{8}$in 过渡衬管（到 15103ft），为原设计预留的不测事件。他们又下了直径为 $9\frac{7}{8}$in 的衬管到储层上方（到 17168ft），并且打算在终孔段下更小的套管。

② 第一次提出采用尾管组合代替长套管柱。

2010 年 3 月 23 日，哈弗、莫雷尔和英国石油公司内部固井专家埃克里·坎宁安会见了哈里伯顿固井工程师杰西·加利亚诺，共同讨论模型中的当量循环密度问题。工程队正试图决定在井底采用什么尺寸的油层套管以及什么水泥固井。当月初，工程师们建立了长套管柱和油层套管衬管设计模型，分别采 $7\frac{5}{8}$in 和 7ft 的套管。他们担心 $7\frac{5}{8}$in 套管可能形成狭窄的环空，增大摩擦力导致地层破裂。根据哈里伯顿公司的模型，较小的 7in 套管显著降低了当量循环密度。

与常规长管柱套管相比，下尾管有以下优势。

（a）回接尾管内部有两道屏障，环空内有两道以上的屏障。长管柱只有一道内部屏障和两道环空屏障。

（b）钻井作业完毕后可较快速地安装尾管，井筒稳定性问题较少。

（c）尾管对地层损害可能性更小。钻井液循环期间对地层的作用力通常会因钻杆周围流速较低而降低，同时因尾管长度较短而得到进一步降低，长度较短会使环空摩擦压力变小。

（d）使用尾管造成水泥污染的可能性较小。尾管和下入管柱的内部体积比长管柱套管和下井管柱的内部体积要小。

（e）如果尾管在抵达井底前卡住，可就地固井，采取补救措施。长管柱要求套管抵达整个井深，以便将套管挂妥当坐在水下井口内。

（f）如有必要，尾管对于水泥修复是较好的方案。

③ 第二次提出采用尾管组合代替长套管柱。

四月初在油层发生的井漏事故导致公司的工程师们仔细分析了他们是否能在油层套管（或衬管）周围成功固井而不会造成本来已经棘手的地层的破裂，因为衬管固井较长套管柱固井更容易。

④ 最终仍然决定使用长套管柱固井。

虽说下了尾管有优势，但 2010 年 4 月 14—15 日，BP 还是决定保留最初的长管柱生产套管设计，即从水下井口至海底以下 13237ft（总井深 18304ft）深度下入了 $9\frac{7}{8}$in×7in 套管。

4 月 14 日，哈弗、莫雷尔、坎宁安、英国石油公司作业工程师布雷特·可卡尔斯和钻井工程队队长格雷格·瓦尔茨举行会谈以审查哈里伯顿公司的当量循环密度模型。审查组发现了模型的另一个缺陷——他们确定输入数据没有反映测井过程中采集到的实际最新数据。在同坎宁安再次估计井况后，审查组确定他们能够成功下套管并封固长管柱。

在 4 月 14 日举行的会议上，工程师们决定下长套管柱，促使选择安装并封固长油层套管决策的几个因素：坚持该井的原设计基础的愿望；避免封闭环空以便减轻将来环空压力积累的愿望；排除在生产过程中可能导致井漏的额外机械密封的愿望；以及将来完井费用可能节省 700 万美元至 1000 万美元的愿望。

在变更管理中——英国石油公司油井设计文件变更处理的一部分，审查组做出了正式决定。根据变更管理，长套管柱可以"为将来的完井作业提供最完整的井眼""最经济的井眼"，并可以通过仔细的固井作业设计成功固井。

（3）使用长套管柱风险原因。

英国石油公司工程师们保留长套管柱设计的决定使得在几个方面已经复杂的固井程序变得更加复杂。

① 使用长套管柱会增大水泥侵入的危险。

长套管柱固井而不是衬管固井要求水泥在到达其目的位置之前穿过大面积的套管。这样增大了表面积，转化为增加水泥与黏着在套管上的钻井液和岩屑膜的接触时间。由于长套管柱是锥形的，事实上放大了危险，使刮塞真正刮干净更加困难。

② 使用长套管柱排除了固井作业过程中现场转动套管或移动套管就位的可能性。

井队人员本可以通过旋转衬管来提高固井质量，但是旋转长套管柱比旋转衬管更加困难，所以这种设计选择排除了一种可以减小固井危险的方案。

③ 长套管柱固井一般要求比衬套固井有较高的水泥泵压力（及较高的当量循环密度）。

为了能够在一个脆弱的井眼如 Macondo 井中补偿压力的升高，英国石油公司工程师们对固井作业进行了其他的调整。工程师为降低当量循环密度采用的一些调整措施增加了固井失败的危险。

④ 修复长套管柱底部固井作业比修复衬管底部的固井作业更加困难。

采用衬管，在下完衬管前井队人员就能够提起尾管到衬管悬挂器上方，从衬管悬挂器顶部泵送更多的水泥修复固井作业。这种方法比修复长套管柱固井更有效，复杂程度更低。采用长套管柱井队人员必须进行挤水泥作业，挤水泥作业复杂而且费时，可能需要几天时间。

7.2.5.2　使用充气泡沫水泥浆体系增加了固井风险

（1）钻井设计采用充气泡沫水泥浆体系固井。

① 充气泡沫水泥浆体系特点。

轻质水泥是降低水泥柱对地层压力的非常直接的方法。与水泥相比，氮气的重量很轻，氮气泡沫使得整个水泥混合物比基础水泥浆的密度低，鉴于基础水泥浆的典型密度约为 15lb/gal，泡沫水泥的密度可低至 5lb/gal。在所有其他条件相同的情况下，与高密度的水泥浆相比，套管周围环空中水泥浆的密度较低将会对地层产生较小的静水压力。因此，使用低密度泡沫水泥会降低地层破裂的风险。

泡沫水泥具有两种主要的技术优势。首先，泡沫水泥浆中的氮气气泡使得整个水泥混合物的密度低于基础水泥浆；其次，固井人员可以根据井况通过调整向基础水泥浆中注入氮气的速度来调整泡沫水泥浆的密度。

② 设计充气泡沫水泥浆体系的理由。

在深水井中，对最初的少量套管柱使用饱沫水泥是很常见的，因为浅部地层强度往往过低，无法承受较重的、正常密度的水泥浆所施加的静水压力和动态泵送力。BP和哈里伯顿从最开始就计划至少在Macondo井固井作业的部分井段使用泡沫水泥技术。

为了固结Macondo井的最后一段生产套管，哈里伯顿和BP早在2010年2月就开始计划先使用密度为16.7lb/gal的基础水泥浆，然后加入足够的氮气将水泥浆密度降至14.5lb/gal。似乎是BP的钻井工程师布莱恩·莫雷尔首先提出了将泡沫水泥技术用于生产套管的主意，他提出这一建议是由于使用泡沫水泥可能会在油井的整个生命周期内提供更好的长期强度。哈里伯顿的固井工程师杰西·加利亚诺也赞同泡沫水泥会对Macondo井有所帮助，但是BP的一名内部固井专家早在3月8日就警告莫雷尔说：在转为油基钻井液后，发泡水泥在泡沫的稳定性方面会面临一些重大的挑战，因为泥浆中的油会破坏大部分发泡表面活性剂的稳定性，并且如果发生污染，将导致氮气突破。这就需要特别注意隔离液程序，并且往往需要在泡沫水泥浆顶部使用非泡沫水泥浆段，以缓解氮气突破的问题。

四月初出现的循环液漏失问题似乎进一步坚定了作业者使用氮气泡沫水泥的决心。根据BP和哈里伯顿的计算，使用更轻的泡沫水泥将降低地层破裂的风险，并且因此减少注水泥过程中发生漏失的风险。

（2）充气泡沫水泥浆体系增加风险的原因。

① 尽管该技术在Macondo井中显示了若干优势，但是也带来了一种风险：如果氮气饱沫水泥浆的设计不当或泵送不正确，那么这些水泥浆就会很不稳定，导致初次注水泥作业的失败。

② 在3月，一位英国石油公司的固井专家明确地劝告一位Macondo工程师说，使用泡沫水泥对油层套管进行固井将"对泡沫稳定性"提出重大的稳定性挑战。水泥浆中间充氮部分不稳定，当水泥沿着钻杆和生产套管向下流时，其中的氮气气泡从悬浮液中逸出，这导致充氮水泥中间部分和末端水泥中留有大量气体充填的空隙，凝固后具有渗透性，油气可以从这种水泥中流过。

③ 水泥到达油井底部后可能发生氮气逸出，这可能引起泵作业数据异常，但仍不足以降低凝固水泥的质量。

7.2.5.3　负压测试数据隐含水泥浆封固储层失效

（1）负压测试目的。

生产套管固井后，BP几乎准备好对Macondo井进行完井，将其转为生产井。然而，BP只计划使用"深水地平线"钻井而非完井，安装生产套管后，BP计划让"深水地平线"离开Macondo井，驶向墨西哥湾其他地方进行不同的钻井作业。另一钻井平台将在未来某一时间过来实施完井作业。

在"深水地平线"驶离Macondo油井前，负压测试必须合格，以确保浮箍阀、套管和油井里的水泥隔断将阻止油气进入油井。

负压测试模拟了钻井平台人员从隔水管中（和泥线下方部分井段）除去钻井泥浆进行临时弃井时在井内造成的状态。清除钻井液，消除了井内的压力。因此，负压测试评估了井口组件、套管和井内机械与水泥密封的完整性——事实上，这是检查初注水泥完整性的

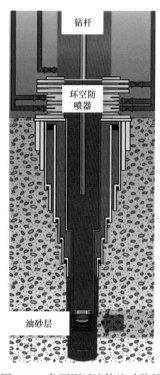

图 7.70　负压测试流体流动路径

唯一压力测试（图 7.70）。钻井平台人员依靠井底水泥隔离产油层的油气，使其保持在井内。水泥测试对每个钻井人员的安全都至关重要。基于这些原因，BP 和越洋钻探均将负压测试描述为极其重要。

（2）第一次负压测试过程以及暴露的问题。

① 准备负压测试。

2010 年 4 月 20 日下午 3 时左右召开负压测试前的安全会议，M-I SWACO 的钻井液工程师利奥·林德主持了这次会议，井场负责人鲍勃·卡卢加出席了这次会议。

为了准备负压试验，钻井队需要将钻杆和套管柱内的钻井液从 8367ft 的深度替到防喷器上方。钻井队通过钻杆泵入隔离液，然后泵入海水，直到钻井液位于防喷器上方，从而达到目的（图 7.71）。

3：00 时后不久，为了开始准备负压试验，钻井队用海水替升压管线、节流管线和压井管线。海水泵入钻井平台的管线，将钻井液挤上隔水管。替完管线后，钻井队关闭将它们与隔水管和防喷器相连的阀门（图 7.72）。

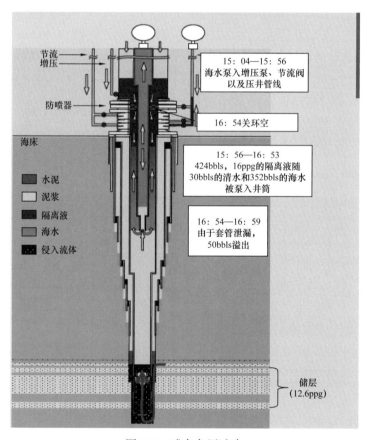

图 7.71　准备负压试验

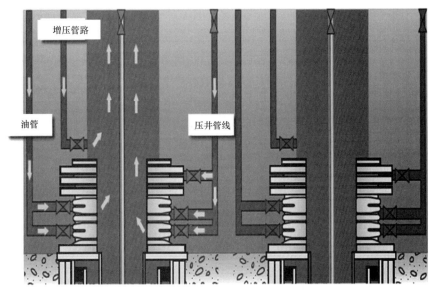

增压管路

油管

压井管线

图 7.72　负压试验进展

　　就在下午 4 时前，钻井队将钻杆与套管内的钻井液从 8367ft 替到防喷器上方。钻井队先沿钻杆泵入隔离液，将钻井液向上挤出套管和隔水管。在隔离液之后，钻井队向钻杆内泵入海水，这将隔离液与钻井液挤上套管。钻井队的目的是泵入足够的海水，将隔离液与钻井液替到防喷器上方（图 7.73）。

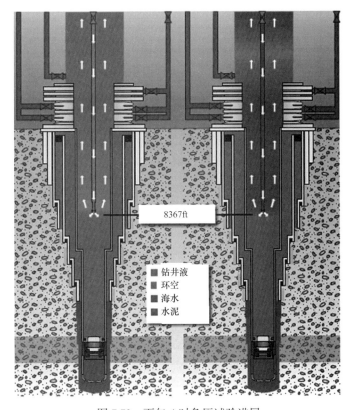

8367ft

■ 钻井液
■ 环空
■ 海水
■ 水泥

图 7.73　下午 4 时负压试验进展

下午 4：53 钻井平台人员初次关闭钻杆周围的环形防喷器时（图 7.74），钻杆上的压力比其应有的压力约高 700psi。这一异常本应值得进行深入调查，因为这本可以表明隔离液始终位于防喷器下方。这一高于预期的压力是负压测试期间众多未被认出而被忽视的异常中的第一个。

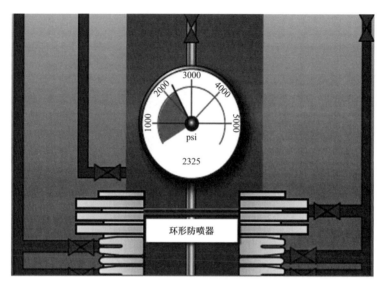

图 7.74　下午 4：53 环形防喷器压力

下午 4：53，环形防喷器关闭后，钻井队释放钻杆内的压力，使其等于压井管线内的压力。由于钻杆与压井管线通向相同装置，当压井管线与防喷器之间连接的阀门打开时，二者压力应始终相等。然而，当阀门打开时，压井管线压力与钻杆压力出现分歧（图 7.75）。

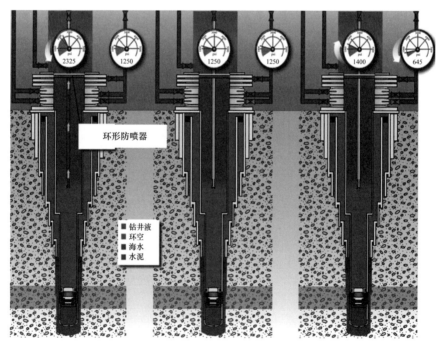

图 7.75　下午 4：53 负压试验进展

这本应是隔离液可能已在防喷器下方停止或出现问题的另一征兆。有些证据表明钻井平台人员或井场负责人可能已经认识到问题，但似乎没有对此作出应对。当征兆变成特点时，钻井平台上的人都没有采取简单的预防措施：他们本可以打开环形防喷器，向井内泵入更多海水，保证将所有隔离液顶到防喷器上方，然后重新开始负压测试。这样可能会花费时间，但也可以保证错位的隔离液不会混淆测试结果。

② 初次负压测试。

（a）下午4:58，钻井队通过尝试将压力释放到0psi开始负压试验（图7.76），然而钻井队不能将压力减小到260psi以下，这次释放使不知数量的水返出钻井平台。钻井队关闭钻杆，压力恢复至1262psi。在成功的负压试验中，钻杆不会恢复。

这些事件表明井的表现不像一个封闭的系统，有东西正进入井中，尽管不确定进入井中材料的来源。

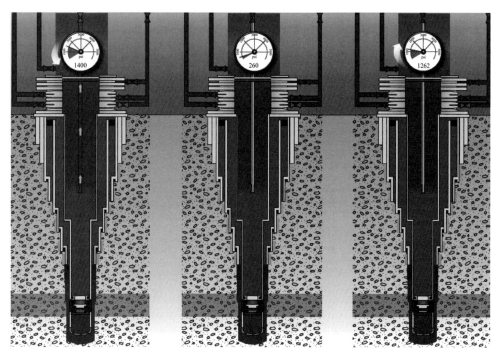

图7.76　下午4:58负压试验进展

（b）5:10，钻井队注意到隔水管内压面正在下降，由于环形防喷器在钻杆周围的密封程度不够，隔离液渗漏到防喷器下方，作为反应，钻井队加密环形防喷器的密封，再次充满隔水管，但未将隔离液循环到防喷器上方，如图7.77所示。

不像许多其他征兆，钻井平台人员可以亲眼观察到隔水管内的液面。正如一位独立专家所指出，这一系列事件实际上形成了一次失败的负压测试，不过钻井平台人员未认识到这一事实。

为了应对隔水管内液面的下降，哈勒尔指示钻井平台人员加强环形防喷器对钻杆的密封，越洋钻探公司当时的值班队长怀曼·惠勒在隔水管顶部注了20~25bbl钻井液，隔水管内的液面保持稳定。因此钻井平台人员已经识别并消除了井系统中一处本来可以解释他们看到的异常压力读数和无法将钻杆压力释放为 0psi 的泄漏。

尽管清晰证据表明隔离液可能泄漏到防喷器下方，但钻井平台人员又没有采取措施确保将隔离液全部顶到防喷器上方，反而继续进行测试。

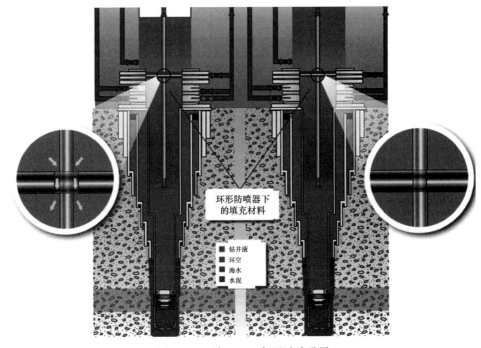

图 7.77　下午 5：10 负压试验进展

（c）5：26，钻井队再次尝试，这次成功地将钻杆压力释放到 0psi，这次释放期间共返出 15bbl 海水。钻杆关闭，但钻杆压力升高到 773psi。15bbl 返出比预期返出高，而钻杆压力本不应该恢复。钻井平台人员关闭钻杆，但压力再次恢复。在这种情况下，压力达到 773psi，很可能会继续升高，使钻井平台人员无法直接释放，如图 7.78 所示。

第二系列的释放、过度流量和压力恢复构成了钻井平台人员又一次没有认识到的"负压测试"。环形防喷器完全关闭密封，过量回流和压力升高的唯一解释是主要固井作业未能密封产油层，油气正从地层泄漏到井内。这时参与测试的人员本应认为到井已经失去完整性。

（d）5：53，钻井队又第三次释放了钻杆压力，这次通过压井管线释放。当钻杆压力达到 0psi 时，返出 3～15bbl 流体，当钻杆关闭时，钻杆压力升高到 1400psi，如图 7.79 所示。

钻杆压力升到 1400psi 是负压试验失败的清晰标志。根据 BP 在事后与卡杜纳和韦德林的面谈记录，以及兰伯特的证词，安德森解释说 1400psi 的钻杆压力是由"气囊效应"或"环形防喷器压缩"造成的。即使这种现象确实存在，由这种"气囊效应"引起的压力本来可以在钻井平台人员放空钻杆和压井管线之后消失，任何"气囊效应"都无法解释钻杆上 1400psi 的压力。无论是韦德林、卡杜纳，还是钻井平台人员都没有把钻杆负压测试当作失败来对待。相反，他们选择了不管钻杆负压测试，而支持对压井管线进行新测试。

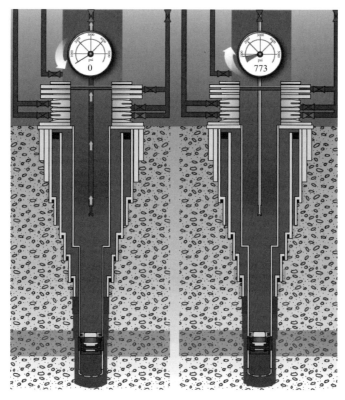

图 7.78 　下午 5：26 负压试验进展

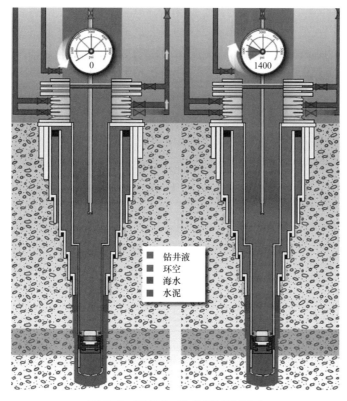

图 7.79 　下午 5：53 负压试验进展

（3）第二次负压测试过程以及暴露的问题。

下午 6：40 钻井队对压井管线实施负压试验。钻井队将压井管线压力减小到 0psi，释放了微量水。压井管线上未观察到流动或压力恢复，这本身可以表明负压试验是成功的，如图 7.80 所示。然而，钻杆压力始终保持在 1400psi，从未予以适当考虑。

压井管线无压力或流动本身可以表明负压测试是成功的。但钻杆上 1400psi 的压力始终没有消失。安德森、卡杜纳和李维特继续将压力解释为"气囊效应"，环形防喷器下的钻井液存在着气囊效应，由于气囊效应，环形空间下的压力在压差作用下会越来越高，但不会造成流动，因为有封隔器在阻隔，不过，可以看到封隔器另一侧的压差情况。

最后，大家显然都接受了压井管线的负压测试，确定了主要固井作业已经成功密封了产油层的油气。

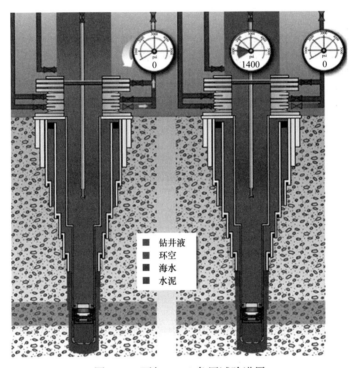

图 7.80　下午 6：40 负压试验进展

第二次负压测试再次表明井缺乏完整性。钻杆 1400psi 的读数表明油气正泄漏到井内。压井管线压力此时为 0psi 表明有东西可能阻塞了流经压井管线的流体，把压力传输到钻井平台上的压力计。一种可能性（明显指前者）是防喷器下的隔离液已迁移进 $3\frac{1}{16}$in 直径压井管线并将其堵塞。还有可能是钻井队意外关闭了本应打开的一个阀门。压井管线还有可能被管线中未排出的钻井液或测试期间固化的天然气水合物堵塞（使封堵作业复杂化的同种水合物）。准确原因无法确定。

7.2.5.4　负压测试最终结论为固井质量合格使得人们丧失了溢流井喷的警惕性

（1）负压测试最终结论。

通过两次负压测试，大家都接受了固井作业已经成功密封了产油层的油气。

（2）负压测试最终结论在技术人员起到的副作用。

① 负压测试表明水泥失效确被误读。

尽管井场负责人和钻井平台人员通过使用未经测试的隔离液和允许这种隔离液在测试期间在防喷器下方泄漏已经使问题变得复杂化了，负压测试失败本应已经十分明显，但是，井场负责人和钻井平台人员认为这次测试成功并继续进行驱替作业。

② BP 对隔离液的选择使负压测试复杂化。

BP 使用 454bbl 高黏性隔离液可能把负压测试搞混淆了。各方一致认为负压测试期间某时隔离液已泄漏到防喷器下方，钻井平台人员未将其循环出去。隔离液可能迁移进压井管线，堵塞了打开的压井管线。如果通过压井管线到井口的流径畅通无阻，那么钻井平台人员本可以观察到压井管线内的压力与钻杆上的压力同样为 1400psi。如果事实真是这样，钻井平台人员可能会认识到第二次负压测试已经失败。

BP 未考虑过堵漏材料组成的黏稠隔离液可能留在防喷器下方而潜在堵塞关键管道流径的风险。

③ 钻井平台人员本应将所有隔离液排到防喷器上方。

参与测试的人员由于未能按预想开始测试，可能进一步混淆了负压测试。他们知道至少有两个原因使重隔离液泄漏到防喷器下方，潜在混淆了测试结果。第一，下午 5 时防喷器关闭时他们观察到钻杆内的压力为 2325psi。第二，当他们打开压井管线时，他们观察到压井管线压力下降，同时钻杆压力上跳。

尽管出现这些征兆，实施测试的人员甚至在决定进行第二次负压测试之后还没有尝试纠正问题。他们本可以轻易地将隔离液循环出井筒，保证测试按计划开始。他们本应这样做。

（3）负压测试最终结论在管理人员起到的副作用。

在缺乏详细程序的情况下，BP 井场负责人本应发挥更好的判断力和主动性。当他们面对着 1400psi 的钻杆压力读数和 0psi 的压井管线压力读数时，他们本应坚持摸索并完全解决这个问题。相反，面谈记录表明他们在没有完全理解、质问或测试的情况下，竟然听从了钻井队长的解释。

卡杜纳在测试的大部分准备期间不在钻井平台上，可能已经错过了对钻杆进行尝试性负压测试的开始部分。他在井场负责人办公室进行拟定水泥塞的有关计算。如果卡杜纳当时在钻台上并全程参与测试，那他就可以处于更好的位置观察多次异常，包括：

① 测试前流体驱替结束时的过高压力（2325psi）；

② 钻井平台人员打开防喷器处的压井管线阀时的钻井与压井管线上的压力变化；

③ 钻井平台人员不能将钻杆压力释放到 260psi 以下和释放期间异常大量的流体流动；

④ 隔水管内液面下降。

卡杜纳显然也没有亲自分析钻井平台人员在他轮班期间所用的异常隔离液。而他向 BP 调查员的声明记录表明，他未认识到这种隔离液会混淆负压测试。

最重要的是，似乎 BP 井场负责人和越洋钻探公司钻井队都未曾向陆上人员打电话请求协助，报告异常压力读数或核查"气囊效应"的解释。两家公司都没有制订要求所属人员向陆上报告测试结果的专门政策。但 BP 和越洋钻探公司都希望钻井平台人员在需要帮助时或感到棘手时给陆上打电话。事实上，BP 的人员在 4 月 19 日给陆上打电话讨论钻井平台人员在尝试更换钻铤时遇到的问题。相反，井场负责人和钻井队仅依赖他们自己有限的经验和培训错误地把测试结果解释为成功。

7.2.6 防喷器应用问题

7.2.6.1 第一次出现溢流征兆情况

（1）负压测试失败。

2010 年 4 月 20 日下午 3 时至 8 时，对 Macondo 井进行负压测试钻井人员共进行三次释放钻杆压力，但每次钻杆压力在释放后又升高。第三次尝试后，钻杆压力从 0psi 升高到 1400psi，现各方都同意这一 1400psi 的压力读数表明油井未能通过测试，而且固井作业未能阻止产油层的油气进入井内，如图 7.81 所示（从另一个角度讲，这次测试是成功的，因为它反复而且准确地指明了一个严重的问题，平台上的钻井人员依据负压测试确保井的完整性，那他们为什么没有正确解释负压测试的结果）。

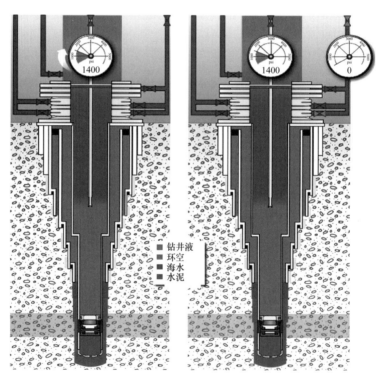

图 7.81　前两次释放钻杆压力失败

（2）钻杆压力出现异常。

2010 年 4 月 20 日下午 9：01，钻杆压力改变方向。钻杆压力没有稳定下降，反而开始升高，钻杆压力的这一变化很可能表明油气正在将较重钻井液推出井底，如图 7.82 所示。

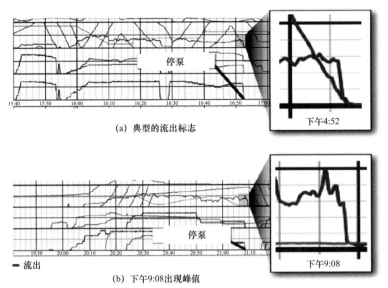

(a) 典型的流出标志

下午4:52

下午9:08

— 流出

(b) 下午9:08出现峰值

下午 9：01，钻杆压力改变方向，到了下午 9：08，泵速保持不变，钻杆压力升高了约 100psi。从下午 9：08 到 9：14，
当泵关闭时，钻杆压力升高约 250psi。钻杆压力的这些变化都是异常的

图 7.82　下午 9：08 分的典型流出量特征与峰值

（3）钻杆压力出现明显异常。

2010 年 4 月 20 日下午 9：08 到 9：14，当泵关闭时，钻杆压力升高约 250psi，这是一个明显异常，如图 7.83 所示。

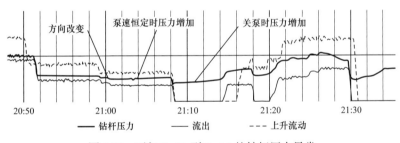

方向改变　泵速恒定时压力增加　关泵时压力增加

20:50　　　21:00　　　21:10　　　21:20　　　21:30

—— 钻杆压力　　—— 流出　　--- 上升流动

图 7.83　下午 9：01 到 9：14 的钻杆压力异常

7.2.6.2　溢流征兆明显情况

2010 年 4 月 20 日下午 9：27，出现了一处明显异常，压井管线压力升高到 800psi 左右，如图 7.84 所示。下午 9：30 分，井队关泵进行调查。

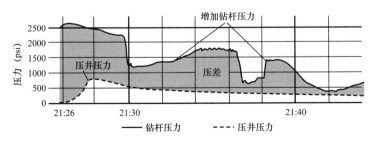

增加钻杆压力

压井压力

压差

21:26　　　21:30　　　　　　　21:40

—— 钻杆压力　　--- 压井压力

图 7.84　从下午 9：27 到 9：40 的钻杆压力与压井管线压力异常

7.2.6.3　平台井喷后情况

（1）钻井液喷出。

2010年4月20日下午9：40到9：43之间，钻井液外溢到钻台上，猛喷到井架顶部，喷出钻台以上200ft高，倾倒到主甲板上。

（2）平台气体扩散情况。

2010年4月20日晚9：47左右，驾驶台气体检测系统报警，控制板上的仪表开始激活，最初显示钻井液振动筛房内有气体，很快显示钻井平台上有气体出现，然后是深水地平线其他区域出现气体。

（3）平台爆炸后情况。

2010年4月20日晚9：49发生了第一次爆炸。爆炸导致几个平台人员受伤并可能迅速导致钻台上人员死亡。在第一次爆炸后几秒钟，爆炸再次发生，此时平台部分已处于烈焰之中。

2010年4月20日晚9：53，驾驶台工作人员启动全球海上遇难安全系统，利用超高频无线电发送了第一条求助信号。

晚9：56左右，驾驶台上的海上设施经理、一名水下工程师和一名BP井场负责人试图采用防喷器控制面板启动紧急切断系统（EDS），防喷器控制面板上的灯亮着，表明有电，但事后调查却证实，紧急切断系统并未启动。

7.2.6.4　井控情况发生后平台处理事件回顾

（1）意识到发生井涌后，钻井队采取井控措施，包括启动上部环形防喷器。

（2）将油气流从隔水管导入泥气分离器，以及关闭变径闸板。

（3）晚9：43，钻井队关掉上部环形防喷器，完成关井。准备负压测试过程中，司钻放置好钻杆接头，以便让钻杆穿过闸板封隔器。

（4）但在晚9：43关井前，井筒上部大量高速油气流迫使钻杆接头上移，进入上部环形封隔器。

（5）在关井的26s期间内，环形防喷器使钻杆和钻杆接头处于半开半闭状态。环形防喷器封闭胶芯与钻杆接头间有油气和钻屑流动。高速流动侵蚀了密封胶芯的橡胶材料和钻杆的金属材料，使防喷器没法实现密封功能。这个设计用途是封住多径管的上部环形封隔器，但并没有将井封住。

（6）根据事后分析，晚9：43至9：45，钻井液压力超过放喷管线设计能力，结果溢流到钻井平台上，这表明，上部环形防喷器未能封隔住油井，或者气体持续进入隔水管。

（7）晚上9：45左右，井队将导流设备关掉，以便把隔水管里的流体导到泥气分离器，如图7.85所示，同时通知控制台当前正在实施井控措施。但当时井涌太强，超过了泥气分离器的处理能力。钻井液和油气经由泥气分离器排气孔和其他管线涌出，气体迅速扩散至整个后甲板，进入附近内部区域，随着气体逐步扩散，警报拉响。

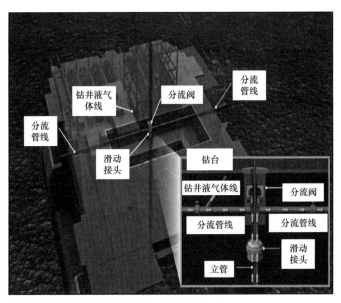

图 7.85　分流器系统

（8）晚 9：47 左右，井队人员关掉两个变径闸板，封住了井筒。闸板关闭后，钻杆内压力急剧上升。随着隔水管内的气体向海面扩散，油气继续往平台上扩散。

（9）根据越洋钻探的事故分析，上部环形防喷器内的钻杆当时已经受到侵蚀，因钻杆压力升高而发生破裂，如图 7.86 所示，油气经击穿的钻杆抵达隔水管。随着钻机漂移，离开井口，由于连着上部防喷器和变径闸板，钻机与防喷器间的钻杆受到拉力作用。晚上 10：20 左右，钻机游动滑落；之前，上部环形防喷器附近区域不结实的钻杆已经在应力作用下断开，这加大了油气通过钻杆并沿隔水管上行的速度。

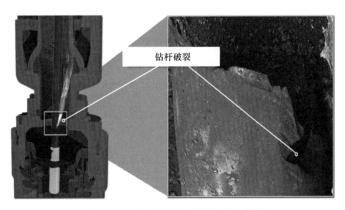

图 7.86　上部环形防喷器内钻杆断裂

（10）由于钻机至防喷器组的电信号和液压信号丢失，造成自动模式被激活。自动模式功能元件启动高压剪切回路，以关闭全封闭剪切闸板，该回路设计用途是切断防喷器组内的钻杆，封住井筒，同时关闭 ST 锁，以便于采用机械方式关掉防喷器闸板，将井内压力隔离开来。自动模式功能元件并非依靠海面上的液压或电力，而是采用下部防喷器储能罐的预储液压。全封闭剪切闸板后，有一部分钻杆被关在里面，使闸板没法彻底剪切、关闭和密封，从而造成油气继续沿井筒上升。

7.2.6.5 环形防喷器失效及其原因

（1）关闭环形防喷器。

钻井队员在 9：43 左右从钻台上激活上部环形防喷器，环形防喷器关闭所需的时间为 26s，此时防喷器处的流速大约是 100bbl/min，而通常井涌流速为 10～15bbl/min。

（2）环形防喷器失效原因。

图 7.87 为事故过程钻杆结构通过防喷器组的示意图。事故发生时，由于井内流体冲力足够大，造成流速极高，钻杆上提，工具接头上移，部分进入上部环形防喷器元件内（图 7.88 和图 7.89）。

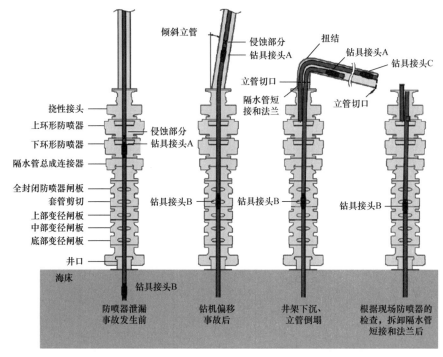

图 7.87　事故过程钻杆结构通过防喷器组的示意图

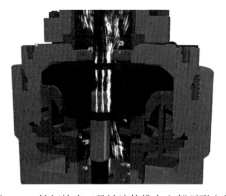

图 7.88　钻杆接头工具被流体推向上部环形空间

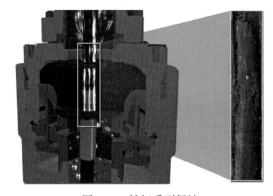

图 7.89　钻杆受到侵蚀

在环形防喷器关闭的时间内，油气与井内碎屑在环形防喷器密封元件与钻杆工具接头间的流速逐渐加大。高速流体侵蚀了元件，在环形防喷器元件中为油气开辟出一条通道，直达隔水管钻井液和油气的流速也许足够高，以致于使环形防喷器失去封闭功能。

7.2.6.6　全封闸板防喷器失效及其原因

（1）关闭全封剪切闸板防喷器。

深水地平线上防喷器上的全封剪切闸板（图 7.90）有如下五种启动方式：

① 按平台控制台上的按钮直接启动闸板；

② 平台人员启动紧急切断系统；

③ 通过遥控潜水器（ROV）"热插入"功能实现闸板的直接水下启动；

④ 考虑到紧急情况或由 ROV 启动，或由"自动模式功能"（AMF）或"闭锁装置"系统进行启动；

⑤ 如果在没有开始正确的断开程序时，平台移位或由 ROV 启动，或由"自动剪切功能"实施启动。

根据所回收的防喷器资料，全封闭剪切闸板可能被关闭，并且初步资料也指出了如图 8-90 所示的防喷器中闸板各边的腐蚀。这意味着这些机械装置中的一个装置已成功地开启了全封闭剪切闸板，但未能封闭自喷井，这是因为高压油气或许已流到所关闭闸板的周围。

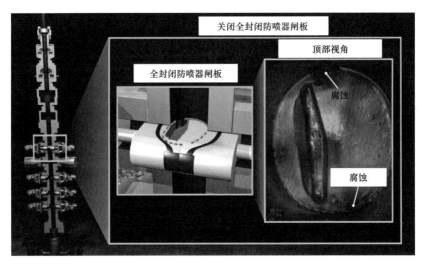

图 7.90　深水地平线防喷器中所关闭的全封闸板防喷器

但是没有证据显示平台人员试图直接从控制台启动全封闭剪切闸板。爆炸发生后，平台人员试图启动紧急切断系统，但没有启动全封闭剪切闸板。应急人员在井喷发生后的日子内，不能采用 ROV 通过直接启动全封闭剪切闸板来关闭此井。闭锁装置功能本应关闭闸板，尽管越洋钻探公司曾建议采用此系统来启动全封闭剪切闸板，但爆炸后发现的错误或许已经让闭锁装置失效。BP 曾建议爆炸发生后，采用 ROV 启动自动剪切系统，从而启动全封闭剪切闸板。

（2）利用ROV"热插入"关闭闸板防喷器。

平台人员可采用ROV来泵入液压流体进入防喷器外面上的热插入口，以关闭全封闭剪切闸板。此热插入口与全封闭剪切闸板液压系统相连；流经此口的流体直接启动闸板，绕过防喷器控制系统。

理论上当其他方法失效时，此功能应关闭全封闭剪切闸板。然而，由West Engineering进行的MMS研究发现由于缺乏液压动力，ROV可能无法在井控事件中关闭闸板。研究也发现，在ROV从水面到海底防喷器的过程中，自喷井可能导致闸板防喷器被腐蚀或变得不稳定。

ROVs于4月21日下午6点左右部署在Macondo井。在防喷器和全封闭剪切闸板失效的情况下，ROV的热插入功能试图在4月21日和22日关闭此井。在5月5日之前，通过ROV热插入功能关闭防喷器的努力一直没有成功。5月7日，BP得出结论："关闭防喷器的可能性现在已几乎不存在。"

为何ROVs不能采用热插入功能启动闸板，有如下多种原因。首先，闸板可能已启动，但由于存在工具接头或多根钻杆，从而阻止了闸板剪切钻杆和封井。其次，早期修理中，ROV泵已失效。最后，ROVs不能达到足够快的泵速，从而不能在防喷器液压系统中建立压力防止泄漏。

（3）自动模式功能（AMF）启动全封闭闸板防喷器。

AMF或闭锁装置（图7.91）设计用于关闭一定紧急情况下的全封闭剪切闸板。如果满足以下所有三个条件，系统应启动：

① 平台和防喷器之间失去电力；
② 平台和防喷器之间失去通信联系；
③ 平台和防喷器之间失去液压。

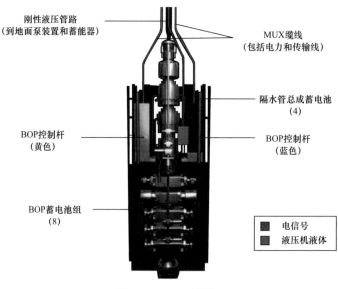

图7.91 AMF系统

根据可利用的资料，似乎4月20日发生的爆炸很可能导致了触发气动闭锁装置的必要条件。带有动力和通信线路的多路传输（MUX）电缆位于平台月池内的首次爆炸现场附近，并很可能已在爆炸中被炸断。液压电缆沟道由钢制成，因此不容易遭到爆炸损坏。然而，至少在4月22日平台下沉时，防喷器很可能已经失去液压动力，从而闭锁装置启动。4月22日，应急响应人员也试图通过采用ROV剪断电线来启动闭锁装置。越洋钻探公司采用AMF启动全封闭剪切闸板。目前仍不确定是否AMF启动了全封闭剪切闸板。

7.2.6.7　全封闭剪切闸板密封失败的可能原因

（1）防喷器内部的流动条件。

尽管全封闭剪切闸板被激活，但未能封井。一个可能的解释是，油气的高流速可能阻止了闸板密封。回收的防喷器的最初照片显示在闸板周围防喷器侧有侵蚀现象（图7.92），那里可能是一个油气流动通道，因此，尽管关闭闸板，油气可能仅在关闭的闸板周围流动。

（2）存在不可剪切的钻具接头或多件钻杆。

如上所述，全封闭剪切闸板可能因

图7.92　防喷器中的侵蚀

为闸板上存在钻具接头而没有关闭。钻杆被激活后，如果其上有一个钻具接头或不止一件钻杆，闸板可能无法剪切并封井。尽管初步证据表明这些因素可能没有影响全封闭剪切闸板的关闭能力。

（3）蓄能器必须有足够的液压动力。

深水地平线防喷器有海底蓄能器瓶，它们提供加压的液压流体用以操作不同的防喷器元件。如果切断钻机与防喷器之间的液压管线，这些蓄能器必须有足够的电荷为全封闭剪切闸板供电。

底部海洋隔水管总成有4个60gal蓄能器瓶在运行。在防喷器组上，有8个80gal蓄能器瓶能产生4000psi的压力，为闭锁装置、自剪切装置、自动剪切系统和EDS系统提供液压流体。

BP内部调查表明，根据爆炸后发现的液面，蓄能器压力等级可能是低的。响应人员发现需要54gal液压流体才能将蓄能器重新压到5000psi。BP调查表明，蓄能器液压系统的泄漏可能消耗了可用的压力等级，但可能还没到阻止全封闭剪切闸板激活的等级。响应人员在爆炸后水下机器人介入期间发现蓄能器还有其他泄漏。

（4）泄漏。

对于防喷器控制系统来说，许多软管、阀门和其他液压管道出现液压流体泄漏，这是比较常见的。一旦发现泄漏，即使是轻微泄漏，井队人员也必须首先确认泄漏原因，确保不会出现更严重的系统故障。表面测试期间发现的泄漏应该在部署前修复。

（5）深水地平线防喷器未重新认证。

平台人员和 BP 陆上领导均知道深水地平线防喷器不符合认证要求。根据 2010 年四月份的一次评估，防喷器主体和阀盖上次认证是在 2000 年 12 月 13 日，几乎是 10 年前。越洋钻探公司在一次钻机状况评估时发现防喷器分流器总成自 2000 年 7 月 5 日起没再认证过。三到五年内没有重新认证防喷器组和分流器组可能已经违反了矿产管理局的检验要求。

但 2010 年 4 月 1 日，矿产管理局检查钻机时没有发现违规事件，没发现任何问题需要停止正常工作。

7.2.7　平台气体扩散与引燃

7.2.7.1　气体扩散

根据目击者证言和气体扩散分析，越洋钻探调查组发现最有可能发生的是流体超出了钻井平台几个系统的处理能力，这些系统包括了泥气分离器、伸缩接头、分流器（转盘）密封件，因此产生了多个流体路径，如图 7.93 所示。

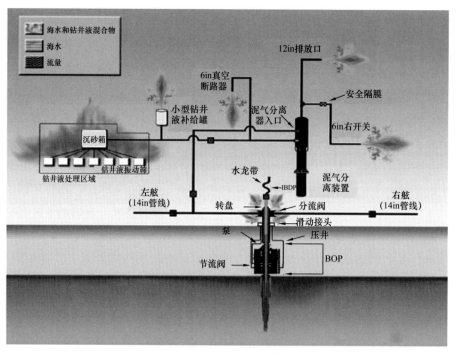

图 7.93　气体可能的释放点

井筒内的流体最可能从深水地平线的以下地方流到平台上：

（1）泥气分离器通向钻塔顶部的 12in 出口；

（2）泥气分离器钻井液返回 10in 沉砂箱管线；

（3）泥气分离器 6in 释放管线；

（4）泥气分离器和小型钻井液补给罐溢流连接装置；

（5）伸缩接头；

（6）分流器（转盘）密封件。

7.2.7.2 环境条件和风速影响

环境条件，特别是风速和风向，常常对气体在开阔地区的迁移和扩散有重要影响。事故发生时，深水地平线朝向东南135°，从西南227°有轻风从右舷吹向左舷，风速大约是3n mile/h，如图7.94所示。

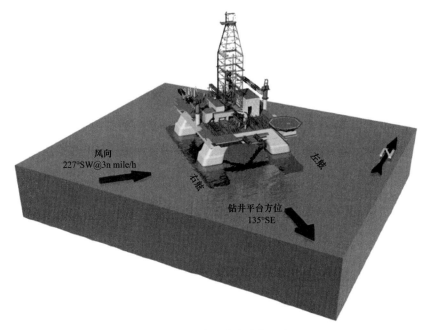

图7.94　钻井平台方位与风向

这种天气条件对气体的迁移和扩散没有明显影响；因为周边良好的风力条件，气体没有在船尾甲板上扩散，因此气体到达通风口进入内部空间，例如3#和4#发动机室。

7.2.7.3 火灾和气体探测系统

深水地平线的火灾和气体探测系统在2010年4月20日晚间工作正常。该系统在平台的不同地方检测到油气，并对驾驶室和发动机室工作人员发出警报。驾驶室人员电话通知命令钻井队员到应急地点集合（图7.95和图7.96）。

该钻井平台的火灾和其他探测系统以及钻井平台其他系统结合在一起，支持各种应急措施。火灾和气体探测系统有很多组件，包括遍布钻台的565个自动传感器和手动火灾报警站。

动态定位驾驶员从驾驶室24h监测火灾和气体探测系统，钻井队的其他成员如有需要，也可以在钻井平台的其他位置监测和操作该系统。钻井平台上所有人员在发现火灾或其他危险时都有权启动火灾报警并通知驾驶室。

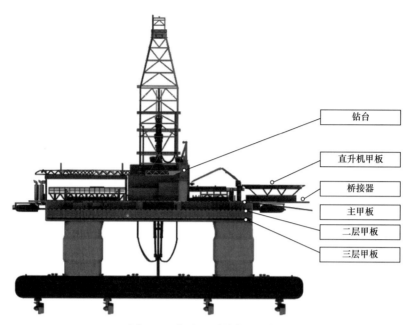

图 7.95　深水地平线各层甲板

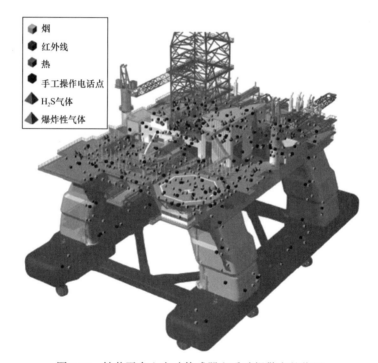

图 7.96　钻井平台上自动传感器和手动报警点的位置

7.2.7.4　气体扩散和引燃的事实调查结果

笼罩在深水地平线的易燃气体层的范围使爆炸不可避免。可能的导致气体燃烧的火源包括：

（1）发动机室（很可能）；

（2）主甲板（有可能）；

（3）钻探区域（有可能）；

（4）月池区域（有可能）；

（5）钻井泵／钻井液池区域（有可能／不太可能）；

（6）钻井液振动筛区域（不太可能）；

（7）钻井平台外围区域（不太可能）。

对于事故发生后的事实调查结果分析如下。

（1）晚9：41测得的流速下选择泥气分离器可能是合适的。然而，随着隔水管中气体的快速扩张，泥气分离器很快满溢，油气蔓延到后甲板、钻台和某些泵的区域。

（2）引燃很可能发生在船尾发动机室或者甲板上，爆炸穿过散装材料储存区进入生活区。气体因周边环境条件没有扩散离开钻井平台，以致于达到爆炸级别。

（3）爆炸前似乎没有采取措施引导流体通过主要的外排分流器管线。考虑到爆炸的级别，不可能知道分流器密封件是否可以一直使流体分流到船边和气体燃烧是否可以避免。

（4）实际上，涌向平台的大量气体使着火和随后的爆炸不可避免。

（5）深水地平线上的报警和安全系统工作正常，对引燃地层流体没有起作用。

（6）实施工作人员连续监测火灾和气体探测系统，并且针对事故启动了报警和呼救系统。

（7）有几个可能的火源，但调查组发现不可能确定具体是哪一个。

7.2.8 总结

7.2.8.1 事故发生前钻井历史显示问题认识

（1）墨西哥湾复杂的地质条件使该地区存在理想的目标油藏的同时也带来了勘探与开发的巨大挑战，墨西哥湾深水油藏中的原油通常含有大量溶解天然气，这使得在钻井过程中井控工作的危险性大大增加。

（2）作为深水勘探井，在地质资料获取方面普遍存在较大的技术难度，Macondo 井作为勘探井，其邻井资料有限，BP 对于岩石的孔隙压力的不确定使得井的设计不断改变以获得更好的孔隙压力资料，这使得 Macondo 井变得更为复杂。

（3）Macondo 井孔隙压力与破裂压力之间复杂的变化关系给井队的钻井工作带来了更多的风险，这也是绝大部分深水钻井所面临的问题。

（4）Macondo 井钻井过程中出现的一系列复杂井涌、鼓包以及频繁的井漏情况使得该井成为一口复杂井，给后续的钻进作业以及下套管作业带来了不同程度的技术难题。

7.2.8.2 测试作业期间溢流监测问题认识

（1）钻井平台人员可以使用的数据表现出了明显的井涌指示。2010 年 4 月 20 日 21：09 钻杆压力的方向性变化，21：01 及之后的稳定升高（21：01 到 21：08，21：08 到 21：14）本应引起关注，但显然没人注意到。

（2）即使在钻井队注意到异常后（21：30），他们似乎也没有认真考虑井涌发生的可能性。钻井平台人员在21：30注意到并讨论的异常发生于油气进入隔水管之前和钻井液出现于钻台上之前10～13min。如果钻井平台人员考虑到可能发生井涌，他们就有充足的时间启动防喷器。

（3）钻井平台人员直接从海水柜向井内泵入海水。钻井队必须从海水柜泵入海水进行驱替，但直接从海水柜向钻井液泵泵入海水，从而绕过钻井液池，使钻井队更难监测钻井液池。这样就形成了非闭合循环系统，从而不可能通过视觉监测钻井液池增量检测井涌，这使井涌监测变得复杂。

（4）钻井平台人员在驱替的后半部分将返出流体送入海中。将返出流体送入海中是驱替的固有组成部分，但直接从井内将返出流体泵入海中——绕过钻井液池、Sperry-Sun流出量流量计和两个气体流量计——消除了钻井队监测钻井液池和Sperry-Sun流出量流量计用于井涌指示的能力。

（5）钻井平台人员似乎未首先检查钻井液池增量就开始了排空钻井液池。在荧光测试期间，钻井平台人员开始将在用钻井液池排空到备用钻井液池6中。直到那时，井内返出流体一直流入钻井液池6。问题是钻井队似乎未在将在用钻井液池排空到备用钻井液池之前测量钻井液池6的体积。这表明钻井队未从数学上对比实际返出流体体积和预期返出流体体积，从而核实钻井液池体积无增量。

（6）钻井平台人员将沉砂池排空到钻井液池中。沉砂池将砂从钻井液中分离。一会儿之后，他们填充进干净的钻井液。这时，钻井队将沉砂池中的钻井液排空到钻井液池中。排空沉砂池本身没有问题。问题是钻井队将钻井液排空到在用钻井液池系统，从而使钻井液池监测变复杂了。

（7）钻井平台人员在驱替期间排空钻井液补给罐。在驱替过程中似乎钻井队不得不这样做。似乎也是钻井平台的管件迫使钻井队引导钻井液补给罐的流出量经过流出量流量计。这一流量增加了钻井液池增量和流出量，使这两个数字均高于它们的本来值。然而，如果钻井队计算了以这种方式排空钻井液补给罐的影响，那么他们本可以保持监测钻井液池增量和监测流出量，但没有证据表明他们这样做了。换句话说，钻井队本可以在排空钻井液补给罐时停止驱替隔水管。

（8）溢流检测仪器劣质，高度依赖于人为因素。钻井平台上的数据传感器存在多项缺点：① 系统覆盖范围不足；② 一些传感器不是特别准确；③ 传感器经常失去精度。同时数据显示系统未嵌入自动报警器，高度依赖于人的观察。此外，没有简单井监控计算的自动化。另外，对驱替的预测压力、体积和流量都没有提前规划或实时模拟。最后，显示系统本身很难看到数据方面产生波动。

（9）BP、越洋钻探公司和斯佩里钻井服务公司的钻井平台人员在最终驱替期间表现出缺乏警惕性。钻井平台人员认为固井质量合格而放松了警惕，在多次出现明显的溢流特征的时候，仍然未具有危机意识，最终导致井控失控，酿成严重的灾祸。

（10）越洋钻探公司人员缺乏认识某些表明溢流的数据异常的充分培训。4月20日傍晚好几次数据异常表明油气正流入井内。尽管注意到了这些异常，而且花时间进行了讨论，钻井平台人员没有意识到井涌正在发生。

7.2.8.3 固井及测试存在的问题认识

（1）英国BP公司最初选择使用长套管柱，增加了固井风险。钻进过程中出现复杂情况后，所提出的采用尾管组合代替长套管柱的建议是合理的，由于某些原因没有采纳，导致固井质量出现问题，从而引发井喷事故。

（2）使用充气泡沫水泥浆体系增加了固井风险。当氮气泡沫水泥浆的设计不当或泵送不正确时，水泥浆就会很不稳定，导致初次注水泥作业的失败。水泥浆中间充氮部分不稳定，这导致充氮水泥中间部分和末端水泥中留有大量气体充填的空隙，凝固后具有渗透性，油气可以从这种水泥中流过。

（3）两次负压测试钻压都异常偏高，压力不能降低，这都是负压测试失败的明显标志，但是由于隔离液的选择使得负压测试变得复杂，最终压力异常解读为"气囊效应"，最终导致井喷事故的发生。

（4）BP与越洋钻探公司均未预先制订实施负压测试的标准程序。虽然BP要求在某些情况下实施负压测试。越洋钻探公司也要求进行负压测试，但未制订程序，MMS调节员甚至未要求作业者实施负压测试（并不是每口井都需要负压测试），天然气与石油行业也未制订负压测试程序。

（5）BP井场负责人对于负压测试理论与实践表现得极不熟悉，在进行负压测试之前均未计算预计压力或体积，越洋钻探公司承认其未对所属人员就实施或解释负压测试进行培训，其井控手册也未介绍负压测试，这都在一定程度上导致了对于负压测试结果的曲解。

7.2.8.4 防喷器应用问题认识

（1）平台爆炸可能损坏了与防喷器的连接，从而使平台人员无法使用紧急切断系统成功启动全封闭剪切闸板。

（2）ROV热插入功能启动可能无效，因为ROV无法以足够快的速度抽吸来产生启动相关闸板所需要的压力。

（3）防喷器控制盒可能在电力、通信和液压管线均被切断后未能启动全封闭剪切闸板；蓝控制盒的低电池电量和黄控制盒的电磁阀故障可能阻碍了控制盒的功能。

（4）油气的高流量可能侵蚀了防喷器，在闸板周围形成了流动通路。

（5）防喷器全封闭剪切闸板可能在机械方面无法剪切钻杆和关井，因为并未被设计成在当时存在的条件下运转。例如，闸板可能被其未设计切割的钻具或其他用具阻塞。

（6）海底蓄能器可能没有充足的液压动力。

（7）防喷器控制系统的泄漏可能延迟了关闭防喷器，尽管其不可能阻止防喷器封闭。泄漏可能存在于防喷器控制系统，但并未被发现。

（8）矿产管理局规定要求防喷器组上只用一个全封闭剪切闸板。但全封闭剪切闸板无法剪断连接多件钻杆的接头。

（9）矿产管理局批准了深水地平线防喷器以低于规定要求的压力进行测试。尽管在较低压力下进行测试符合行业惯例，全封闭剪切闸板大部分测试并未确立该设备在井喷条件下大量气体高速穿过防喷器进入隔水管时的运转能力。

（10）越洋钻探公司在每口井末端销毁测试记录的做法制造了不必要的信息差距，可能损害防喷器维护。

（11）深水地平线上的关键防喷器设备可能维护不当。防喷器闸板阀盖、主体和分流器总成自 2000 年起没有进行认证，尽管矿产管理局规定、API 推荐做法和制造商建议均要求每三到五年进行一次全面检查。越洋钻探公司和 BP 漠视对重要钻机机械履行监管责任的态度让人深感忧虑。

7.2.8.5 其他认识

（1）没有进行完整的井底到井口的钻井液循环行程，并且油井里的钻井液没有循环超过三天，说明环形空间里的水泥可能有裂缝，而且被污染了。这可能延迟或阻止水泥凝固并达到要求的抗压强度。

（2）BP 的最终临时弃井方案蕴含不必要的风险，这些风险没有经过正式的风险分析。最终方案最大的不足是流体隔断不足，最终方案要求顶替钻井液到深度 8367ft（大约低于泥线 3300ft），比正常的顶替深度（泥线下 0～1000ft）要大很多。此外，该方案在通过负压测试检查水泥隔断和放置表层水泥塞之前就移除泥浆，结果是在负压测试和顶替作业期间，并没有第二道水泥隔断。

（3）最初的顶替方案在实施的过程中无法进行有效的负压试验。最终临时弃井顶替方案要求用海水顶替环形防喷器下方套管环空的流体以达到需要的负压测试条件，但此目的并没达到，原因包括最终顶替方案的计算不合理、可能由隔离液材料导致的较低泵率、可能存在的井下漏失以及隔离液在封闭的环形防喷器下方移动。

（4）负压测试曲线未被正确理解。事后的分析证明负压测试不合格，测试期间观察到钻杆压力异常，这应该提醒那些监测油井的人员：水泥隔断无效，压力传导越过水泥隔断和浮动设备，油井与地层相通。测试结果被曲解的很大一部分原因在于 BP 决定在进行测试时监测压井管线而不是钻杆。如果钻井人员像以前一样继续监测来自钻杆的流体，那些监测油井的工作人员将会探测到提示油井与地层相通的流体。

（5）事后分析显示最终顶替作业期间流体路径变化掩盖了井筒有油气流入这个事实。最终顶替中，采用密度较低的海水顶替密度较高的钻井液，这造成唯一的静压隔断也被除去了，使油井底部不合格的水泥隔断成为主要隔断。事故后数据分析显示在进行光泽测试期间有油气流入油井，但排放入海的流体很可能掩盖了井筒内有油气流入这个事实。

（6）防喷器发挥了作用，但复杂恶劣的井况超出了其承受能力。由于井筒流速高，环形防喷器没有起到密封作用。而且槽流侵蚀了环形防喷器上方的钻杆。变径闸板防喷器关闭后隔离了环形空间，暂时阻止了油气流入。但钻杆内部压力增加，直至在上部环形防喷器上方的侵蚀点破裂。破裂的钻杆使油气再次流入隔水管。当深水地平线电力中断、漂离原位时，钻杆彻底断裂。爆炸和火灾切断了防喷器和钻井平台之间的通信线路，无法从高级队长控制平台启动防喷器紧急系统。自动模式功能运行正常，在爆炸后关闭了全封闭闸板防喷器。然而，高压式钻杆弯曲，部分钻杆在全封闭闸板防喷器剪切刀片外，夹在闸板中间，是全封闭闸板防喷器无法彻底剪断钻杆、无法完全封闭和密封油井的原因。

（7）根据首席法律顾问的调查结果得知美国矿产管理局的监管方面存在一些问题。深水钻井带来的营收增加伴随着安全与环境风险的增加，但矿产管理局却没有配套更有力度、更成熟的监管体制；矿产管理局对钻井的技术规定跟不上业界深水技术的快速发展；美国矿产管理局在石油工程领域缺少资源、技术培训以及经验。

7.3 英国 Klua 井的井喷

7.3.1 井喷事故基本信息

Klua 井位于英属哥伦比亚尼尔森堡（British Colombia Fort Nelson）的东南部 25mile，1999 年 10 月 29 日初步钻井 1900h，该方案由 UPRI 和 Search 制订，UPRI 是执行者。

由于地质问题，必须钻定向井，而事实是钻定向井对后续事件没有什么影响，为了简洁明了，所有数据都描述的是直井，所有深度和给定的测量结果都是以深度测量为准，除非特殊说明。

井眼概况在图 7.97 中给出，1999 年 10 月 30 日 339.7mm（$13\frac{3}{8}$in）的表层套管下在 226m 的井深，在 285m（935ft）处故意偏离，在 800m（2624ft）处达到最大偏离角度 23°。

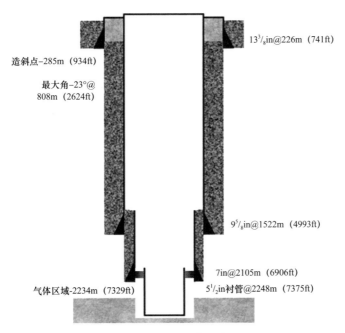

造斜点-285m（934ft）

最大角-23°@ 808m（2624ft）

$13\frac{3}{8}$in@226m（741ft）

$9\frac{5}{8}$in@1522m（4993ft）

7in@2105m（6906ft）

气体区域-2234m（7329ft）

$5\frac{1}{2}$in衬管@2248m（7375ft）

图 7.97　井眼结构示意图

如图 7.97 所示，中间套管为 311.2m（$12\frac{1}{4}$in），244.5mm（$9\frac{5}{8}$in）的套管下到 1522m（4993ft）处，244.5mm（$9\frac{5}{8}$in）的套管注水泥注到套管鞋以上 339.7mm。

在 244.5mm（$9\frac{5}{8}$in）的套管下钻了一个 222.3mm（$8\frac{3}{4}$in）的井眼，1999 年 12 月 6 日下入 177.7mm（7in）的钻井尾管，在 2105m（6906ft）处固井，177.7mm（7in）的钻井尾管顶部在 1411m（4629ft）处。

7.3.2 井喷事故诱发原因及机理分析

（1）该产层高产。

（2）下入钻杆后衬管悬浮器不平衡。

（3）生产衬管小而短，因此，尾管的重量不足以支撑它本身。如果尾管能再长一点，便可以承受超过部分的重量。

（4）本例中，生产衬管没有被固结好。

（5）由于环空漏失、下钻杆中不能使井眼充满，流体界面比地平面低几百米。

7.3.3 井喷事故诱发过程及救援过程

在 177.7mm（7in）的钻井尾管的下部又钻了一个 158.4mm（$6\frac{1}{4}$in）的井眼，12 月 1 日，当钻至 2234m（7329ft）处，发现完井中环空漏失，关泵、准备防漏失剂。关泵 1h 内，开始井涌，关闭防喷器，准备防漏失剂时不断监测井眼情况。

泵入防漏失剂后，井内重新开始循环，且井内没有严重的漏失，这段时间内，气体到达地面，有监测的硫化氢最大浓度为 5000mg/L。

12 月 2 日继续钻进，在 158.4mm（$6\frac{1}{4}$in）井眼的基础上又加深了 14m（46ft）到 2248m（7375ft），在此期间，钻井液也曾一度漏失，钻杆在下降到最后一部分时没有任何阻力。

如前所述，井涌时开始准备防漏失剂，关闭防喷器并不断监测井内情况，这次井涌较上次严重，防漏失剂不成功，井内压力不断上升，在井内钻杆段监测到 18mg/L 的硫化氢。

最后决定停止钻进、在生产层段完井，正常条件下应下入生产尾管、注水泥，而由于严重漏失，发现生产尾管不能成功注水泥。因此，将下入 139.7mm（$5\frac{1}{2}$in）的尾管，将生产层段用一个尾管悬挂器隔绝。

到 12 月 4 日，井底压力增加至 17000kPa（2466psi），压井管线将泵车与防喷器连在一起，井眼环空被重钻井液和水填充。

压力表显示当开始注水泥时，244.5mm（$9\frac{5}{8}$in）处套管压力为 17000kPa（2466psi），一边以 0.4m³/min 的速度向井内注水，一边在后续操作中维持井控。

7.3.3.1 下入 139.7mm（$5\frac{1}{2}$in）的生产尾管

12 月 4 日的剩余工作便是下入 139.7mm（$5\frac{1}{2}$in）的生产尾管，在不断注入水的过程中拉出钻杆。

上提 215.8m（708ft）的衬筒和悬挂器后，将一个橡胶泥顶塞下入衬筒上部来代替浮鞋。完井装置测得压力大约为 2000kPa（290psi）。

衬筒随即下入 88.5mm 的钻杆处，为了使井保持控制，在下衬筒时不断注水（图 7.98）。

衬管悬挂器下入后，关闭防喷器，所有套管段测得压力为 7000kPa（1015psi），如图 7.99 所示，整个作业在 12 月 5 日完工。

7.3.3.2 下入 88.5mm（$3\frac{1}{2}$in）钻杆

在衬管下入过程中，由于需要泵入，所以钻

图 7.98 井眼环空示意图

井液池基本为空，因此，当司钻下入钻杆时不能填充钻井液罐和井眼，下入工作至 12 月 6 日早上用时 700h，下入钻杆后，水位如图 7.100 所示。

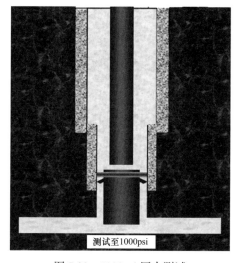

图 7.99 1000psi 压力测试

图 7.100 流体液面示意图

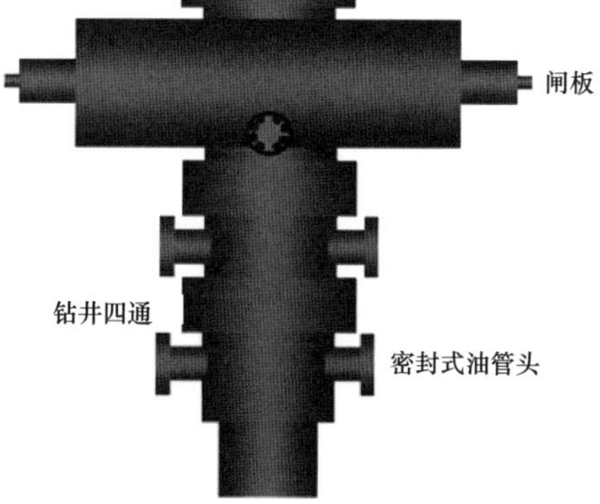

图 7.101 防喷器配置

7.3.3.3 拆除防喷器

为了准备完井，将防喷器移开，放在背对钻机的钻机垫上，由于不需要单闸板防喷器和钻机滑阀，滑阀上的闸阀移除后，卸下 339.7mm 套管法兰和滑阀间的螺栓，井口如图 7.101 描述所示，除此之外，也移除了作用在防喷器上的液压管线。

7.3.3.4 发生井喷

在 12 月 6 日大约 1100h 后，当水到达单闸板顶部时，井组人员卸下了四通和 339.7mm 套管法

图 7.102 井场爆炸示意图

兰间的最后 4 个螺栓，尔后，水不断到达井口。

20min 后第二次排走水，在爆炸下限下的气体浓度为 20%~30%，井口不断流通，组织真空卡车来向井口注水。

第四次排走水后气体浓度超出 100%，平均 20min 发生一次事故，每次爆炸后需要排出的水量超过了可以泵向井内的量，由于高爆炸下限值，钻机电源被切断。

最后一次爆炸发生在 1500h 后，且开始井涌，如图 7.102 所示。之后，撤离所有人员。

7.3.3.5 井控救援过程

立即开始回收工作，幸运的是，液流直直上升至 244.5mm 套管处，留在防喷器组里。气体、水、硫化氢的存在使作业困难，水使所处的位置泥泞不堪。夜晚的温度达到 -30℃。

12 月 8 日开始容纳预先处理的水，在 3.23 公顷（ha）上挖了 10000m³ 和 20000m³ 的小单元，首先使用 10000m³ 的小单元。

与此同时，一条废弃的河被用来当做水处理井，水每天都被运到此处。

大量冰的累积使井架变得危险，钻机暴露在硫化氢中使钻机的价值降低，在其重新使用前要进行完井试验，考虑到以上因素，决定点燃液流，灭火和施工场景如图 7.103 和图 7.104 所示。

图 7.103　灭火场景

图 7.104　施工场景

7.3.3.6 井控后期措施

为了确保井的安全，将通井规下入井中，通井规在1189.9m（3904ft）处停止，12月21日，经印模确认139.7mm的生产尾管停在177.8mm的钻杆上（图7.105），建立一个桥状砂堵，并且继续作业，直到有效措施实施。

2000年1月11日，139.7mm的完井衬管修好。

做液流实验，最大无阻流量为$6.5 \times 10^6 m^3/d$。

7.3.3.7 衬管悬浮器下的压力

衬管悬浮器下入后，当下入钻杆时，封隔器下的水逐渐漏失进入生产层，在足够的井底压力下被产层气所替代（图7.106）。

孔隙原始压力上限由环空漏失决定，产层孔隙压力21456kPa。孔隙下限压力由井喷测得的最大表面压力决定，大约为17000kPa，因此，最小井底流压是20243kPa，最佳的井底流压是21374kPa。

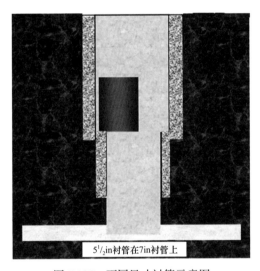

图7.105 不同尺寸衬管示意图

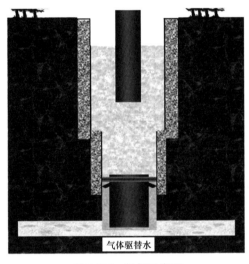

图7.106 气侵示意图

139.7mm尾管和封隔器的积极作用如下。

在Klua井中的衬管封隔器，悬挂卡瓦固定抵住钻杆尾管，阻止可能向下的力。

在这种情况下，没有外部机械滑脱来阻止尾管和尾管悬挂器滑入井中，由于一个向上的力，尾管和悬挂器向井眼上方移动（图7.107）。当封隔器密封漏失，产层也漏失。液面距地面182.9m处，系统至少承压2400kPa，产层气迅速移向井眼，引起井口井涌或排气。剩余的水要么流入水平产层，要么随气体排出井口。

在井眼位置注水延迟了最终结果，连续事件越来越剧烈。第一次排气只在塔上，后来的排气越来越高，当液流连续后，发射生产尾管和悬浮器至244.5mm的套管中，最终停于钻杆尾管的上部（图7.108）。

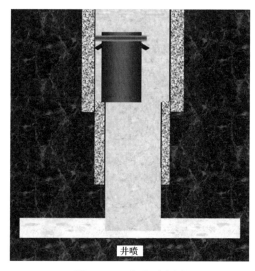

图 7.107　衬管移动示意　　　　　　　　　　图 7.108　井喷示意图

7.3.4　经验以及教训

7.3.4.1　经验

（1）由于喷出流体含硫化氢，因此及时点火，避免了硫化氢的直接伤害。

（2）下入通井规是一项有效的措施。

7.3.4.2　教训

（1）发生井漏堵漏后，未能优化设计钻井参数而又发生溢流，增加了钻井难度，被迫停止完井。

（2）固井水泥浆参数设计不合理，固井质量不合格。

（3）对固井质量评价不足，准备完井将防喷器移开过程发生井喷，并发生多次爆炸。

7.4　波斯湾油田成功井下溢流控制的案例

7.4.1　井喷事故基本信息

当钻到第 20 号井，深度为 306m，在 $17\frac{1}{2}$in 套管接口处，井打到了意料之外烦人气层，溢流开始发生。流出的气体从海底通过导管的同时，增加钻井液相对密度到 1.201，以求控制气流。下入 $13\frac{3}{8}$in 的套管到 302m 处，用双级的水泥固定套管，可水泥并没有返回。继续钻井，当 $12\frac{1}{4}$in 的定向井钻到 383m 的时候，发现高速的气体从海底喷出，于是关井。关井的同时，环空压力增加到了 800psi（5.516MPa）。泵入压井液压井，但没有结果。观察到来自周围 $13\frac{3}{8}$in 的第 17 号井的 20in 环空的剧烈气流转移到旁边的甲板上，喷出达 8m 的高度，无法再工作。由于耗尽了压井液，于是通过 $4\frac{1}{2}$in 的油管泵入海水，试图压住 17 号井，但无果。

当地层溢流不受控制地从一个层位流向另一个层位，则地下井喷发生了。导致的结果可能从无法轻易识别的情况到灾难性的情况。地下井喷可能永远不会被识别，轻微的流体转移或是流体可以直接流动到海底或地面。如果流动到达地表、井口，就会使得设备损坏，有时可能会导致生命的丧失。处理地下井喷的主要复杂之处是诊断究竟是在地下发生了什么，这非常困难。一旦识别了地下井喷的原因，则地面缩径的风险必须加以考虑。另一个主要困难是缺乏一个系统性的方法来分析和控制溢流。传统石油工业关于地下井喷的井控培训的报告相对的缺乏加重了这个问题。这种困难和复杂的问题一般占所涵盖的时间或材料小于 5%，因此分析得很少。总体而言，地下井喷的各个领域都存在不足之处：培训，预防，识别，诊断，控制和验证控制。一个伊朗的海上油田位于西哈格岛的 75km 处，含有三个主要生产平台 AA、AB 和 AC，具有的总产量为220000bbl/d，每处约 80000bbl/d。伊朗现在的 107 口井有 67 口钻在这个油田。在 A-11平台处有 20 口井从 Ghar 层和 Damam 层产油。地下溢流导致钻井液的损失既花费巨大，又浪费钻井时间，往往还会出现无效的补救材料和技术，有时甚至直接放弃该井。侧钻、废弃井、抢险井，最后失去该地的石油储藏。地下溢流可能是井控中最困难、最危险、最具破坏性的情况。如果井喷浅，缩径可能危害所有参与者的生命。因为通常井喷的表现从表象来看是被隐藏了，所以一般不会认为是地下井喷。在近些年，察觉并尽快诊断出井喷至关重要，而在 A-11-20 处钻的 $17\frac{1}{2}$in 井的时候就没有这样，深度为 383m时，在关井后观察到气体的巨大流量，在套管鞋下面的地层破裂了，由于增加了 MASP上方的压力，气体从海底流动，此外，天然气和地层水从 A-11-17 井的 30in 的导管流出，喷出到甲板达 8m 的高度。该地下井喷由工程计划在无火 60 天后得到了控制。它的设计基于三个主要概念：地面井喷控制要允许继续在平台上安全地工作以确保地下的气流源的喷出得到控制。

7.4.2　井喷事故诱发原因及机理分析

（1）放弃 14 号井的错误程序。

（2）通过尝试在 14 号井进行打捞落鱼作业的时候，没有考虑到 $9\frac{5}{8}$in 的套管损坏很严重。

7.4.3　井喷事故救援过程

由于来自海底的巨大气流，平台基地处于危险之中，并有可能导致平台坍塌而从海上消失，所以决定暂停所有 Abozar 平台油井的生产。如下所述，气体溢流控制计划由三个部分完成。

（1）地面溢流控制和安全程序：制作金属盒来引导气流到燃烧管线。

（2）识别气流源：由于这个地方有许多口井，要发现气流源是非常复杂和困难的。对于这件事情，首先释放了所有井的环空压力并在被压死之前向井中泵入海水。然后检查了靠近 20 号井的第 14 号井和第 17 号井的历史，关注点指向了 17 号井，同时检查储层（Ghar、Dammam、Asmari）气体的种类和组成。流动气体来自 Ghar 层，所以有从这个储层流过来的所有井都关闭掉，从而来控制这个溢流。

（3）与此同时做如下操作。

① 用遥控操作车辆（ROV）检测海底的气体流量，并找出到底有多大的洞（溢流处），但 ROV 在甲板两腿之间卡住，利用潜水员找出有多大的洞，但没有结果。

② 在浅水区用地球物理和三维地震测井来发现在任何气体聚集处或气体通道处会在测井图上出现异常用于帮助研究，但因为不稳定，结果是不正确的。

③ 通过案例的研究，他们发现了在 Mishan 层的许多砂岩渠道可能是保持气体从井里流动的第二个漏层。

④ 地面和海床的流量控制：在研究了问题井的边界后，并根据井的历史，他们选择两口井，分别为 14 号和 17 号。

7.4.3.1　17 号井

钻了 $17\frac{1}{2}$in 的井到 308m 处，下入 $13\frac{3}{8}$in 的套管 305.5m 并水泥胶固。定向钻 $12\frac{1}{4}$in 的井到 385m 的时候撞击到坚硬水泥塞，钻过水泥塞，继续定向钻 1396m 和下入 $9\frac{5}{8}$in 的套管 1289m 并水泥胶固，并较好地完成。鉴于从 17 号井周围的严重气流（流到该井），井控程序已经用于 17 号井。因为在深度 385m $12\frac{1}{4}$in 坚硬的水泥塞堵住了这井孔，所以接下来再钻穿它。在 Abozar 油田的钻井中有证据表明，钻井会使得邻井的套管损坏是有可能的，所以选中了 17 号井（即根据 20 号井的情况，有可能 17 号井的套管损坏）。首先泵送海水尝试控制来自这口井的气体。同时也在 17 号井的周围井泵送海水检查有无任何结果。由于 11 号井、15 号井和 18 号井生产来自 Ghar 储层的气体与 17 号井很近，同时这几口井连续地注入水用于控制从内部储层流出的气体。流动的气体完全有可能是来自套管 $9\frac{5}{8}$in 外的地方，因为套管的胶结很差（即层间窜流，随后追溯到 14 号井），通过连续油管射孔作业是在深度为 1030～1036m 和 930～936m 的两个阶段，前者在 Ghar 盖层的下面，后者在 Dammam 层的上面，因为 17 号井钻穿了这两层之间的隔层。然后通过连续油管注入水泥浆到射孔区，尝试控制流量，但没有结果。

与此同时在 17 号井使用了一个 30in 的导管来分流和控制流量。然后观察 14 号井有无溢流源头的任何迹象。根据对 20 号井的气体样品的分析结果，注入到 17 号井的水，17 号井的超 PLT 测井结果都表明，在放弃该井前由于捕捞作业操作，有可能损害到 14 号井的套管。

7.4.3.2　14 号井

钻 $17\frac{1}{2}$in 的井到 375m 的时候下入 $13\frac{3}{8}$in 的套管到 370m 处并胶固。定向钻 $12\frac{1}{4}$in 的井孔到 1620m，因为在不同的深度有缩径，有许多次的整体调整，下入 $9\frac{5}{8}$in 的套管到 1329m 的时候，套管柱被卡住。尝试解卡套管但没有成功。

定向钻 $8\frac{1}{2}$in 的井孔从 1319m 到 1620m，由于缩径，也有多次的调整，继续钻到 1677m，下入 7in 的衬管到 1650m，就不能再下了。尝试解卡衬管，没有成功。通过紧急释放机制来释放运行的工具。用水泥胶结衬管，拔了 986m 后想尝试用水泥循环，没有结果，用 1200.96kN 的力尝试把衬管拔出井孔，尝试用反循环，也无结果。机械工具后退到 377m 开始从 300~377m 钻出固井的水泥，并试图钻出 385m 处落鱼周围的水泥，观察到振动筛的金属屑。进行传播性的测试速率如下。

（1）落鱼的内部压力为 500psi（3.4475MPa），从其流过的流量为 3.8bbl/min。

（2）环空的落鱼和尺寸为 $9\frac{5}{8}$in 的套管压力为 500psi（3.4475MPa），从其流过的流量为 7.3bbl/min。然而，水泥塞在 350m 处，并向上延伸到 275m，悬挂在井中。

考虑到无效的测试并意识到落鱼上面的环空和地层之间通过水泥胶结连接，表明水泥循环从闸板向上，而没有胶结其周围和套管的外部，Ghar 储层的气体可能因此转移到了其他储层。

通过连续油管对 A-11-14 号井的流量控制操作，然后使用钻机，平台的溢流已经得到控制，使用连续油管的操作作为接下来的第一步。为了把 $3\frac{1}{3}$in 的连续油管置于井中，下入完井管柱。然后在损失了大量的钻井液的情况下，钻穿水泥塞，下入电测井仪器找到了在深度为 384m 的套管损坏。下入 $2\frac{1}{2}$in 的浮动封隔器到 461.3m 处并安装，在这一点压力为 2600psi（17.927MPa），同时观察到海面有气泡。基于更安全的考虑，再下入另一个 $2\frac{1}{8}$in 的封隔器到深度 944.8m，然后观察到海面有气泡。

（1）钻出 280~348m 段尺寸为 $9\frac{5}{8}$in 的套管里面的水泥。

（2）磨掉 20cm 的桥塞后，桥塞掉入了井中。

（3）下入废掉的磨器来磨铣水泥塞。

（4）在不同深度下入 RTTS 系类的封隔器以检查压力。

（5）泵入水泥，钻出水泥，磨掉落鱼。

（6）在 389.8m 处打水泥塞（水泥塞长度为 90cm）。

（7）回接 7in 的套管来覆盖损坏的套管。

（8）控制流量后，将钻机移到 20 号井后继续打井。

继续钻 14 号井。

7.4.3.3　20 号井

安装防喷器同时从喇叭口短接上观察到气泡，释放气体并测试防喷器。检查压力在 400psi（2.758MPa）后打开了气嘴，泵入海水，从气嘴返回损失了 4.5 蒲式耳每小时。此时在海面观察到气泡，当泵入 HiVis 药物和海水（4.2 蒲式耳每小时）到环空，海面上有持续的气泡，继续用 5in 钻杆开钻，并泵入三阶段的水泥，总共 180bbl。为了防止像刚才的井一样储层气体持续泄漏，此时这口井在合适的地方开始钻定向井，在钻这口井的操作过程中没有任何问题。

图 7.109 是 A-11 平台井口的平面布置图。图 7.110 是 Abozar 油田 A-11 平台一些

井的井身结构图。图 7.111 为 17 号井的气体溢流流动示意图，从图 7.111 中可以看出 17 号井的气体通过本井套管鞋破裂处沿地层到达 20 号井，并在 20 号井套管外地层达到地面。图 7.112 为 A-11-14H 井在胶固落鱼和废弃该井前后的井身结构。图 7.113 为 14 号井钻柱所在位置示意图。图 7.114 为 14 号井的生产状况以及由于套管损坏在落鱼上面 360～380m 处的严重气体溢流的示意图。图 7.115 为气体从 14 号井损坏的套管处流向了 17 号和 20 号井示意图。图 7.116 为钻井管柱内安装障碍物（堵住溢流的装置）示意图。图 7.117a 为 A-11 平台相关井的地层物性对比图。图 7.117b 为 A-11 平台井在地层中的井眼轨迹示意图。

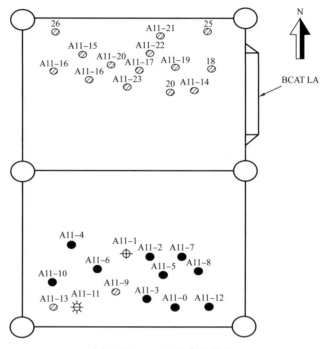

图 7.109　A-11 平台的井口

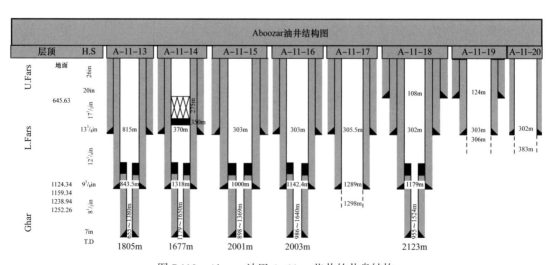

图 7.110　Abozar 油田 A-11 一些井的井身结构

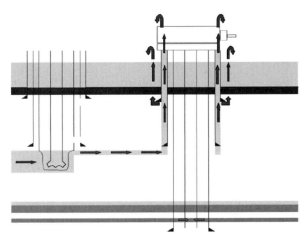

图 7.111　17 号井的气体溢流

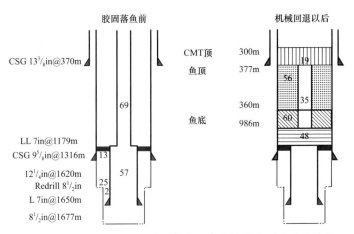

胶固落鱼前　　　　　　　　机械回退以后

CMT顶　300m

鱼顶　377m

鱼底　360m
　　　986m

CSG 13$^3/_8$in@370m

LL 7in@1179m
CSG 9$^5/_8$in@1316m
12$^1/_4$in@1620m
Redrill 8$^1/_2$in
L 7in@1650m
8$^1/_2$in@1677m

图 7.112　A–11–14H 井在胶固落鱼和废弃该井前后的井身结构

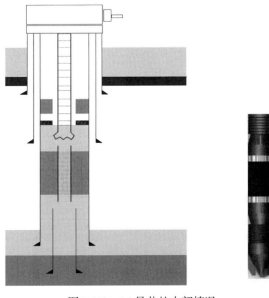

图 7.113　14 号井的内部情况

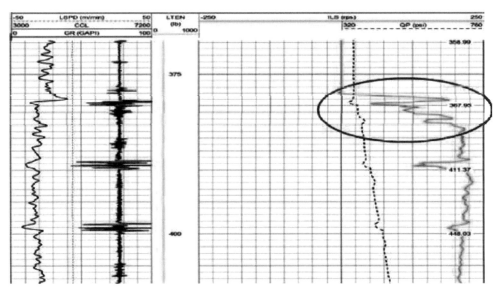

图 7.114　14 号井的生产状况以及由于套管损坏在落鱼上面 360～380m 处的严重气体溢流

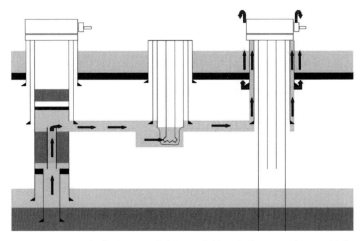

图 7.115　气体从 14 号井损坏的套管处流向了 17 号和 20 号井

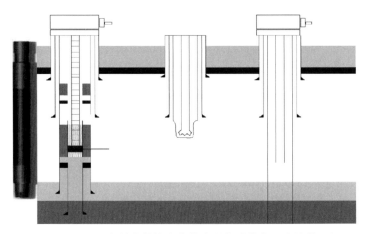

图 7.116　在钻井管柱内安装障碍物（堵住溢流的装置）

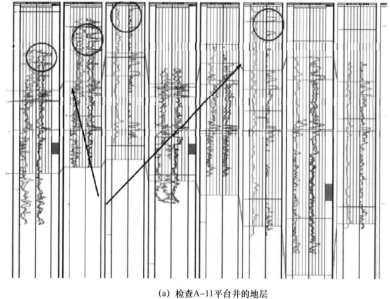

(a) 检查A-11平台井的地层

A-11平台南北相交面

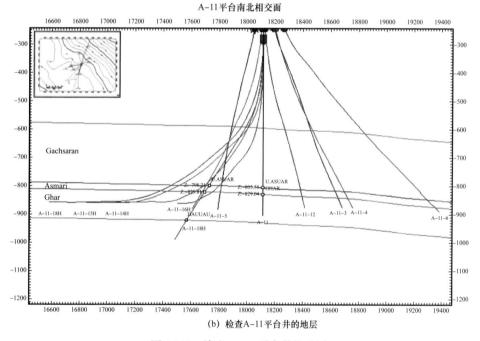

(b) 检查A-11平台井的地层

图 7.117 检查 A-11 平台井的地层

7.4.4 经验及教训

7.4.4.1 保护环境方面

在此操作期间，标准和环境条件是优先考虑的，操作完全是高质量且在国际法律范围内。在这次气体泄漏地区没有任何事故和损害。尽管该区域泄漏的气体比例很大，但它被成功地控制住了，且没有造成任何伤害。同时用 Satalight 的照片（这些照片是由欧洲 Satalight 的 TerraSAR-X 卫星所拍摄）观察 Abozar 油田的周围，精确到 3m 都没有发现任何原油污染。根据工程计算，约 $1 \times 10^9 ft^3$ 天然气已经从 17 号井和 20 号井流出，以及 $20 \times 10^4 bbl$ 的海水注入了 Abozar 油田的井中。表 7.27 为气体取样结果——溢流井以及其他储层气体混合物的数据对比一览表。

表 7.27　气体取样结果——溢流井以及其他储层气体混合物的比较

20 号井流出的气体	Damam 层	Ghar 层	上 Asmari 层（摩尔分数）	气体组分
0.5	0.16	1.07	0.64	N2
82.05	24.75	82.57	85.42	C1
2.29	1.61	2.25	最小值	CO_2
8.39	8.28	8.06	7.94	C2
1.65	2.17	1.4	0.19	H_2S
3.18	7.09	2.9	3.22	C3
0.39	1.44	0.37	0.43	C4 异
0.8	3.13	0.74	0.87	C4 正
0.23	1.27	0.1	0.22	C5 异
0.22	1.32	0.17	0.20	C5 正
0.3	48.38	0.27	0.87	C6+
100	100	100	100.00	总计

7.4.4.2　井控方面

利用专业知识和油田研究对地下溢流进行控制是有可能的。地下溢流可能通过极难被观测到的极少量的液体流动，直到流到地表或海洋平台上。由于流体流到地面的驱替作用会损失钻井液，浪费时间，损失井筒，侧钻，抛弃该井，甚至丢失油藏，还会造成其他问题，出于这个原因，在较短的时间内识别和控制地下溢流是非常重要的，所以首先要识别流体流动的原因，然后才能控制它。如果是在浅井的溢流，那么这个操作是非常危险和灾难性的。在 Abozar 油田的第 11 个钻井平台上的溢流控制操作、流动原因的识别和平台的控制情况正是本节研究的问题。

7.5　澳大利亚蒙塔拉油田井喷事故

7.5.1　井喷事故基本信息

2009 年 8 月 21 日（星期五）上午 5：30（澳大利亚西部时间）。在距离澳大利亚海岸 140mile 的西北方向上，蒙塔拉油田，西阿特拉斯钻井平台发生了初步估计 64t/d 的井喷。

该区块属于澳洲 PTTEPAA 公司。

蒙塔拉井口平台（WHP）由 PTTEPAA（被称为 PTT）拥有和经营，位于帝汶海，在澳洲大陆的西北海岸 250km 处。H1 井是由西阿特拉斯自升式钻井平台从 2009 年 3 月开始钻的井。

这口井是 PTT 对蒙塔拉的批量开发钻井计划的一部分，这个计划中包括在 2009 年 1 月到 4 月期间钻五口井。该计划是为了当钻机离开现场的时候，使得可以安装 WHP 顶侧的设备（使用叫做"Java Constructor"的施工船只），然后，在 8 月返回重新载有顶侧设备的蒙塔拉 WHP 开钻。在这两个工作阶段期间，离开井的安全状态的措施是由 PTT 的油井建设标准定义的（WCS），但这些措施没有按照这个标准落实到位。如在下面段落的描述，一些规范被简单地忽略了或者是没有充分地按照规范运作。

按照计划，当西阿特拉斯钻机在 2009 年 8 月返回油田的时候，H1 井恢复钻井工作。在准备下一步的工作中，一个含压帽被拆除了。尽管在含压帽被拆除前没有有意义的压力记录，数小时内井喷发生。最初，泄漏液体没有被点燃。在事故定向井中靶之前，石油和天然气泄漏了 10 周以上。事故定向井恰逢释放点火。2009 年 11 月 3 日火熄灭，火持续燃烧了 2d。一个月后，也终于宣布这口井安全了。

这个事件结果没有人受伤或死亡。不得不说，比起良好的管理这是多好的运气，如果井喷后就立即失火，可能有类似深水水平井事故的结果，该事故导致 11 人死亡，多人受伤。在井喷时，油井建设船只"Java Constructor"位于平台很近处。就像当时拍摄的照片很明显地说明，如果气体立即点燃，则很可能该船只的船员（以及那些在钻机上的人员）会受到不利影响。

除了钻机和平台由于失火的损坏，蒙塔拉事件的不良后果涉及环境污染，甚至在这方面，也有运气的作用。鉴于逸出流体的光的性质和井的位置远离海岸，迄今为止多数烃类物质被简单地风化，对澳大利亚海岸或海洋生物的影响相对较小。

7.5.1.1 井身结构

井身结构如图 7.118 所示。

7.5.1.2 储层流体（原油）性质

原油性质如图 7.119 所示。

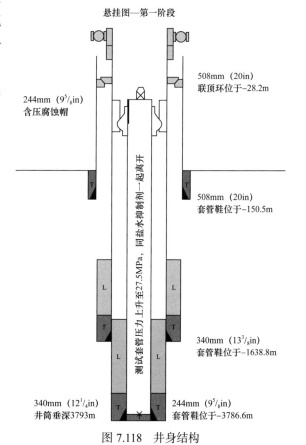

悬挂图—第一阶段

508mm（20in）
联顶环位于−28.2m

244mm（9⁵/₈in）
含压腐蚀帽

测试套管压力上升至27.5MPa，同盐水抑制剂一起离开

508mm（20in）
套管鞋位于−150.5m

340mm（13³/₈in）
套管鞋位于−1638.8m

340mm（12¹/₄in）
井筒垂深3793m

244mm（9⁵/₈in）
套管鞋位于−3786.6m

图 7.118 井身结构

不确定性—原油或冷凝液

非永久性油定义为：

　　在340℃下至少有50%的体积蒸馏

　　在370℃下至少有95%的体积蒸馏

蒙塔拉原油：

　　在340℃下59%

　　在370℃下71.3%

第三组原油

对以下过程至关重要：

　　模拟

　　气候预测

　　策略选择

　　装备选择

图 7.119　原油性质示意图

7.5.2　井喷事故诱发原因及机理分析

7.5.2.1　直接原因

在对井控过程中做出各项决定的详细信息的分析之前，本节根据 PTT 的文档总结了各类井控装置的缺陷，这些装置本来应该很好地防止井喷，但由于各种原因它们失效了。

在事故发生时，处于 H1 井的开发钻探阶段。该井已经下了 2 组套管柱：外面的 1 组的型号为 $9^5/_8$in，下入的深度是 1640m ；里面的 1 组型号为 $13^3/_8$in，下入的深度大约 3800m。接下来一系列导致此次井喷的事件开始于 $9^5/_8$in 套管的底部套管鞋的固结。

PTT 油井建设标准（WCS）要求当停钻的时候要有两个有效的井控装置防止流体从储层到地面不受控制地流动。主要的含压井控装置本来应该是在 $9^5/_8$in 套管的底部套管鞋处（该点接近油井的水平段）。当在固井操作时，基于可见的压力和流量曲线，很明显，水泥胶结的完整性从来没有被证明过，事实表明该套管鞋是一个"湿鞋"，水泥浆已经受到钻井液和（或）储层流体污染。

本来二级井控装置即 2 个承压腐蚀帽（PCCCs）应该是有效的（根据最终井设计）。该井设计要求这 2 个承压腐蚀帽分别安装在顶部 $9^5/_8$in 管柱以及外侧的 $13^3/_8$in 管柱上。事实上，只有 1 个被安装了（在 $9^5/_8$in 管柱上）。从制造商的信息盖板表明承压腐蚀帽不是设计用作井控的，但 PTT 选择使用它们来实现这一目的。这个 $9^5/_8$in 管柱上的水压腐蚀帽后来因操作原因被拆除了，而没有再安装。井喷发生在大约 15h 后。

井控的另一种形式是确保该井总是在过平衡状态，即井筒中流体的静压头总是超过所属储层压力，因此井压力平衡将防止流体向上流动至地面。在蒙塔拉的情况下，它似乎已被任何相关人员假定该井是过平衡的，但情况并非如此。在井孔中的流体的监测，没有确保在井底有足够的安全压力余量。

总之，各种防止从井中流体的流出而井喷的井控障碍本应该是已经到位的，且应该是有效的，它们状态见表 7.28。

表 7.28 状态数据

井喷防护措施	测试 / 监控	状态
$9^5/_8$in 套管鞋的胶结	没有测试，假定为充分可行的	无效
$13^3/_8$in 承压腐蚀帽	没有安装	不存在
$9^3/_8$in 承压腐蚀帽	在安装的时候没有完全测试	没有设计用作井喷防护措施，在井喷前被拆除
过平衡的流体	没有监测到，假定井筒流体可平衡储层流体压力	无效

最终，当油藏压力足以克服井孔中的液柱压力的时候，由于 $9^3/_8$in 承压腐蚀帽的失效，烃类物质能够流到表面。这是当井喷时阻止流体流到地面唯一的物理屏障。在这种情况下，烃类物质的不受控制地流动到地面是不可避免的。

7.5.2.2 间接原因

需要多重保护措施：他们的假设似乎已经认为，只要任何一个保护措施到位了，就认为这个保护措施是 100% 可靠的，而且该系统足够安全。虽然这是在很多方面是一个成功的战略，但当它应用到复杂的系统（如石油工程）是很危险的。

眼见不一定为实：事故分析通常表明，事故发生的最普通的原因和警示标志可能很难发现，即使对于有专门监测警示的人也是不容易发现的。

案例：此井喷事故中，钻井工程师依靠过平衡压井，没有仔细观察压力变化，最后导致失败。

7.5.2.3 有缺陷的决策

本节将介绍一些对每个井控屏障所作的决定，根据每个人提供的证据寻找理解为什么他们显然认为当时的情况是足够安全的原因。目的不是责怪谁，而是寻求理解为什么他们会作出这样的决定，以求未来决策在类似情况下可以得到改善。

（1）关于固井误解。

固井通常被理解为在打井过程中的一个安全的关键程序。水泥鞋、水泥塞和类似装置被用作主要的控制屏障，在 1992—2006 年期间，由于固井问题导致了美国大陆外的 39 次井喷中的 18 次井喷问题。

在 H1 井的设计里，一个称作套管鞋的装置安装在套管的底部，该装置的目的就是阻断与地面的沟通。套管鞋及其周围的空间被设计成填充有水泥，当这样做以后，就可以阻挡同时在套管外和环空内流动。在 H1 井固井作业中，固井的目的是为了在相应的深度把重组的钻井液泵入井筒和环空之中。套管鞋包括两个浮阀即单向阀设计，防止从套管鞋到井筒中的倒流。这些装置也许可以看作是一个独立的屏障以防止流体从储层流到地面，但由于它们不能进行独立测试，对于已注水泥的套管鞋来讲，它们在这里已经被视为不可或缺的。水泥泵送操作还包括两个间隔的水泥塞在套管中运动，一个在水泥之前，一个紧随水泥。这些装置的一个功能是提供井下正在发生什么的反馈。第二个水泥塞到达套管鞋的顶部，这个位置可以由压力曲线上的一个突然增高来表明。

根据钻井计划，一旦水泥与相关的活塞已经到位，就需要一个压力测试，以确认套管鞋上的管柱的完整性。在系统的测试过程中，压力可以保持不变，但在试验结束时，当压力降低，16.5bbl 流体从套管柱被退回，并且后该系统被放卸下来，压力开始再次增加。这表示通过浮阀的流体泄漏了一些。井最初被关掉，然后通过平台上的 PTT 人员决定，要解决这个问题的最好办法就是泵多余的流体返回到井内。参与这个决定的人员没有解释为何他们认为这是一个合适的做法。在那个时候把流体泵回井中将必然强制流体通过浮阀进入套管鞋，导致被称为"湿鞋"的情况成为可能。烃类流体和（或）被抑制的海水开始向上流入套管中污染了水泥。他们没有认识到这种可能性或是他们的行为可能造成的潜在后果。被污染的钻井液与其他流体可以提供烃类流体流到通道中，并因此缺乏充当一个井控屏障足够的完整性。

泵送附加的流体返回到井后，下一步就是维持井中的压力，然后等待水泥固结。关键是，没有进行额外的试验来确认浮阀的状态或是套管鞋胶结的完整性。这将需要一个负压测试（或流入测试），其中在套管鞋上面的壳体中的压力应该减少（而不是增加），以测试是否当在浮阀之间的压力差被反转时，浮阀能够工作。事实上 PTT 的 WCS 要求两个独立的测试：一个正压力测试，以确认壳体的完整性，随后进行负压力试验，以确认浮子阀的完整性。似乎在当时工作人员都没有意识到上面这些。

有效的油井完整性测试不是简单地完成一系列的步骤而已。合格的测试人员必须明白测试出的结果的工程意义，以便作出合理的决定。在测试以后的行动将非常地依赖看到的结果以及解释它们的内容。在这个事故中，似乎没有对测试的结果做有力的分析。这个测试很显然是那些工作人员当成一个步骤来完成，而不是当成可以改变后续一系列活动的决定点。对测试结果的这种思维方式的目标只是要完成工作，继续前进。

（2）H1 井钻井暂停计划的修改。

事故发生的时候根据被批准的钻井计划设计本应该有其他的井控屏障就位，而不只是水压腐蚀帽。

在 4 月到 8 月当钻机离开平台期间，PTT 为 H1 井的原始设计包括浅置水泥塞阻挡井筒流体的流动。在程序的第一阶段，PTT 请求并从监管（监管没有太过注意这个改变）得到许可来改变原来的设计：通过在两个管柱上加设两个含压力腐蚀帽，从而取代水泥塞。用两个含压力腐蚀帽替换水泥塞的决定被记录在一个正式的油井建设改变控制的论坛中，这个操作由钻井监督执行，油井建设监督批准。

改变控制的形式是因为对 HSE 的影响以及对成本的考虑。在改变以后，HSE 的影响被描述为"在停钻和重新开钻期间提高了油井的完整性"。成本的影响被标注为"基于费用上在钻机时间节省高达 5 万美元"。因此，作者建议不是在权衡安全性或成本，而是在两方面都要提高。

控制形式的改变没有提供任何有关作者会认为承压腐蚀帽将比水泥塞提供更高程度的油井完整性。通过 PTT 在提交 COI 的信息中可得到一些解释，其中指出，考虑修改钻探计划的原因分别为如下：

① 含压力腐蚀帽允许在其拆除前就可对帽下的压力进行测试，而水泥塞不能；

② 当钻开水泥塞的时候有破坏套管的风险性；

③ $9^3/_8$in 承压腐蚀帽是可获得的。

该 PTTEPAA 油井建设标准（WCS）要求在长期的停钻过程中，比如在 4 月到 8 月计划钻机离开蒙塔拉，需要"两个永久的被测试验证过的屏障"。这些条目可以就归类为永久性的屏障，它强调需要完整的测试，其中包括"被测试验证过的水泥塞（最少 30m 长）"和"验证胶结好的套管"，而这些都不包括承压腐蚀帽。

井施工经理、钻井监督及一个高级钻井监督认为承压腐蚀帽像油管密封一样在 WCS 中都可以被允许用作永久性的屏障。另一个高级钻井监督声称承压腐蚀帽优于水泥塞（另一种允许的永久性屏障）。事实上，承压腐蚀帽的厂商建议，它们没有被设计用作一个防止流体流入井筒的设备。

即使承认承压腐蚀帽是一个可以接受的井控屏障，因为保证安装设备的完整性就需要测试这些设备来满足所述 WCS 的要求。关键是，这个变化没有透露出任何在安装承压腐蚀帽的时候要测试它的有效性信息，而 PTT 陆上管理（技术）人员声称，他们期望这样的测试会做。

PTT 建议他们改变井最初的设计计划是为了油井更安全，COI 没有拒绝这个建议。这个决定的作出是为了降低成本，以最小的代价确保井控装置的可靠性或井控失败的潜在后果。如在以下部分中描述的，由于这种随意的方式使得这种变化进一步影响承压腐蚀帽安装如何被管理。

（3）未安装 $13^3/_8$in 承压腐蚀帽。

正如在前文所述，钻探计划被改变，所以水泥塞被两个承压腐蚀帽替换，随后仅安装其中之一。以这种方式，一个行业标准的井控制屏障被替换为单一更低屏障效果装置来执行对其并没有被设计的功能。

虽然最终批准设计要求为 $13^3/_8$in 承压腐蚀帽作为屏障到位。当油井在 2009 年 4 月开始停钻的时候。结果，当西阿特斯钻机在 2009 年 8 月返回油田重新开钻的时候，$13^3/_8$in 承压腐蚀帽根本没有被安装。发生这种情况的细节尚不清楚，但还是可以从现有的证据得出一些结论。

其中一个 PTT 高级钻井监事会已经描述了为什么 $13^3/_8$in 承压腐蚀帽未在 H1 井工作最初暂停时被安装。究其原因，他认为，H1 井在未来几周将会安装防喷器，所以为了操作便利性，没有安装。这让承压腐蚀帽的功能从一个重要的和必要的井控装置变成了在未来为了安装的操作便利性可能是某个不确定的点。

高级钻井监督指出，在钻井监督办公室的白板上安装 $13^3/_8$in 承压腐蚀帽被列为表现十分出色的一个工作。

在 H1 井停工的最后阶段，各种报告被送到陆上，报告说明承压腐蚀帽已经安装了。由于 20in 的桶盖已经安装在了本应该安装的承压腐蚀帽位置的顶部，在这个工作以后要观察是否承压腐蚀帽已经被安装了，这是不可能的，但似乎每个人都假定它已经完成，尽管盖本身（假定一个安全设备重要的一块）随后被送回了达尔文的物资供应基地。

PTT 初步调查了，发表于 2009 年 10 月该事件的状态：PTT 的调查确定，2009 年 3 月，在平台上的人员发现，设计使用在 H1 井盖上的一个阀门生锈了。这似乎说明，这就是为什么承压腐蚀帽未安装在井上的原因。在 2009 年 3 月停钻期间的一封海上钻井进程的电子邮件中，钻井平台上的钻井监督建议告知承压腐蚀帽已经安装好。

与对 $13^3/_8$in 承压腐蚀帽没有安装的陈述相反，所有 PTT 人员对 COI 的声明拒绝任何直接卷入这一问题，并对这个设备没有安装到位表示惊讶。

不可能知道谁第一个错误地指出在一份书面报告中 $13^3/_8$in 承压腐蚀帽已经安装，也不可能知道谁简单地就把这个信息传递出去而没有实际确认是否安装。然而，很清楚地是该装置的安装是所有参与人员从安全的角度来看是不重要的（考虑安装延迟与工作管理的随意性）。另外，如前所述，转向承压腐蚀帽作井喷防护装置的成本节约是可观的——钻井时节约 50000 美元。如果在最后时间承压腐蚀帽被发现是不能使用的（例如，由于一个生锈的阀门）以及有必要改变计划打回水泥塞，这显然会导致 50000 美元的开支。在这种情况下，这让平台上的一个人或是更多的人都一起简单地忽略了承压腐蚀帽的规定的决定也就不足为奇。

（4）拆除 $9^3/_8$in 承压腐蚀帽和没有再安装它。

遗憾的是未能安装 $13^3/_8$in 承压腐蚀帽还有其他后果。该套管柱的顶部内侧的螺纹未受保护，因此在 8 月 H1 井的工作重新开始的时候发现螺纹已经被腐蚀。当油井在 4 月份停钻的时候，$9^3/_8$in 承压腐蚀帽确实安装了，但之后由于要清理 $13^3/_8$in 套管顶部的螺纹就把 $9^3/_8$in 承压腐蚀帽拆除了。

这一行动是经过了在岸和平台 PTT 人员的讨论，最终决定是由油井建设经理做出来的（他在当时还是西阿特斯钻机的经理）。

在拆除 $9^3/_8$in 承压腐蚀帽之前，压力测量表明没有集聚的碳氢化合物，拆除之后也没有明显的碳氢化合物被观察到。那些参与人员（包括井施工经理）看到这点后指示该井是稳定的，因此，其他的障碍（如套管鞋与流体过平衡）是充分的。事实上，由于 $9^3/_8$in 承压腐蚀帽的密封可靠性从未被测试，事实上没有意义的压力记录不能排除烃类物质从储层出现。下面的工作是清洁 $13^3/_8$in 套管顶部的螺纹，$9^3/_8$in 承压腐蚀帽没有更换，井架被滑到另一口井。当活动的主要重点转移到另一口井的时候，没有持续监控 H1 井的状态。

由于 $13^3/_8$in 承压腐蚀帽没有按计划安装，这显然导致在 4 月到 8 月之间没有不期望的副作用，也许 $9^3/_8$in 承压腐蚀帽也没有被视为一个关键的安全装置。没有重新安装 $9^3/_8$in 承压腐蚀帽节约了一些钻井时间，并根据早期的压力观测被视为可以接受的，因为这种布置显然符合这改变了的 PTT 的标准，现在钻机回来了。一旦西阿特斯钻机回来，现场作业按计划重新开始，井控屏障的要求可以根据 PTT WCS 被合理地修订。如果油井状态归类为一个暂时有 MODU 在位的停钻状态，"被测试过的，独立的屏障"的要求会成为一个永久的屏障或两个临时屏障。在这种的情况下，胶结好的套管被列为一个永久屏障（如果它已测试），流体在井中的静水压力是可允许的临时屏障，条件是液位和密度进行了监控和维持。

当然，在实践中的水泥鞋没有经过测试并且是不足够的屏障。如在下面的部分中描述的，静水压力平衡也不是不可靠的。

（5）依赖过平衡。

到目前为止的讨论涉及的是物理屏障，特别是安装来防止储层流体从井筒向上流到地面。其他防止储层流体从井筒向上流到地面的方式是确保在任何时候，流体的重量（或静水压头）在井筒总是超过在井底部的储层压力，使得没有驱动到地面的力。处于这种状态的油井被称为"过平衡"。

在蒙塔拉的情况下，有证据证明井的设计基于一个"正常"油藏压力，换句话说就是等于相同深度下的海水压力。

这一重要的设计数据是由 PTT 的地质工程师提供的，这本身就是不正常，作为这样的设计数据更普遍地是由油藏工程师提供。PTT 的标准要求，为了依靠过平衡作为一个井控屏障，完井液的液位和密度必须进行监控和维持。在 WCS 同样规定需要在井筒的流体压力超过预期最大地层压力并有一个压力余量。在 H1 井的情况下，没有任何监测流体的液位或密度，也没有考虑需要满足 WCS 规定的安全余量。抑制的海水被用作井筒流体，根据陈述，这意味着流体液柱施加的压力基本上等于储层压力，而没有根据 WCS 要求的安全余量。尽管如此，所有的 PTT 人员仍然假定井安全的过平衡情况，也就很合理地把这个状态归为井控障碍的一种。

总之，一系列决策失误导致了蒙塔拉处于不安全的情况，也同样没有认识到该系统的状态。

7.5.3　井喷事故救援技术方案及救援过程

7.5.3.1　事故过程

R Galton。蒙塔拉井喷事故。来源：澳大利亚北方政府能源部（由 PPT 报道，非文献），2011 年 6 月。

（1）钻机操作过程。

① 西阿特斯钻机是由 Seadrill 公司所有，由阿特斯操作，同时承包给 PTTEPAA。

② 哈里伯顿是 PTTEPAA 控制下的专门完井承包商。

③ 钻井的时间在 2009 年 1 月和 4 月之间。

（a）防水深度：约 77m。

（b）井深：3787m。

（c）垂直深度：2655m 至储层中为 $9\frac{5}{8}$in 套管柱。

④ PTTEPAA 批准的钻探计划概要了旋转批量钻井作业的连续性（现在的 5 口井）。

⑤ 在钻到储层之前井筒与套管在基岩的钻进过程中都是逐渐变小的典型井的情况。

（2）事故原因（1）。

① 主井控防护装置（$9\frac{5}{8}$in 水泥套管鞋）失败（井喷的根源）。

② 安装了有缺陷的套管鞋（由 DDR 的话证实）。

③ 水泥这个防护装置更容易在水平井失败。

④尽管有"显而易见"（说明需要压力测试）的迹象，但未进行压力测试。

⑤"明智的油田实践"的失败。

（3）事故原因（2）。

①一个复杂的问题是：虽然2个二级井控防护装置（承压腐蚀帽）批准以及计划安装，但却只安装了1个。

②安装的这个承压腐蚀帽未就地测试和验证。

③承压腐蚀帽的设计本来不是用作井的主要井控防护装置的，但却用作井控。

④套管外的流体被误认为与空隙压力相比是过平衡的（尽管这点从未被验证过）。

⑤西阿特斯在2009年4月离开了H1井，使得H1井停钻，在这期间没有一个测试或是有效的防护装置。

（4）事故原因（3）。

①钻机在2009年8月返回，可是13$^3/_8$in承压腐蚀帽从来没有被安装在H1井上。

②由于螺纹锈蚀，需要拆除9$^5/_8$in承压腐蚀帽。

③钻孔设备逐渐退出H1井，转到其他井。

④15h后，井喷发生。

⑤系统的以及相互关联的因素（来自调查内容）：

（a）WOMP和油井建设标准太一般，同时不明确；

（b）PTTEPAA的工作人员缺乏相应的技能和经验；

（c）任何一个钻机或陆上人员都不知道固井已经失效；

（d）记录和通信是有缺陷的（尤其是平台与岸上之间）；

（e）管理机构被蒙在鼓里。

⑥发生事故是迟早的事。

7.5.3.2 救援行动

事故发生在8月31日7:30（美东时间），澳大利亚海事安全局10:00收到此消息，之后在2h之内：

（1）澳大利亚海洋溢油中心收到此消息；

（2）建模开始；

（3）喷洒分散剂的飞机开始准备；

（4）侦察机接受任务。

大概在8月21日下午12:00（美东时间）确定有溢油出现：

（1）50m³分散剂从澳大利亚海洋溢油中心运移到事故地；

（2）2架运输机运移分散剂；

（3）响应小组在达尔文和特拉斯科特部署；

（4）C130飞机从新加坡溢油应急公司飞往事故地；

（5）第一架分散剂飞机到达；

（6）澳大利亚海事安全局承担协调工作。

8月22日20：10：

（1）特拉斯科特营运据点建立；

（2）分散转移到特拉斯科特；

（3）第二架运移分散剂的飞机大约在中午抵达；

（4）C130飞机上午抵达达尔文；

（5）增加部署了侦察飞行机。

8月23日20：10：

分散剂喷洒开始。

7.5.3.3　分散剂喷洒

（1）关键问题是"避免安石/卡地亚礁海洋储备和西澳大利亚海岸线受到污染为最重要的特征"。

从飞机转移到船只，在超过68d的时间里使用了184000L分散剂（图7.120）。

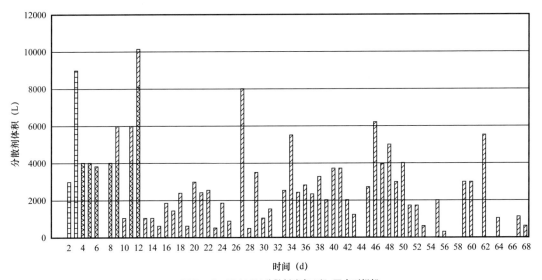

图7.120　平台分散剂汇总

（2）注意事项。

采用最新的分散剂 NS Slickgone，Slickgone LTSW，ARDROX6120，Tergo R40，Corexit9500 和 Corexit9527。

只有通过在两温带和两热带的特别的物种测验，使得在最低有效性和最高可接受的毒性之间的分散剂，才被批准在澳大利亚水域使用。欲了解更多信息，请访问：

http：//www.amsa.gov.au/Marine_Environment_Protection/National_Plan/General_Information/Dispersants_Information/index.asp

（3）事故监测：使用雷达和光学遥感溢油监测。

（4）钻定向井对事故井进行压井。

钻定向井日程情况（图 7.121）：

9 月 14 日用 West Triton 钻机开始钻井（井喷 25d 后）；

10 月 6 日第一次尝试（错过靶点 4.5m）；

10 月 13 日到 10 月 24 日第 2~4 次尝试（错过靶点 0.7m、0.53m、造斜器卡住）；

11 月 1 日，H1 井中靶，泵送重钻井液到 H1 井（井喷 73d 后）；

11 月 1 日，WHP 平台上起火；

11 月 3 日溢流 3400×10⁴bbl 烃类物质后，井被中钻井液压死；

11 月 3 日，3：48 火被扑灭；

1 月 13 日打水泥塞完井，确保 H1 井安全；

打捞浮起物，拖走西阿特斯钻机（事故钻机）。

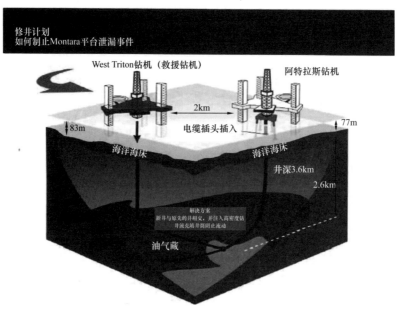

图 7.121　钻井计划

（5）废油回收工作。

如图 7.122 所示，844000L 的水包油物质被收集。

拖拉存储是不切实际的，这些废油如何处置？

图 7.122　废油回收

（6）事故处理要求（12月3日达成一致意见）：

① 环境科学协调员指出没有回收的焦油球、浮油，或油膜威胁阿什莫尔礁和卡地亚胰岛；

② 8d严密的空中监视（2009年11月21日至2009年11月28日）证实没有可见的油膜或油/蜡脏物威胁到珊瑚礁；

③ 在此期间，公开水域没有明显可见的浮油污染物；

④ 在此期间，海上监视的船在该区域内看不见油污；

⑤ 在救援过程中不需要对珊瑚礁岸线清理；

⑥ 分散剂喷洒在11月1日之前不能作业。

7.5.3.4　政府响应

联邦部长发布了政府回应委员会报告（2011年5月25日）。

（1）已接受建议92条，留意条例10条，而不接受委员会的建议3条。

（2）该委员会的报告批准2009年4月的生产力委员会的报告，即建立一个联邦监管机构（NOPSEMA），设立时间为2012年1月1日。

（3）它将负责日常的职业健康与安全，以及诚信、环境规划和日常OPS（联邦水域）的调节和管理。

（4）如果PTTEPAA不符合联邦近海石油和温室气体储存法和法规，联邦继续调查。

7.5.3.5　事故影响

（1）105d——处理时间。

（2）844000L产品回收（包括493000L油）。

（3）300人——直接参与此项事故的大概人数。

（4）9架——飞机参与的数量。

（5）29只鸟受到影响（22只死亡）。

（6）大于130次——侦察飞行次数与抽样检测未发现油。

（7）51nm——观察到的油大概厚度（9月21日）。

（8）19nm——观察到的油大概厚度（11月5日）。

（9）161800L——分散剂使用量，有海岸线或是海上珊瑚礁伤害的（飞机上使用了43900L，报道船只使用了117900L）。

7.5.4　经验及教训

（1）提供积极的监督。

案例：现场没有安装 $13^3/_8$ in 承压腐蚀帽，但向陆上管理报告说确说帽子确实安装完毕。

（2）工程的完整性和操作功能的分离。

案例：钻井总监说，"虽然我和高级钻井监督在2009年3月7日有适当的沟通，但考虑到事后的利益，我认为我需要得到他们的信息，这样让我会更好决定在浮阀的明显失效面前做些什么"——可以看到，"他这样只是当有问题问他的时候，作为一个提供意见的角色，而不是在掌握问题的全局后主动地监督和提供专业技术"。

（3）有效的变更管理——规则遵从与风险评估。

案例：在蒙塔拉的井喷事故中，钻机离开了现场，但没有计划放弃井，因此该公司认为，这是合理的使用停钻过程的标准，即使是当钻机在其他地方的时候。霍普金斯说："规则往往是基于风险评估，并且，尽可能把风险评估制订成规则，以协助决策者决策，如那些参与钻井操作的工作"。

令附：

建议1：

澳大利亚海事安全局（AMSA）审查其现有的应急响应程序。

建议2：

AMSA 考虑将如何规划其在未来作战机构的作用。

建议3：

AMSA 准备明确的程序，以提供环保咨询，野生动物的反应机制和监测泄漏应该是AMSA 的牵头机构。

建议4：

AMSA 与 DRET 制订海上石油行业的成本回收安排。

建议5：

AMSA 应该解决关于除了船舶漏油以外的任何源头的任何立法模糊的问题。

建议6：

DRET 应确保 AMSA 有正式的参与评估溢油应急计划。

建议7：

国家计划审查应该评估澳大利亚西北部的准备安排。

建议8：

海上石油部门应该是海上设施泄漏应急的首要选择。

7.6 伊朗井喷着火顶部压井成功

7.6.1 井喷事故基本信息

2010 年，在伊朗西部的其中一口井，在 615m 深处 $12\frac{1}{4}$in 井眼钻进过程中发生井喷。整个钻机着火，如图 7.123 所示，由于极高的温度，井架底座和井口装置都被桅杆、钻台、顶部驱动和绞车所埋盖。在井口的温度达到了 950℃，周围压力约 900psi，38d 后顶部压井法见效。

（1）区块信息：纳夫特·沙赫尔（Naft shahr）油田。

该区块发现于 1923 年，位于伊朗的西部，是伊朗和伊拉克之间的共有油田。该油藏在伊朗部分具有大量可采储量，估计有 692×10^7bbl。同时，在油藏的气顶区域发现存有大量

天然气，事故井和区域的坐落位置如图 7.124
所示。在伊朗部分油层已经钻打了 28 口井。

钻探井的目的是基于归属于伊朗国家石
油公司的油藏工程研究的要求，以便为了识
别判断储层构造和保护东部领域的资源，另
一方面是为了确定储层特征。

（2）事故井特性。

本井位于相对海平面海拔 192m 处，转
盘的相对海拔 201.2m。转盘面的总深度估
计为 1201.2m。实际井和规划井的对比如图
7.125 所示。表 7.29 给出了岩性和地层厚度。
此外，表 7.30 显示了规划井的套管尺寸和设
置深度。$18^5/_8$in 表层套管下深 145m 和 $13^3/_8$in

图 7.123　事故现场

中间套管下深 556m 处。在 2010 年 5 月 29 日，当 $12^1/_4$in 井眼钻进到 615m 时，观察到钻井
液完全失返，导致井内钻井液面降低，结果井涌发生，导致了井喷，钻机着火。

图 7.124　事故井和区域的坐落位置

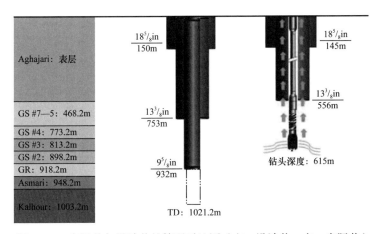

图 7.125　实际井与设计井的简要对比图（左：设计井；右：实际井）

－ 233 －

表 7.29 岩性和地层厚度

构造	地面（m）	深度（m）
表层	表层	表层
GS#7–5	−267	468.2
GS#4	−572	773.2
GS#3	−612	813.2
GS#2	−697	898.2
盖岩	−717	918.2
石灰岩	−747	948.2
白垩系	−802	1003.2
最终深度	−820	1021.2

表 7.30 设计套管直径和深度

构造	直径（in）	深度（m）
表层	$18^5/_8$	150
G层	$13^3/_8$	753
盖层	$9^5/_8$	932

7.6.2 井喷事故救援技术方案及救援过程

7.6.2.1 技术方案

井控团队成立之后，深入这口井调查了井口、防喷器和地区的油气渗漏。经过多次会议之后，总结出同时用以下两种方法来控制井喷。

（1）方法1：关井（顶部压井）。

①用科学的方法灭火。

②使用特殊设备压井。

③用顶部压井方法压井。

（2）方法2：钻救援井（底部压井）。

①找到该井的确切路线来控制井喷，钻定向救援井，包括井位、井场布置和适当的钻井设备等。

②控制救援井的钻井作业。

③用上述作业和测试来获得井喷井的储层信息，分析确定动态压井方案。

④用常规的方法作出关井压井的决定。

NIDC-112 号井架首先开始救援井钻井作业，随后 NIDC-57 号井架开始第二口救援井钻井作业，同样的方法准备第三口救援井。在井深 50m 下入 $18\frac{5}{8}$in 套管后，发现钻机下方的井中有气泡，112 号井架钻机停止作业。同样的事情也发生在 57 号钻机。

7.6.2.2 救援过程

（1）第一次顶部压井。

一个带锥形的管柱插入管，包括一个 7in 的钻铤和含有两个阀门的板阀，可将钻井液泵入井中。为了顺利注入水、钻井液和水泥，两根直径 $3\frac{1}{2}$in、长 85m 的油管被放在了井口附近。为了防止紧链器关闭油管后出现泄漏的现象，所以把井口与油管连接的部分焊接上，试压 4200psi，15min（图 7.126）。

把插入管放在远距离抢险车上之后，准备 2000bbl 的 115lb/ft³ 水基钻井液和重晶石（为了增加重量），插入管放在防喷阀门处（保持冷却）。这个步骤从泵入水开始，接着以 6～32bbl/min 速度，在 1000psi 的压力下，用 5 个泵车泵入 750bbl 的钻井液。此时，插入管的阀门是关闭着的。由于油层流体具有很高的压力，同时缺少足够的钻井液重量，注入的钻井液从井中涌出了防喷阀门。由油相形成的阻力被突破，在 4in 的侧阀门处，油与气的压力和速度迅速增大（图 7.127）。

图 7.126　插入杆准备　　　　　图 7.127　第一阶段插入管放置在纳夫特 24 号井

（2）第二次顶部压井。

由于没有控制住液体的泄漏，决定重新检查并制订插入管部分的计划。在准备了 120lb/ft³ 的水基钻井液并且将一个新的插入管安置在远距离抢险车上之后，将两辆远距离抢险车开到施工井边，这样使得第二辆远距离抢险车可以分担一部分重量。数次尝试之后，成功地将插入管放在了 Hydril 上（图 7.128）。首先，将 1000bbl 的水在 3200psi 的压力下，以 50bbl/min 的速度注入井眼中。接着将 1600bbl 122lb/ft³ 的钻井液在最高操作压力 1800psi 的情况下，以不高于 35bbl/min 的速度将其注入井眼中。在钻井泵工作时，将插入管阀门慢慢关闭，同时以更快的速度持续快速地继续注入，直到注入800bbl（相当于3倍的井筒体积），大火熄灭，可以看到钻井液和一些气体从防喷器出口溢出（图7.129）。由于钻井液泵入管线的密封处有泄漏，该操作停止，机器撤离，进而导致井再一次复活。在此过程中，井几乎都在掌控之中，环空出现重钻井液被油污染。如果该操作继续，很可能压井成功，如图7.130所示。

图7.128 第二阶段使用新的插入杆

图7.129 井喷开始逐渐减弱

图7.130 井向好的方向发展

必须要强调的一点，在这一阶段，当钻井液泵入井眼24号时，在由112号设备钻的减压井中有一些气体从泵的导管溢出。112号设备和57号设备由于一些安全问题而停止继续钻进。

（3）第三次顶部压井。

对第一阶段的插入管做了一些改进，包括缩短大约10cm的长度并且在27cm处加了一个环。而57号钻井设备与112号钻井设备，将钻井液用直径5in的管径连通，注入到被用作给纳夫特24号井中。57号设备供应了大约1200bbl钻井液，而112号设备大约供应了1500bbl。重125lb的2000bbl钻井液在钻井液桶中备着，插入管的密封性不是很好。因此，决定停用插入管。在这一阶段以后，决定设计另一个新的插入管。

（4）第四次顶部压井。

第三步的失败与3号插入管的应用不满意，促使设计了一种新的尾管。在检查完工程队的零件、工具和设备，向制作它们的负责人汇报出现故障的情况后，4号插入管以与上述相同的方法被安装在井眼上。

这种插入管有一部分为 15cm 长的圆锥形，管径 $3\frac{1}{2}$in，内径 $2\frac{1}{2}$in 的，另一部分为外径 $3\frac{1}{2}$in 到 $7\frac{3}{4}$in 的管柱，长 50cm，连接到上一管柱尾部，作为延伸。当 4 号尾管安装在井眼上时，第二个远距离抢险车的重量使它更低。由于插入管卡住导致 hydril 上作用了太多的力，这导致远距离抢险车的损坏，不能再使用。

（5）第五次顶部压井。

在前边尾管操作失败的基础上，决定对 2 号插入管的设计稍微做点改动并再次启用，因为相比之下它能更好地预防泄漏。这种运输尾管的端部安装了 2in 的环。把这种尾管安装在井眼上，可以很好地预防泄漏。但是，开始泵抽之后，按 40bbl/min 的流速注入流体，一小段时间后就会发现尾管上的重量不够，导致尾管被甩出井眼。因此，决定改变插入管的设计。

（6）第六次顶部压井。

这种尾管与 1 号尾管类似。通过远距离抢险车把这种尾管（6 号尾管）安装在 hydril 上，并通过第二辆远距离抢险车来施加重量，这种尾管显示出恰当的泄漏控制功能。机器开始运转后，1100bbl 的水在 2300psi 的压力下，以 15～40bbl/min 的流速注入井内。之后，1150bbl 重度为 125lb/ft^3 的水泥在 1350psi 的压力下，以 10～32bbl/min 的流速注入井内。在这个阶段，井几乎处在控制范围之内，侧阀门检测到水泥和少量气体。由于需要增加压力来克服井内流体压力，所以提高了流速，因此压力达到 3500psi。这就导致了远距离抢险车的输送水泥的输油管破裂。所以停止了操作。

（7）第七次顶部压井。

在这一阶段，设计了与 4 号尾管类似的长 141cm 的尾管。尾管一端的外径为 $3\frac{1}{2}$in，这样它就可以装入 5in 管道的防喷器来压井。但是，当把这种尾管放在远距离抢险车上，移动远距离抢险车到井眼后，将其放置在防喷器阀门内，发现这种尾管不是很好的密封系统。所以决定停止使用这种尾管。这一阶段后，通过观察下方 24～31cm 处圆锥形插入管的标志，形成了设计另一插入管的新想法。

（8）第八次顶部压井。

在这步，需要把一个直径 $12\frac{3}{4}$in，长 1.35m 的套管焊接在 14in 加重钻杆的下部。将远距离抢险车移到井口后，尝试将它放入井口，发现插入管很难进入 hydril，所以决定不使用该管柱。

（9）第九次顶部压井。

在尝试将 8 号插入管放入防喷阀失败之后，决定将插入管底端削切加工成圆锥形，以便其外径小于 10in。加工时，需要把插入管吊在引导车上。加工后，引鞋的底端有 24cm 变成了圆锥形，引鞋头的外径被切削成 $8\frac{3}{4}$in（内径 7in），达到了可以放入防喷阀的尺寸。在引鞋放入防喷阀之后，防喷阀被打开，发现该引鞋具有良好的防止泄漏效果。之后，开始泵入水和钻井液。首先，1000bbl 的水在 2300psi 压力下，以最少 48bbl/min 的注入速度注入井内。然后开始泵入钻井液，700bbl 重度 135lb/ft^3 的钻井液以 10～32bbl/min 的速度注入，最大注入压力达到 1300psi，此时井口的火开始减小并最终熄灭。防喷阀附近的工作人员在不断喷水降温的保护下，完成了消除井喷和对井口的控制。后续工作进入了寻找和更换受损阀门阶段。在上述工作完成之后，井口阀门接入 $3\frac{1}{2}$in 管线，开始将水泥泵入插入管和环空中。总共有 300bbl 重度 118lb/ft^3 的先导水泥和 200bbl 118lb/ft^3 的固井水泥注入井中。图 7.131 显示了在安装了 9 号插入管的压井后井口状态。

图 7.131　放置 9 号插入管后压井完成

7.6.2.3　清理井场

在注入水泥和打开防喷阀之后，本计划使用吊车移开防喷阀。但由于在热力的作用下，阀体变形，该方案搁浅。最后使用切割机将阀体分解移除。经过检查，发现只有顶部闸板关闭。最终，井头设备安装在 $13\frac{5}{8}$in 套管上，井被安全地废弃（图 7.132 至图 7.134）。

图 7.132　移除防喷器

图 7.133　防喷器剩下的管子的状态

7.6.3　经验及教训

（1）缺乏足够的地质资料、发现问题反应速度过慢是导致这次井喷的主要原因。

（2）井漏发生后处理不当，井喷着火。

（3）实施与总结的顶部压井九步骤具有借鉴意义。

（4）为了减少这类事件的发生，建议更新地质数据（通过使用三维地震活动等），在更新地质数据基础上提出钻探计划。

（5）优先推荐在钻井作业中有丰富经验的专业人员，特别是在可能到达油气层的浅储层钻探作业上有经验的人被优先推荐。

图 7.134　安装井口和弃井

（6）关键工作人员应该拥有井控相关证书（例如国际井控论坛分页发的）。

（7）加强定期培训是减少和防止这种事故发生的重要方法。

参考文献

卜全民．安全预评价方法及其应用研究［D］．南京：南京工业大学，2003.

曾喜喜．复杂地形条件下的重气扩散研究［D］．武汉：中国地质大学，2012.

陈安家．"12.23"井喷 小患缘何酿重灾——中石油川东钻探公司"12.23"井喷特大事故周年祭［J］．劳动保护，2005（2）：34-38.

陈国华．风险工程学［M］．北京：国防工业出版社，2007.

陈建国．预先危险性分析法在化工生产中的应用［J］．技术研发，2014，21（12）：78-80.

陈坤，徐龙君．重庆开县"3.25"天然气井泄漏事故原因及影响分析［J］．中国安全生产科学技术，2007（4）：25-28.

陈敏慧．建设工程施工危险源辨识与安全风险评价研究［D］．长沙：中南大学，2010.

陈全．事故致因因素和危险源理论分析［J］．中国安全科学学报，2009，19（10）：67-71.

陈庭根，管志川．钻井工程理论与技术［M］．东营：石油大学出版社，2000.

陈兴凯．油罐区火灾与爆炸事故树分析［J］．油气田地面工程，2013，32（8）：29-29.

陈怡．海上石油钻井平台责任制度研究［D］．上海：复旦大学，2012.

陈元千．水平井产量公式的推导与对比［J］．新疆石油地质，2008，29（1）：68-71.

邓海发．深水钻井作业重大事故风险评估与控制［D］．青岛：中国石油大学（华东），2012.

杜瑞兵，曹雄，胡双启．道化学法在安全评价中的应用［J］．科技情报开发与经济，2005，15（9）：166-167.

段明星，杨清峡，张本伟．基于美国墨西哥湾Macondo井喷事故分析的深水油气井完整性探讨［J］．中国石油和化工标准与质量，2013（17）：155，160.

樊彦芳，刘凌，陈星，等．层次分析法在水环境安全综合评价中的应用［J］．河海大学学报（自然科学版），2004，32（5）：512-514.

范白涛，邓建明．海上油田完井技术和理念［J］．石油钻采工艺，2004，26（3）：23-26.

方传新．完井井控风险评价及控制研究［D］．青岛：中国石油大学（华东），2013.

方兴龙，周梁．基于道化学法的大型台成氨装置安全评价［J］．工业安全与环保，2007，33（2）：30-32.

高凤丽．基于风险矩阵方法的风险投资项目风险评估研究［D］．南京：南京理工大学，2004.

高永海，孙宝江，赵欣欣，等．深水钻井井涌动态模拟［J］．中国石油大学学报（自然科学版），2010，34（6）：66-70.

高云丛，李相方，孙晓峰，等．普光气田高含硫气井溢流压井期间井筒超临界相态特征［J］．天然气工业，2010，30（3）：63-66，132-133.

耿亚楠，陈孝亮，杨进，等．基于初始缺陷的钻柱疲劳寿命预测方法［J］．石油钻采工艺，2016，38（06）：817-822.

耿亚楠，李轶明，朱磊，等．深水钻井沿隔水管超声波气侵实时监测技术研究［J］．中国海上油气，2016，28（01）：86-92.

耿亚楠，任美鹏，刘书杰，等．海上非常规压井井筒多相流动规律实验［J］．石油学报，2019，40（S2）：123-130.

官耀华，胡显伟，段梦兰．定量风险评价技术在海底管道中的应用［J］．工业安全与环保，2013，39（3）：71-73．

郭华林．井喷对环境污染及现场急救［A］//中国中西医结合学会灾害医学专业委员会．第四届全国灾害医学学术会议暨第二届"华森杯"灾害医学优秀学术论文评审会学术论文集［C］．中国中西医结合学会灾害医学专业委员会，2007：3．

郭捷．工程项目风险分析与BT模式风险管理实证研究［D］．天津：天津大学，2004．

郭宗禄，刘书杰．考虑水泥环完整性的油气井最大允许井口压力计算方法［J］．应用力学学报，2020，37（02）：825-832+945-946．

国家安全生产监督管理总局．安全评价［M］．3版．北京：煤炭工业出版社，2005．

韩达．企业开展HSE危害识别及风险评估的现状与对策［J］．风险、健康和环境，2003，3（7）：22-24．

何琨，吴德荣，毕雄飞，等．乙烯装置公用设施的危险性与可操作性（HAZOP）研究［J］．炼油技术与工程，2004，34（3）：54-59．

何丽新，王功伟．移动式钻井平台油污损害赔偿责任限制问题研究——由墨西哥湾溢油事故钻井平台适用责任限制引发的思考［J］．太平洋学报，2011（7）：85-92．

何英明，刘书杰，耿亚楠，等．莺歌海盆地高温高压水平气井井控影响因素［J］．石油钻采工艺，2016，38（06）：771-775．

何英明，刘书杰，武治强，等．基于安全屏障的井完整性问题分析方法［J］．重庆科技学院学报（自然科学版），2018，20（02）：28-31+53．

贺娇．墨西哥湾漏油事件对中国有什么启示？［N］．中国能源报，2010-06-28004．

黄国娇．各向同性/各向异性介质中多震相走时同时反演方法技术研究［D］．西安：长安大学，2014．

黄婷婷．井喷，让人揪心的井喷［N］．中国环境报，2010-06-22004．

黄小美．城市燃气管道系统的风险评价研究［M］．重庆：重庆大学，2004．

惠杰．变压器现场检修作业概率风险分析与控制［D］．北京：北京交通大学，2015．

姜仁．井控技术［M］．东营：石油大学出版社，1990．

雷军，樊建春，刘书杰，等．基于数理统计的深水防喷器系统安全关键性失效分析［J］．中国安全生产科学技术，2014，10（12）：106-111．

李博，张作龙．深水防喷器组控制系统的发展［J］．流体传动与控制，2008（4）：42-44．

李典庆，鄢丽丽，邵东国．基于贝叶斯网络的土石坝可靠性分析［J］．武汉大学学报，2007，40（6）：24-29．

李根生，翟应虎．完井工程［M］．东营：中国石油大学出版社，2009．

李俭川，胡莺庆，秦国军，等．基于贝叶斯网络的故障诊断策略优化方案［J］．控制与工程，2003，（5）：568-572．

李梦博，许亮斌，耿亚楠，等．深水地平线事故三级井控技术应用分析研究［J］．海洋工程装备与技术，2017，4（03）：125-130．

李强，曹砚锋，刘书杰，等．海上油气井完整性现状及解决方案［J］．中国海上油气，2018，30（06）：115-122．

李相方，刘文远，刘书杰，等．深水气井测试求产阶段管柱内天然气水合物防治方法［J］．天然气工业，

2019, 39（07）：63–72.

李中，刘书杰，李炎军，等.南海高温高压钻完井关键技术及工程实践［J］.中国海上油气，2017,29(06)：100–107.

李盼，樊建春，刘书杰.基于故障树与贝叶斯网络的钻井井塌事故的定量分析［J］.中国安全生产科学技术，2014（1）：143–149.

李维佳.FMEA应用于设备维护的研究［D］.成都：西南交通大学，2006.

李相方，任美鹏，胥珍珍，等.高精度全压力全温度范围天然气偏差系数解析计算模型［J］.石油钻采工艺，2010，32（6）：57–62.

李相方，王慧珍.海洋钻井中的气侵识别研究［C］.中国石油学会青年学术年会，1995.

李相方，管丛笑，隋秀香，等.气侵检测技术的研究［J］.天然气工业，1995（4）：19–22，109.

李相方，管丛笑，隋秀香，等.压力波气侵检测理论及应用［J］.石油学报，1997(3)：130–135.

李相方，郑权方."硬关井"水击压力计算及其应用［J］.石油钻探技术，1995（3）：1–3，60.

李相方，庄湘琦，隋秀香，等.气侵期间环空气液两相流动研究［J］.工程热物理学报，2004（1）：73–76.

李相方.井涌期间气液两相流动规律研究［D］.北京：中国石油大学（北京），1992.

李小伟.道化学指数评价法在危化企业安全中的应用［M］.天津：天津理工大学，2008.

李迅科，殷志明，刘健，等.深水钻井井喷失控水下应急封井回收系统［J］.海洋工程装备与技术，2014（1）：25–29.

李轶明，何敏侠，夏威，等.水平井油基钻井液气侵溶解气膨胀运移规律研究［J］.中国安全生产科学技术，2016，12（10）：44–49.

李永涛，杨小雷.浅议安全屏障在海事风险控制管理中的作用［J］.大连海事大学学报，2009（35）：109–112.

廉捷.贝叶斯网络构造方法及应用研究［D］.北京：北京交通大学，2007.

梁建宏.故障模式及影响分析（FMEA）在设备维修管理中的应用［J］.石油化工安全技术，2006,22（6）：42–44.

廖国祥，马媛，高振会.墨西哥湾溢油事故对我国深海溢油污染防治管理的启示［J］.海洋开发与管理，2012（5）：70–76.

林安村，韩烈祥.罗家16井井喷失控解读——过平衡钻井中的井控问题［J］.钻采工艺，2006（2）：20–22，122.

林向义，吴昊，罗洪云.钻井工程项目安全风险预警研究［J］.工程管理学报，2013（4）：87–92.

刘光富，陈晓莉.基于德尔菲法与层次分析法的项目风险评估［J］.项目管理技术，2008（1）：23–26.

刘景凯.BP墨西哥湾漏油事件应急处置与危机管理的启示［J］.中国安全生产科学技术，2011（1）：85–88.

刘举涛，李相方，隋秀香，等.声波早期检测气侵数据处理与程序设计［J］.石油大学学报（自然科学版），2002（6）：50–52.

刘凯，郝俊芳.溢流和关井过程中的数学处理［J］.石油钻采工艺，1989（5）：1–7.

刘凯都，刘书杰，文敏.物理化学作用下定向井井壁稳定分析［J］.复杂油气藏，2019，12（03）：

64–67.

刘书杰，耿亚楠，任美鹏，等.基于船体三自由度井喷液柱高度测量方法［J］.中国安全生产科学技术，2018，14（11）：76–81.

刘书杰，李相方，何英明，等.海洋深水救援井钻井关键技术［J］.石油钻采工艺，2015，37（03）：15–18.

刘书杰，李相方，周悦，等.基于贝叶斯—LOPA方法的深水钻井安全屏障可靠性分析［J］.中国安全生产科学技术，2014，10（09）：187–191.

刘书杰，任美鹏，李军，等.我国海洋控压钻井技术适应性分析［J］.中国海上油气，2020，32（05）：129–136.

刘书杰，任美鹏，李相方，等.海上油田压回法压井参数变化规律及设计方法［J］.中国海上油气，2016，28（05）：71–77.

刘书杰，孙金，周长所，等.考虑井眼尺寸影响的小井眼坍塌压力计算方法［J］.科学技术与工程，2014，14（29）：15–20.

刘书杰，吴怡，谢仁军，等.深水深层井钻井关键技术发展与展望［J］.石油钻采工艺，2021，43（02）：139–145.

刘书杰，谢仁军，仝刚，等.中国海洋石油集团有限公司深水钻完井技术进展及展望［J］.石油学报，2019，40（S2）：168–173.

刘书杰，杨向前，郭华，等.井控系统智能化关井技术研究［J］.煤炭技术，2017，36（06）：303–305.

刘书杰，杨向前，郭华，等.井控溢流快速判断方法研究［J］.煤炭技术，2017，36（05）：296–298.

刘书杰，杨向前，郭华，等.钻机井控系统安全互锁技术研究［J］.煤炭技术，2017，36（04）：316–318.

刘瑞.基于逆散射理论的金属矿地震成像研究［D］.长春：吉林大学，2014.

卢霞，索慧斌.基于蝴蝶结模型分析井控风险［J］.中国石油和化工标准与质量，2014（10）：72，132.

路继臣，任美鹏，李相方，等.深水钻井气体沿井筒上升的膨胀规律［J］.石油钻探技术，2011，39（2）：35–39.

马楠，李军，刘书杰，等.基于风险系数的天然气水合物生成风险评估方法［J］.重庆科技学院学报（自然科学版），2019，21（02）：6–9+17.

马宗金.提高高含H_2S天然气井井喷失控后安全认识［J］.钻采工艺，2006（4）：23–27.

盂会行，陈国明，朱渊，等.深水井喷应急技术分类及研究方向探讨［J］.石油钻探技术，2012（6）：27–32.

牛宝云，张顺，陈明.浅谈氯碱安全生产中的安全检查表法［J］.氯碱工业，2006（7）：35–37.

齐奉忠，刘硕琼，杨成颉，等.BP墨西哥湾井喷漏油事件给深井固井作业的启示［J］.石油科技论坛，2011（5）：45–48，69.

任美鹏，李相方，刘书杰，等.钻井井喷关井期间井筒压力变化特征［J］.中国石油大学学报（自然科学版），2015，39（3）：113–119.

任美鹏，李相方，刘书杰，等.深水钻井井筒气液两相溢流特征及其识别方法［J］.工程热物理学报，2011，32（12）：2068–2072.

任美鹏，李相方，刘书杰，等.新型深水钻井井喷失控海底抢险装置概念设计及方案研究［J］.中国海上油气，2014，26（2）：66-71，81.

任美鹏，李相方，马庆涛，等.起下钻过程中井喷压井液密度设计新方法［J］.石油钻探技术，2013，41（1）：25-30.

任美鹏，李相方，王岩，等.基于立压套压的气侵速度及气侵高度判断方法［J］.石油钻采工艺，2012，34（4）：16-19.

任美鹏，李相方，徐大融，等.钻井气液两相流体溢流与分布特征研究［J］.工程热物理学报，2012，33（12）：2120-2125.

任美鹏，李相方，尹邦堂，等.基于模糊数学钻井井喷概率计算模型研究［J］.中国安全生产科学技术，2012，8（1）：81-86.

任美鹏，刘书杰，耿亚楠，等.置换法压井关井期间压井液下落速度计算方法［J］.中国安全生产科学技术，2018，14（06）：128-133.

任美鹏，杨向前，刘书杰，等.海上钻井井控期间液气分离器处理能力研究［J］.石油钻采工艺，2020，42（02）：172-180.

盛宇，李向阳，蒋复量，等.基于故障假设分析的某中性浸出地浸矿山水冶工艺流程安全分析［J］.绿色科技.2015（6）：271-274.

隋秀香，李相方，齐明明，等.高产气藏水平井钻井井喷潜力分析［J］.石油钻探技术，2004（3）：34-35.

隋秀香，李相方，尹邦堂，等.井场硫化氢检测系统的研制［J］.天然气工业，2011，31（9）：82-84，92，140.

隋秀香，李相方，周明高，等.气侵检测仪的研制与应用［J］.石油仪器，2003（1）：7-9，60.

隋秀香，李相方.声波气侵检测中弱信号强干扰下布线技术［J］.石油钻探技术，2003（1）：10-12.

隋秀香，梁羽丰，李轶明，等.基于多普勒测量技术的深水隔水管气侵早期监测研究［J］.石油钻探技术，2014，42（5）：90-94.

隋秀香，许寒冰，李相方，等.声波随钻气侵检测实验研究与应用评价［J］.天然气工业，2007（9）：37-39，130.

隋秀香，尹邦堂，张兴全，等.含硫油气井井控技术及管理方法［J］.中国安全生产科学技术，2011，7（10）：80-83.

隋秀香，周明高，候洪为，等.早期气侵监测声波发生技术［J］.天然气工业，2003（2）：62-63，6.

孙华山.安全生产风险管理［M］.北京：化学工业出版社，2006.

孙晓峰，李相方，齐明明，等.溢流期间气体沿井眼膨胀规律研究［J］.工程热物理学报，2009，30（12）：2039-2042.

孙晓峰，李相方.直井气侵后气液两相参数分布数值模拟［J］.科学技术与工程，2010，10（18）：4391-4394，4405.

孙晓峰，姚笛，刘书杰，等.海上钻井平台井喷液柱高度的图像识别测量方法［J］.天然气工业，2019，39（09）：96-101.

孙泽秋，金磊，马锦明，等.基于Bow-Tie模型的轻尾管固井中悬挂器失效分析［J］.石油矿场机械，

2015（3）：63-68.

孙振纯.井控技术［M］.北京：石油工业出版社，1997.

佟彤.基于安全屏障的钻井作业风险控制的研究［D］.北京：中国地质大学（北京），2014.

汪元辉.安全工程管理丛书—安全系统工程［M］.天津：天津大学出版社，1999.

汪元辉.安全系统工程［M］.天津：天津大学出版社，1999

王名春，刘书杰，曹砚锋，等.中海油在中东第一口盐下水平井的钻井实践［J］.石化技术，2020，27（06）：
96-98.

王名春，刘书杰，耿亚楠，等.海上油气田硬地层可钻性级值的确定方法［J］.重庆科技学院学报（自然
科学版），2020，22（03）：17-20.

王名春，刘书杰，耿亚楠，等.深水油气田救援井设计方法研究［J］.内江科技，2020，41（08）：
13+66.

王宁，孙宝江，刘书杰，等.井筒内气体扩散侵入定量计算模型［J］.石油学报，2017，38（09）：1082-
1090.

王树义，皮里阳.墨西哥湾漏油案及其对我国的启示［J］.中国审判，2012（2）：24-26.

王学忠，谷建伟.应用套管爆炸整形法治理墨西哥湾油井漏油［J］.应用基础与工程科学学报，2010（S1）：
101-110.

王岩，辛颖.预先危险性分析法在井下作业安全中的应用［J］.石油化工安全环保技术，2014，30（1）：
26-28.

吴广义.苏丹油田安全管理与应急预案［D］.北京：中国石油大学（北京），2010.

吴怡，杨程，刘书杰，等.海洋钻井隔水管多体动力学求解器开发［J］.中国造船，2019，60（04）：
83-90.

谢传欣，叶从胜，黄飞.国内外井喷事故回顾［J］.安全、健康和环境，2004（2）：9-19.

谢仁军，刘书杰，仝刚，等.海洋钻井隔水导管关键技术研究及标准化［J］.石油工业技术监督，2019，
35（12）：8-14.

谢仁军，刘书杰，文敏，等.深水钻井溢流井控期间水合物生成主控因素［J］.石油钻采工艺，2015，37
（01）：64-67.

谢仁军，刘书杰，吴怡，等.海上热采井预应力固井套管柱力学分析及可行性探讨［J］.中国海上油气，
2015，27（03）：113-118+125.

徐志胜，姜学鹏.安全系统工程［M］.北京：机械工业出版社，2012.

薛鲁宁，樊建春，张来斌.海上钻井井喷事故的蝴蝶结模型［J］.中国安全生产科学技术，2013（2）：
79-83.

杨晓军，郭智.预先危险性分析法在化工生产中的应用［J］.现代职业安全，2004（8）：40-41.

杨向前，张兴全，刘书杰，等.深水井环空圈闭压力管理方案研究［J］.西南石油大学学报（自然科学
版），2019，41（02）：152-159.

杨一，张礼敬，陶刚，等.燃气热电系统火灾爆炸预先危险性分析［J］.工业安全与环保，2011，37（2）：
28-30.

杨宇杰.事故树和贝叶斯网络用于溃坝风险分析的研究［D］.大连：大连理工大学，2008.

殷志明，张红生，周建良，等.深水钻井井喷事故情景构建及应急能力评估［J］.石油钻采工艺,2015(1)：166-171.

殷志明，刘书杰，谭扬，等.基于机器学习的深水钻井大数据处理方法研究［J］.海洋工程装备与技术，2019, 6（S1）：446-453.

尹邦堂，李相方，杜辉，等.油气完井测试工艺优化设计方法［J］.石油学报，2011, 32（6）：1072-1077.

尹邦堂，李相方，李佳，等.巨厚高产强非均质气藏产能评价方法——以普光、大北气田为例［J］.天然气工业，2014, 34（9）：70-75.

尹邦堂，李相方，李骞，等.高温高压气井关井期间井底压力计算方法［J］.石油钻探技术,2012,40（3）：87-91.

尹邦堂，李相方，任美鹏，等.深水井喷顶部压井成功最小泵排量计算方法［J］.中国安全生产科学技术，2011, 7（11）：14-19.

尹邦堂，李相方，隋秀香，等.计算机优化压井开环控制软件系统研究及应用［J］.石油钻探技术，2011, 39（1）：110-114.

尹邦堂，李相方，孙宝江，等.井筒环空稳态多相流水动力学模型［J］.石油勘探与开发，2014, 41（3）：359-366.

尹邦堂，张旭鑫，孙宝江，等.深水水合物藏钻井溢流早期监测实验装置设计［J］.实验室研究与探索，2019, 38（4）：33-37.

尹邦堂，张旭鑫，王志远，等.考虑储层与井筒特征的高温高压水平井溢流风险评价［J］.中国石油大学学报（自然科学版），2019, 43（4）：82-90.

尹邦堂.深水油基钻井液溢流期间井筒环空多相流动规律研究［D］.北京：中国石油大学（北京），2013.

尹晓伟，钱文学，谢里阳.系统可靠性的贝叶斯网络评估方法［J］.航空学报，2008, 29（6）：1482-1489.

于凤清.荷兰壳牌公司风险管理理念与实践［J］.石油化工风险技术，2003, 19（6）：8-10.

余涛，杨剑锋.HAZOP方法在聚乙烯生产装置风险评估中的应用［J］.安全与环境工程，2011, 18（6）：113-118.

俞浩杰.壳牌四川页岩气项目HSE管理应用研究［D］.西安：西安石油大学，2014.

袁朝辉，崔华阳，侯晨光.民用飞机电液舵机故障树分析［J］.机床与液压，2006（11）：221-245.

袁俊亮，刘书杰，范白涛，等.油气储层开发程度对地质力学的影响规律［J］.科学技术与工程，2020, 20（18）：7239-7244.

翟成威.油气钻井工程项目的风险管理研究［D］.青岛：中国石油大学（华东），2012.

张乃禄.安全评价与技术［M］.西安：电子科技大学出版社，2011.

张曦，姜丰.蒙德法在火电厂液氨储罐评价单元的应用［J］.中国安全生产技术，2012, 8（2）：189-194.

张兴全，李相方，任美鹏，等.恒进气量欠平衡钻井方式气侵特征及井口压力控制研究［J］.石油钻采工艺，2013, 35（3）：19-21.

张兴全，刘书杰，任美鹏，等.环空含气圈闭压力计算［J］.断块油气田，2018, 25（05）：631-634.

张亦男，王佰顺. 道化学指数评价法在淮化集团某合成氨厂的应用［J］. 中国安全生产科学技术，2011，7（8）：194-198.

张悦，景国勋，张凯. 道化法与蒙德法在悬浮法氯乙烯聚合工艺安全评价中的应用分析［J］. 安全与环境学报，2010，10（3）：189-194.

赵红，樊建春，张来斌. 深水防喷器控制系统的 FMEA 分析研究及应用［J］. 中国安全生产科学技术，2012，8（11）：107-112.

周长所，刘书杰，耿亚楠，等. 海上高温高压气田小井眼钻井优化设计与应用［J］. 内蒙古石油化工，2017，43（04）：98-101.

周云健，李清平，刘书杰. 考虑气液置换的压回法气井压井过程对井底压力的影响［J］. 中国安全生产科学技术，2021，17（03）：103-109.

周云健，刘书杰，李清平，等. 储层性质对压回法气井压井效果影响评价［J］. 石油钻采工艺，2021，43（02）：189-196.

周坚，张海涛，沈磊，等. "12.23" 井喷事故引发的固井井控启示［J］. 中国石油和化工标准与质量，2014（6）：170.

周建方，唐椿炎，许智勇. 贝叶斯网络在大坝风险分析中的应用［J］. 水力发电学报，2010，29（1）：192-196.

Adams A J. Casing System Risk Analysis Using Structural Reliability［J］. SPE 25693，1993.

Al-Muhailan M，Al-Saleh Ali. Directional Challenges and Planning of Relief Well to Resolve an HP/HT Well Blowout［J］. SPE 167984，2014.

Al-Muhailan M，Al-Saleh Ali，Al-Shayji A K，et al. Directional Challenges and Planning of Relief Well to Resolve an HP/HT Well Blowout［J］. Paper presented at the IADC/SPE Drilling Conference and Exhibition，Fort Worth，Texas，USA，March 2014. doi：https：//doi.org/10.2118/167984-MS.

Alteren B，Hokstad P，Moe D，et al. A Barrier Model for Road Traffic Applied to Accident Analysis［M］. Springer London，2004.

Andersen L B. Stochastic modelling for the analysis of blowout risk in exploration drilling［J］. Reliability Engineering & System Safety，1998，61（1-2）：53-63.

Andersen，L B，Aven T，Maglione R. On Risk Interpretation and the Levels of Detail in Quantitative Blowout Risk Modelling［J］. Paper presented at the SPE Health，Safety and Environment in Oil and Gas Exploration and Production Conference，New Orleans，Louisiana，June 1996. doi：https：//doi.org/10.2118/35967-MS.

Andrew J. Marlin Deepwater Riser Alternatives Risk Assessment［J］. OTC 8518，1997.

Andritsos N，Hanratty T J. Influence of Interfacial Waves in Stratified Gas-Liquid Flows［J］. AIChE Journal，1987，33（3）：444-454.

Avelar C S，Ribeiro P R，Sepehrnoori K. Deepwater gas kick simulation［J］. Journal of Petroleum Science and Engineering，2009，67（1-2）：13-22.

Azarkish A，Kavkani E K. Simulation study of Drilling Horizontal Wells in one of Iranian Oil Fields［J］. Paper presented at the Production and Operations Symposium，Oklahoma City，Oklahoma，U.S.A.，March

2007. doi : https : //doi.org/10.2118/106657–MS.

Bacon W, Sugden C, Gabaldon O. From Influx Management to Well Control ; Revisiting the MPD Operations Matrix [C] // SPE/IADC Drilling Conference and Exhibition. Society of Petroleum Engineers, 2015.

Book G, Bates M. Development of a Risk–Based Approach for High–Sour Exploration Wells [C] . SPE Middle East Health, Safety, Security, and Environment Conference and Exhibition, 2–4 April, Abu Dhabi, UAE.

Breyholtz Φ, Nygaard G, Siahaan H, et al. Managed Pressure Drilling : A Multi–Level Control Approach [J] . Paper presented at the SPE Intelligent Energy Conference and Exhibition, Utrecht, The Netherlands, March 2010. doi : https : //doi.org/10.2118/128151–MS.

Caetano E F, Shoham O, Brill J P. Upward Vertical Two–Phase Flow through An Annulus Part I : Single Phase Friction Factor, Taylor Bubble Velocity and Flow Pattern Prediction [J] . J. Energy Resources Technology, 1992, 114: 1–13.

Caetano E F, Shoham O, Brill J P. Upward Vertical Two–Phase Flow through an Annulus Part II : Modeling Bubble, Slug and Annulus Flow [J] . J.Energy Resources Technology, 1992 (114): 14–30.

Caetano E F. Upward Vertical Two–Phase Flow through An Annulus [D] . Tulsa : U.of Tulsa, 1986.

Chen Y Q. Derivation and Correlation of Production Rate Formula for Horizontal Well [J] . Xinjiang Petroleum Geology, 2008, 29 (1): 68–71.

Cunha J C S. Risk Analysis Theory Applied to Fishing Operations : A New Approach on the Decision–Making Problem [J] . SPE28726, 1994.

Curtis B, Nutt J, Elkins D, et al. Innovative Kill and Salvage Operation Successfully Completed in Bay of Bengal with No Hse Incidents [J] . Paper presented at the SPE Oil and Gas India Conference and Exhibition, Mumbai, India, January 2010. doi : https : //doi.org/10.2118/128565–MS.

Cutten F B. Development and Implementation of an Integrated Risk Assessment Methodology [J] . SPE 26393, 1993.

Dallas T. Risk Management in Exploration Drilling [J] . JPT, 2000 (9): 87–89.

Deepwater Horizon Investigation.

Downey M W. Assessing Political Risk for Foreign Investments [J] . SPE 30033, 1995.

Drægebφ E. Reliability Analysis of Blowout Preventer Systems : A comparative Study of electro–hydraulic vs. all–electric BOP technology [J] . Department of Marine Technology, 2014.

Engevikm M O. Risk Assessment of Underbalanced and Managed Pressure Drilling Operations [C] . SPE/ IADC Indian Drilling Technology Conference and Exhibition, 16–18 October, Mumbai, India.

Fageraas A. Blowout and Well Release Frequencies –Based on SINTEF Offshore Blowout Database [R] . Kjeller, Norway. 2005.

Ferdous R, Khan F, Sadiq R. Analyzing system safety and risks under uncertainty using a bow–tie diagram : An innovative approach [J] . Process Safety & Environmental Protection, 2013, 91 (1–2): 1–18.

Fitzgerald B, Breen P, Patrick J. Has the Safety Case Failed [J] ? Paper presented at the SPE Asia Pacific Oil and Gas Conference and Exhibition, Brisbane, Queensland, Australia, October 2010. doi : https : //

doi.org/10.2118/134059–MS.

Flores–Avila F S, Smith J R, Bourgoyne J R, et al. Experimental Evaluation of Control Fluid Fallback During Off–Bottom Well Control : Effect of Deviation Angle [J] . SPE74568, 2002.

Flores–Avila F S, Smith J R, Bourgoyne J R, et al. Experimental Evaluation of Control Fluid Fallback During Off–Bottom Well Control [C] . ETCE2002, Houston TX, 2002.

Fowler J H, Roche J R. System Safety Analysis of Well Control Equipment [C] . The 26th Annual OTC. May 1993.

Fowler J H, Roche J R. System Safety Analysis of Well Control Equipment [J] . OffshoreTechnology Conference, Houston, Texas, 1993: 427–440.

Frank G, Andrew H, Louis G, et al. The development of an audit technique to assess the quality of safety barrier management. [J] . Journal of Hazardous Materials, 2006, 130 (3): 234–241.

Fred A M. Risk Assessments and Hierarchies of Control, ASSE Professional Development Conference and Exposition, 11–14 June, Seattle, Washington.

Fred H. Bartlit, Jr., Sambhav N.S. ankar, Sean C.Grimsley.Chief Vounsel's Repore/2011 National Commission on the BP Deepwater Horizon Oil and Offshore Drilling.

Freedman E L. The EPA Risk Management Program Regulations and Their Applicability to Oil and Gas Operations [J] . SPE 29749, 1995.

Gao Y H, Sun B J, Xiang C S, et al. Gas Hydrate Problems during Deep Water Gas Well Test [C] . SUTTC, Shenzhen, September, 2012.

Gao Y H, Sun B J, Zhao X X, et al. Dynamic simulation of kicks in deepwater drilling [J] . Journal of China University of Petroleum, 2010, 34 (6): 66–70.

Garner J B, Flores W S, Scarborough C. Deepwater Blowout, A Case History ; Shallow Gas Hazards Hide–in–the–Weeds [J] . Paper presented at the SPE/IADC Drilling Conference, Amsterdam, The Netherlands, February 2007. doi : https : //doi.org/10.2118/105914–MS.

Gilhuus T, Leraand F, Haga J. Re–Entry and Relief Well Drilling To Kill an Underground Blowout in a Subsea Well : A Case History of Well 2/4–14 [J] .SPE Drilling Conference, Houston, Texas, 1990: 775–783.

Gordon R D. An Approach To Resolve Uncertainty in Quantitative Risk Assessment [J] . SPE25959, 1993.

Grace R D, Bueckert J D, Miller M. The Blowout at UPRI Search Klua d–27–J/94–J–8 [J] . Paper presented at the IADC/SPE Drilling Conference, Dallas, Texas, February 2002. doi : https : //doi. org/10.2118/74499–MS.

Grace R D, Cudd B, Chen J S. The Blowout at CHK–140W [J] . Paper presented at the IADC/SPE Drilling Conference, New Orleans, Louisiana, February 2000. doi : https : //doi.org/10.2118/59120–MS.

Grassick D D, Kallos P S, Dean, S, et al. Blowout Risk Analysis of Gas–Lift Completions [J] . SPE Prod Eng 7 (1992): 172–180. doi : https : //doi.org/10.2118/20916–PA.

Grolman E. Gas–Liquid Flow With Low Liquid Loading in Slightly Inclined Pipes [D] . The Netherlands : U. of Amsterdam, 1994.

Gutleber D S. Simulation Analysis for Integrated Evaluation of Technical and Commercial Risk [J] .

SPE30670, 1995.

Handal A, Φie S, Lundteigen M A, et al. Risk assessment targets well control functions of MPD operations [J].
Drilling It Safely, 2013.

ISO 17776. Petroleum and natural gas industries Offshore production installations–Guidelines on tools and
techniques for hazard identification and risk assessment [S]. Geneva : International Organization for
Standardization. 2000.

Jablonowski C J J, Podio A L L. The Impact of Rotating Control Devices on the Incidence of Blowouts : A
Case Study for Onshore Texas, USA [J]. SPE Drill & Compl 26 (2011): 364–370. doi : https : //doi.
org/10.2118/133019–PA.

Jan E V. Offshore Risk Assessment Principles, Modelling and Applications of QRA Studies–2nd Eddition [M].
London : Springer, 2007.

Jensen F V. An introduction to bayesian network [M]. London : UCL Press Ltd, 1996.

Johannessen L. Risk Analysis of Well Performance : A New Approach To Optimize Well Deliverability [J].
SPE27594, 1994.

Johnstone K, Gill A, Conlon T, et al. Cementing Under Pressure in Well–Kill Operations : A Case History
From the Eastern Mediterranean Sea [J]. SPE Drill & Compl 23 (2008): 176–183. doi : https : //doi.
org/10.2118/102039–PA.

Jon E S, Ingrid B U, Jan E V. Developing safety indicators for preventing offshore oil and gas deepwater
drilling blowouts [J]. Safety Science. 2011, (49): 1187–1199.

Khakzad N, Khan F, Amyotte P. Dynamic risk analysis using bow–tie approach [J]. Reliability Engineering
& System Safety, 2012, 104 (2): 36–44.

Kletz T A. Hazop–Past and future [J].Reliability Engineering and System Safety, 1997, 55 (3): 263–266.

Lavasani S M M, Yang Z, Finlay J, et al. Fuzzy risk assessment of oil and gas offshore wells [J]. Process
Safety & Environmental Protection, 2011, 89 (5): 277–294.

Lee W J, Wattenbarger R A. Gas reservoir engineering [M]. Richardson : Society of Petroleum Engineers,
1996.

Li X F, Ren M P, Xu Z Z, et al. A high–precision and whole pressure temperature range analytical calculation
model of natural gas Z–factor [J]. Oil Drilling & Production Technology, 2010, 32 (6): 57–62.

Liu W, Liu Y, Huang G, et al. A Dynamic Simulation of Annular Multiphase Flow during Deep–water
Horizontal Well Drilling and the Analysis of Influential Factors [J]. Journal of Petroleum Science and
Technology, 2016, 6 (1): 98–108.

Makvandi M, Shahbazi K, Bahmani H. The Great Achievement in Well Control of one of the Iranian Wells [J].
Paper presented at the SPE/IADC Middle East Drilling Technology Conference and Exhibition, Muscat,
Oman, October 2011. doi : https : //doi.org/10.2118/144508–MS.

Marc Q, Thomas R. Risk Assessment of a BOP and Control System for 10, 000' Water Depths [J]. OTC
8791, 1998.

Masi S, Molaschi C, Zausa F, et al. Blowout Probability In Dangerous Wells : A Sensitivity Analysis Between

CHCD And HP/HT Drilling Environments, Offshore Mediterranean Conference and Exhibition, 23–25 March, Ravenna, Italy.

Masi S, Molaschi C. Key Factors Sensitivity Analysis on Blowout Probability in Dangerous Drilling Conditions Applying Different Technical Solutions [J]. SPE 133027, 2010.

McCrae H. Marine Riser Systems and Subsea Blowout Preventers [D]. Austin, Texas: The University of Texas at Austin, 2003.

Mohammad N, Alireza M. Complete Loss, Blowout and Explosion of Shallow Gas Infelicitous Horoscope in Middle East [J]. SPE 139948, 2011.

Mokhtari S M, Alinejad–Rokny H, Jalalifar H. 2.11. Selection of the best well control system by using fuzzy multiple–attribute decision–making methods [J]. Journal of Applied Statistics, 2014, 41 (5): 1105–1121.

Mostafa S M, Hamid A R, Hossein J. Selection of the best well control system by using fuzzy multipleattribute decision–making methods [J]. Journal of Applied Statistics, 2014.

Muhlbauer W K. Pipeline risk management manual [M]. Gulf Pub. Co., 1992.

Nabaei M, Moazzeni A, Ashena R, et al. Complete Loss, Blowout and Explosion of Shallow Gas, Infelicitous Horoscope in Middle East [J]. Paper presented at the SPE European Health, Safety and Environmental Conference in Oil and Gas Exploration and Production, Vienna, Austria, February 2011. doi: https://doi.org/10.2118/139948–MS.

Nicklin D J. Two–Phase Bubble Flow [J]. Chemical Engineering Science, 1962, 17 (9): 693–702.

Nima K, Faisal K, Paul A. Dynamic riskanalysisusingbow–tieapproach [J]. Reliability Engineering and System Safety, 2012 (104): 36–44.

Olberg T, Gilhuus T, Leraand F, et al. Re–Entry and Relief Well Drilling To Kill an Underground Blowout in a Subsea Well: A Case History of Well 2/4–14 [J]. Paper presented at the SPE/IADC Drilling Conference, Amsterdam, Netherlands, March 1991. doi: https://doi.org/10.2118/21991–MS.

Ostebo R, Tronstad L, Fikse T. Risk Analysis of Drilling and Well Operations [C]. SPE/IADC Drilling Conference, 11–14 March, Amsterdam, Netherlands.

Otutu F, Mojeed A, Ogunkoya A, et al. Modelling and Management of Annular Surface Blowouts–An SPDC Case Study [J]. Paper presented at the Nigeria Annual International Conference and Exhibition, Abuja, Nigeria, August 2005. doi: https://doi.org/10.2118/98793–MS.

Oudeman P. Oil Fallout in the Vicinity of An Onshore Blowout. Observations on A Field Case [J]. SPE Proj Fac & Const 1 (2006): 1–7. doi: https://doi.org/10.2118/107747–PA.

Patteson R M. Practical Implementation of Risk Analysis [J]. SPE27857, 1994.

Peterson S K. Drilling Performance Predictions: Case Studies Illustrating the Use of Risk Analysis [J]. SPE29364, 1995.

Quilici M, Roche T, Fougere P, et al. Risk Assessment of a BOP and Control System for 10000 Water Depths [C] // Offshore Technology Conference. Offshore Technology Conference, 1998.

Reason J. Human Error [M. Cambridge: Cambridge University Press, 1990.

Reitsma D. Development of an automated system for the rapid detection of drilling anomalies using standpipe and discharge pressure [C]. SPE Drilling Conference and Exhibition, Amsterdam, Netherlands, 2011: 1-9.

Ren M P, Li X F, Liu S J, et al. Characteristics of wellbore pressure change during shut-in after blowout [J]. Journal of China University of Petroleum, 2015, 39 (3): 113-119.

Roald T. New risk assessment approach shows significant reduction in oil blowout risk [C]. SPE International Conference on Health, Safety and Environment in Oil and Gas Exploration and Production, 26-28 June, Stavanger, Norway.

Roald T H. New Risk Assessment Approach Shows Significant Reduction In Oil Blowout Risk [J]. Paper presented at the SPE International Conference on Health, Safety and Environment in Oil and Gas Exploration and Production, Stavanger, Norway, June 2000. doi : https : //doi.org/10.2118/61255-MS.

Robert D, Grace P E. The Blowout at CHK-140W [J]. SPE 59120, 2000.

Rommetveit R, Felde K K, Aas B. HPHT Well Control : An Integrated Approach [R]. Offshore Technology Conference, Houston, OTC15322, 2003.

Rudi Rubiandini R S, Mucharam, L, Darmawan A, et al. Dynamic Killing Parameters Design in Underground Blowout Well [J]. Paper presented at the IADC/SPE Asia Pacific Drilling Technology Conference and Exhibition, Jakarta, Indonesia, August 2008. doi : https : //doi.org/10.2118/115287-MS.

Rundmo, Torbjorn. Risk Perception and Safety in Norwegian Offshore Workers [J]. SPE35908, 1996.

Sadatomi M, Sato Y, Saruwatari S. Two-Phase Flow in Vertical Noncircular Channels [J]. Int. J. Multiphase Flow, 1982, 8 (6): 641-655.

Sam, Gatot. Accidental Risk Analysis of Wireline Operations [J]. SPE27224, 1994.

Santos O L A, Azar J J. A Study on Gas Migration in Stagnant Non-Newtonian Fluids [R]. The Fifth Latin American and Caribbean Petroleum Engineering Conference and Exhibition, Rio de Janeiro, SPE39109, 1997.

Santos O L A. A Study on Blowouts in Ultra Deep Waters [C]. SPE Latin American and Caribbean Petroleum Engineering Conference, 25-28 March, Buenos Aires, Argentina.

Santos. A Study on Blowouts in Ultra Deep Waters [J]. SPE 69530, 2001.

SantosO L A. A Study on Blowouts in Ultra Deep Waters [J]. SPE 69530, 2001.

Sattler J, Gallander F. JIP study on BOP reliability 2004-2006: subsea control systems were most prone to failure [J]. Drilling Contractor, 2010.

Sharma M P. Application of a Method to Oil Spill Risk Assessment From Pipeline Failures [J]. SPE27303, 1994.

Sharp W R. Kidd R D. Application of Risk Analysis to Screen Exploration and Development Prospects [J]. SPE3158, 1970.

Shawn P V. Deepwater driven advancment in well control equipment and system [C]. SPE drilling conference. Texas, 2007.

Shoham O. Mechanistic modeling of gas-liquid two-phase flow in pipes [M]. Richardson : Society of Petroleum Engineers, 2006.

Skalle, P N, Trondheim, Huang J J. Killing Methods and Consequences of 1120 Gulf Coast Blowouts During 1960–1996 [J]. SPE 53974, 1999.

Skalle P, Jinjun H, and Podio A L. Killing Methods and Consequences of 1120 Gulf Coast Blowouts During 1960–1996 [J]. Paper presented at the Latin American and Caribbean Petroleum Engineering Conference, Caracas, Venezuela, April 1999. doi : https : //doi.org/10.2118/53974–MS.

Stokka S, Andersen J O, Freyer J, et al. Gas kick warner–an erarly gas influx detection method [C]. SPE/ IADC Drilling Conference, Amsterdam, Netherlands, 1993: 1–6.

Sun B J, Gong P B, Wang Z Y. Simulation of Gas Kick with High H_2S Content in Deep Well [J]. Journal of Hydrodynamics, 2013, 25 (2): 264–273.

Svenson O. The Accident Evolution and Barrier Function (AEB) Model Applied to Incident Analysis in the Processing Industries [J]. Risk Analysis, 1991, 11 (3): 499–507.

Tabibzadeh M, Meshkati N. A Risk Analysis Study to Systematically Address the Critical Role of Human and Organizational Factors in Negative Pressure Test for the Offshore Drilling Industry : Policy Recommendations for HSE Specialists [J]. Paper presented at the SPE International Conference on Health, Safety, and Environment, Long Beach, California, USA, March 2014. doi : https : //doi.org/10.2118/168559–MS.

Tan C P. Critical Mud Weight and Risk Contour Plots for Designing Inclined Wells [J]. SPE26325, 1993.

Torki M A, shadravan A, Roohi A. Underground Blowout Control in Iranian Offshore Oil Field [J]. Paper presented at the International Petroleum Technology Conference, Doha, Qatar, December 2009. doi : https : //doi.org/10.2523/IPTC–13434–MS.

Tyler K. Integrated Stochastic Modeling in Reservoir Evaluation for Project Evaluation and Risk Assessment[J]. SPE36706, 1996.

Wand P A. An Integrated Approach to Minimizing Risk While Drilling [J]. SPE27225, 1994.

Willemse C A, Gelder P H A J M Van. Analysis of the Deepwater Horizon Accident in Relation to Arctic Waters [C]. the 21st International Offshore and Polar Engineering Conference, Jun 2011.

Wisnie A P. Quantifying Stuck Pipe Risk in Gulf of Mexico Oil and Gas Drilling [J]. SPE28298, 1994

Xue L, Fan J, Rausand M, et al. A safety barrier–based accident model for offshore drilling blowouts [J]. Journal of Loss Prevention in the Process Industries, 2013, 26 (1): 164–171.

Yaneira E S, Chris I. Applications of Cause–Consequence Diagrams in Operational Risk Assessment [C]. ASSE Professional Development Conference and Exposition, 3–6 June, Denver, Colorado.

Yin B T, Li X F, Sun B J, et al. Hydraulic model of steady state multiphase flow in wellbore annuli [J]. Petroleum Exploration and Development, 2014, 41 (3): 399–407.

Zhang H Q, Wang Q, Sarica C et al. Unified Model for Gas–Liquid Pipe Flow via Slug Dynamics–Part 1: Model Development [J]. J. Energy Res. Technol, 2003, 125 (4): 266–273.

Zhang H Q, Wang Q, Sarica C. Unified Model for Gas–Liquid Pipe Flow via Slug Dynamics—Part 2: Model Validation [J]. J. Energy Res. Technology, 2003, 125 (4): 274–283.

Zhang H, Gao D, Liu W. Risk assessment for Liwan relief well in South China Sea [J]. Engineering Failure Analysis, 2012, 23 (23): 63–68.